BAHAR

DÜŞLEYEN DÜŞÜNEN DÖNÜŞEN İNSAN

Okulda Öğretilmeyen Yaşam Becerileri

ALFA

4579 | ALFA | EĞİTİM | 74

DÜŞLEYEN DÜŞÜNEN DÖNÜŞEN İNSAN

OKULDA ÖĞRETİLMEYEN YAŞAM BECERİLERİ

BAHAR ERİŞ

Çocuklarda *üstün zekâ ve yetenek eğitimi* üzerine odaklanmış bir akademisyen ve yazardır. Boğaziçi Üniversitesi Mütercim Tercümanlık Bölümünden mezun olduktan sonra Fulbright bursuyla ABD'ye gitmiştir.

1998-2004 yıllarında New York'ta, Columbia Üniversitesinde öğrenim görmüştür. *Üstün yetenek eğitimi* alanında yüksek lisansını tamamladıktan sonra aynı okuldan doktorasını almıştır. 6 yıllık eğitimi süresince *Teachers College*'da öğretmenlik yapmıştır.

Eriş, Türkiye'ye döndükten sonra, 10 yıl boyunca (2004-2014) Boğaziçi Üniversitesi Eğitim Fakültesinde "üstün yetenek eğitimi" konusunda dersler vermiştir. 2015-2017 yıllarında Bahçeşehir Üniversitesi Üstün Yetenekliler Eğitim Programında yardımcı doçent doktor olarak yüksek lisans derslerine girmiştir.

2017'de uzmanları ve anneleri bir araya getiren MomTalks etkinliğini hayata geçirmiştir. Aileleri bilinçlendirmeyi amaçlayan bu organizasyon, her yıl İstanbul başta olmak üzere Türkiye'nin farklı şehirlerinde düzenlenecektir.

Alfa Yayınlarından çıkan *Her Çocuk Üstün Yeteneklidir* (22. baskı), *Anne Beynim Aç* (26. baskı), *Çocuklar Nasıl Başarır?* (Mümin Sekman ile birlikte, 48. baskı), *Gölgedeki Yıldızlar* (11. baskı), *Çocuklar Nasıl Başarır?* 2 (19. baskı), *Korkmasaydın Ne Yapardın* (26. Baskı), *Senin Yolun Hangisi* (18. Baskı), *Hayatın İlk Üç Yılı* (9. Baskı), *Şimdi Değilse Ne Zaman?* (10. Baskı), *Güneşin İki Yüzü* (15. Baskı) ve *Düşleyen Düşünen Dönüşen İnsan* (16. Baskı) adlı kitapların yazarıdır. Aynı zamanda 25 yıldır profesyonel simultane çevirmen olarak çalışmaktadır.

Eriş, Türkiye'nin farklı illerindeki okullarda, özel şirketlerde ve kurumlarda ailelere, eğitimcilere ve çalışanlara yönelik eğitimler vermektedir. Eğitimleri çocuklarda başarı, üstün zeka keşfi ve eğitimi, yaratıcılık, 21. yüzyıl becerileri, yetenek keşfi ve gelişimi konularındadır.

"Her çocuk en iyi eğitimi hak eder" düşüncesini savunan Eriş, her çocuğun içinde *keşfedilmeye değer biricik yetenekler olduğuna* inanmaktadır.

www.drbahareris.com
Instagram.com/dr.bahareris
momtalks.com.tr

Düşleyen Düşünen Dönüşen İnsan: Okulda Öğretilmeyen Yaşam Becerileri

Yayıncı ve Genel Yayın Yönetmeni M. Faruk Bayrak
Genel Müdür Vedat Bayrak
Yayın Yönetmeni Mustafa Küpüşoğlu
Kitap Editörü Özgür Batur
Sayfa Tasarımı Ali Rıza Yati

ISBN 978-625-449-894-7

1-10. Basım: Kasım 2023
14-16. Basım: Şubat 2024

Baskı ve Cilt
Melisa Matbaacılık
Çiftehavuzlar Yolu Acar Sanayi Sitesi No: 8 Bayrampaşa-İstanbul
Tel: (0212) 674 97 23 Faks: (0212) 674 97 29
Sertifika no: 45099

Alfa Basım Yayım Dağıtım San. ve Tic. Ltd. Şti.
Alemdar Mahallesi Ticarethane Sokak No: 15 34110 Cağaloğlu-İstanbul
Tel: (0212) 511 53 03 (pbx) Faks: (0212) 519 33 00
www.alfakitap.com - info@alfakitap.com
Sertifika no: 43949

İÇİNDEKİLER

"Yaşam... insanların yiyip içmeler, kahve yudumlamalar, örgü örmeler, iskambil oynamalar ve radyo dinlemelerle yetinip hallerine şükrettikleri rahat bir orta sınıf evidir. Kim bunun başka türlüsünü ister, kim gönlünde iyiliği ve güzelliği barındırır, büyük yazarları ya da ermişleri baş tacı ederse, o bir aptaldır, bir Don Kişot'tur."

Herman Hesse

Koşullar ne olursa olsun kalbinde iyiliği ve güzelliği barındırmaya devam eden Don Kişot'lara...

BAŞLARKEN:
YAŞAMI İNKÂR ETMEK Mİ, İNŞA ETMEK Mİ?

"Yaşamın yararlılığı günlerin uzunluğunda değil, zamanın kullanımındadır. Bir insan uzun yaşamış ama çok az yaşamış olabilir. Zaman sizinleyken onu iyi kullanın. Yeterince uzun bir yaşam sürmek, gün sayısına değil, sizin istencinize bağlıdır."

Montaigne

"Kendini anlatmanın zorluğunun ötesinde, en büyük zorluk kendin olmaktır. Bu ruh ya da içimizdeki yaşam, dışımızdaki yaşamla hiçbir şekilde uyuşmaz. Eğer biri ona ne düşündüğünü sorma cesaretini gösterebilirse, her zaman diğer insanların söylediklerinin tam tersini söyleyecektir."

Virginia Woolf

BAŞLARKEN

YAŞAMI İNKÂR ETMEK Mİ, İNŞA ETMEK Mİ?

Yazar Alain Badiou, antik Yunan filozofu Sokrates'e göre *iki iç düşmanımız* olduğundan söz eder. İlki, "*anlık yaşama arzusu ve hazza duyulan tutku*"dur. Bu istek abartıldığında, gelecek görünmez veya karanlık hale geldiğinde, haz odaklı yaşam anlamsız bir yaşama dönüşür. Bir amaçtan yoksun yaşam kolayca darmadağın olabilir, çünkü sağlam bir anlama bağlı değildir.

Bugüne uyarlayacak olursak, herhangi bir hayal ya da amaç olmadan günleri devirmek, sosyal mecralarda saatlerce gezinmek, aşırı dozda dizi izleyerek ya da bilgisayar oyunlarıyla zamanı verimsizce tüketmek, "Hayatta ne istiyorum?" sorusunu sormadan akıntıya kapılıp gitmek, *akışına bırakmayı* "yarını düşünmeden kendini salmak" şeklinde yorumlamak, kendimize ve potansiyelimize ihanet değil midir? Yaşamın sonlarına yaklaştığımızda geriye dönüp vaktin çoğunu sosyal medyada kedi videosu izleyerek, beş farklı açıdan selfie çekerek, başkalarının çoğunlukla gerçeği yansıtmayan hayatlarına bakıp hayıflanarak geçirmiş olmayı ister miyiz?

Üstelik amaçsız bir yaşam sadece potansiyelimizi gerçekleştirmemize engel olmakla kalmaz, zihinsel ve fiziksel sağlığımıza da zarar verir. Hayatta bir amaç sahibi olmanın ömrü uzattığına dair araştırmalardan elde edilen bilgiler, bugün klinik ortamlarda tedavi tekniği olarak bile kullanılabiliyor.[1]

---

[1] Hayatta bir amaç sahibi olmanın ileri yaşta bilişsel gerilemeye karşı koruyucu olduğu, kalp problemlerini azalttığı, ömrü uzattığı, genel fiziksel işlevleri koruduğu, felç riskini ve uyku bozukluklarını azalttığı görülmüş. P.L. Hill ve N.A. Turiano, "Purpose in life as a predictor of mortality across adulthood," *Psychological Science*, Temmuz 2014, 25(7): 1482-1486.

Sokrates'e göre ikinci içsel tehdit ise *başarı tutkusu, zengin olma ve yüksek statü kaygısı* gibi konularla ilişkilidir. *İçsel* ve *doğal* bir eğilim olmaksızın, salt maddi kazanımlar etrafında kurgulanmış amaçlar baskınsa, *"yaşam, sağlam bir yere sahip olmak için uygulanacak taktiklerin, kurnazlıkların toplamı halini alır; bunun bedeli ise başarılı olmak amacıyla mevcut düzene başkalarından daha iyi itaat etmektir."* Böyle bir yaşam "Ben kimim ve hayattan ne istiyorum?" sorusundan uzak olduğu takdirde tatmin getirmeyecektir.

Alain Badiou, insanın birbiriyle çelişen bu iki yönelimin tuzağına düştüğünü söylüyor. Yaşamı inkâr etmek ile içsel eğilimler doğrultusunda inşa etmek arasında bir bağ kurmak gerektiğini savunuyor ve bu bağı "yola çıkmak" metaforu üzerinden açıklıyor: *"... İnşa etmek ve yola çıkmak. Bu ikisi arasında çelişki yoktur."*

İnşa etmek ve yola çıkmak nedir? İnsan inşa edip heybesine koyduğu beceriler ve deneyimlerle bir yola çıktıktan sonra ara ara kendini yoklayabilir. Yoklama sonucunda tatmin olmazsa inşa ettiklerinden vazgeçip başka bir yol tercih edebilir. Yazar Anaïs Nin de yaşamın sürekli bir kendini inşa süreci olduğunu savunur: *"İnsanların başarısız olduğu nokta, bir durumu seçip o durumda kalmak istemeleridir. Bu bir tür ölümdür."*

Bu sorgulamayı ara ara yapmazsak, bir anlamda yaşamı inkâr etmiş sayılırız: *"İnşa ettiklerinizden vazgeçmeyi bilmeniz gerekir, çünkü başka bir şey sizi gerçek yaşama çağırmaktadır,"* diyor Badiou. *Bizi gerçek yaşama çağıran nedir?* Ömürlerin giderek uzadığını hesaba katarsak, Badiou'nun sorusu daha da anlam kazanıyor.[2]

---

2 Birleşmiş Milletler Nüfus Dairesinin 2022 verilerine göre, 2050'de ortalama yaşam süresi 77 yıldan fazla olacak. Dünya nüfusu bu

Bir yüzyıl içinde yaşam sürelerimiz 31 yıl uzadı. Bugün doğan bir çocuğun en az 100 yıl yaşaması bekleniyor. Bu gelişme tıptaki ilerlemelerle, eğitimin ve refahın genel olarak artmasıyla ilişkili. Bununla birlikte okuldan ilişkilere, işten aile yaşantısına birçok alanda eski bir çağın gerçeklerine göre yaşamaya devam ediyoruz. Hayatımız hâlâ üç aşamalı bir oyunu andırıyor: Aşağı yukarı 20 yılımız okulda, 45 yılımız işte, geri kalanı da emeklilikte geçiyor. Oysa 100 yıla varan yeni yaş hesabına göre, iş hayatı sona erdikten sonra 35 yıl daha kalıyor. O kadar süre boyunca Candy Crush oynayamayacağımıza ve dünyadaki tüm kedi videolarını izlemiş olacağımıza göre, açığa çıkan zamanda ne yapacağız?

Yeni gerçeklerle uyumsuz hayat; *iş, mutluluk, başarı, anlam* konusunda yeni sorgulamalara ihtiyaç doğuruyor. Hayatımızı birçok boyutta yeniden düşünmek ve dönüştürmek zorundayız.

İş dünyasında durum: Daha esnek bir çalışma düzeni

Uzayan ömürler ve değişen dünya düzeniyle birlikte iş dünyası artık daha esnek bir yapıya bürünüyor. Eskiden aşağı yukarı

---

kitabın yazıldığı tarihte aşağı yukarı 8 milyar kişi. 65 yaş üstü nüfusu oranı onda bir ve 2050'ye gelindiğinde ABD'de dört kişiden bir kişinin 65 yaş üzerinde olması bekleniyor. Ergenlik dönemi 20. yüzyılın icadı; onun öncesinde çocukluktan işçiliğe doğrudan geçiş vardı. Şu anda ise birçok genç evden ayrılmayı, evlenmeyi, çocuk sahibi olmayı erteliyor. ABD'de 8,44 milyon gencin katıldığı kapsamlı bir araştırmada, yetişkinliğe geçişin yavaşladığı ortaya konmuş. Çocukluk dönemi uzuyor; gençler yetişkinlik sorumluluklarını ileri dönemlere erteliyor. J.M. Twenge ve H. Park, "The decline in adult activities among U.S. adolescents, 1976-2016," *Child Development,* 2017, s. 1-17.

45 yıl olan iş hayatının artık 60 yıla yayılması bekleniyor. *İnsanların kariyerlerine ara vermesi, meslekten mesleğe geçiş yapması, hayatın farklı aşamalarında iş değişikliğine gitmesi, haftada üç ya da dört gün işe gitmesi, çocukların veya yaşlı aile üyelerinin bakımı için izin alıp tekrar geri dönebilmesi* gibi uygulamalar normalleşecek.

Ömürlerimiz hayat denen yolculuğun gençlik kısmından değil, yaşlılık kısmından uzuyor. Emeklilik dönemi, hastalıklar, yaşlı hizmetleri giderek daha önemli hale geliyor. Dünya moda tabiriyle "yaş alıyor." Çocukluk dönemi uzuyor, gençler yetişkinlik sorumluluklarını ileri dönemlere erteliyor, ileri yaştakiler daha uzun süre çalışmaya devam ediyor. Hayatın ilerleyen yıllarında *yarı zamanlı çalışma, mentorluk, gönüllülük* gibi işler kişinin üretkenliğini sürdürmesini, farklı kuşaklardan insanlarla zaman geçirmesini, yaşa dayalı ayrımcılığın ortadan kalkmasını mümkün kılacak.

Bugünün dünyasında "sonuç odaklı çalışma ortamı" anlamındaki *ROWE* (Results Oriented Work Environment) kavramı da ön planda. İşini zamanında ve olması gerektiği gibi yaptığın sürece dünyanın neresinde çalıştığının hiçbir önemi kalmıyor. *Ne zaman işe gidip ne zaman çıkacağını, ne zaman tatile gideceğini, e-postayı ne sıklıkta kontrol etmek istediğini* çalışan olarak sen belirliyorsun. İstenilen hedeflere istenilen sürede ulaştığın sürece geri kalan konularda kontrol sende.

Şirketler de buna adapte olmak zorunda. "Zorunda" demek bile çok anlamlı değil; araştırmalara göre esnek çalışma stili verimliliği arttırıyor ve şirketlerin lehine sonuçlanıyor. ROWE yönteminin uygulandığı Best Buy şirketinde, işten ayrılma oranları %90 azalmış. 2019'da Microsoft firması Japonya'da haftada 4 gün çalışma sistemine geçince üretkenlik %40 oranında artmış. İsveç'te bir huzurevi ücreti değiştirmeden çalışma saatlerini sekiz saatten altı saate indirince çalışanlar uykularını alabilmeye, daha az stres yaşamaya başlamış ve hastalık izni oranında azalma görülmüş.[3]

Pandemiye bu anlamda çok şey borçluyuz, aksi takdirde esnek çalışabilme konusunda kökten değişimler kim bilir daha kaç yıl alırdı. Görünen o ki radikal değişimler *motivasyondan değil mecburiyetten* doğuyor. Öte yandan esnek çalışabilme imkânı *özdisiplin* zorunluluğu da getiriyor. Esneklik ancak sorumlulukla birleştiğinde olumlu sonuç veriyor. Kendimden örnek vereyim. Karakterime uygun olmadığı için hayatım boyunca kurumsal bir ortamda çalışmadım. Hep serbest çalıştım. Bu kadar bağımsız bir rota çizdiğinizde, sizi disipline zorlayan bir yapı olmadığında daha fazla özdisiplin gerekiyor.

Özdisiplin kadar *kendi kendine öğrenme* de bu çağın kilit kavramlarından. Her şeyi okulda öğrenmeyi beklemek ne gerçekçi ne de akıllıca. Devir, otodidaktların devri. *Otodidakt, kendi kendine öğrenen* demek. Yunanca *autos* (kendi) ve *didaskein* (öğretmek) köklerinden türetilmiş bir sözcük. Bugün okulların gerçek hayatın gereksinimlerinden kopuk olduğu, yetkinlikleri öğret-e-mediği, iktidarların ideolojik aygıtı olarak kullanıldığı düşünülürse, iş başa düşüyor. Kişinin kendi isteğiyle harekete geçip, kendi eğitiminin sorumluluğunu üstlenmesi gerekiyor. Benjamin Franklin'den Leonardo da Vinci'ye *otodidaktlar,* bu çağ için de önemli birer ilham kaynağı. Bu kişiler okulda öğretilenden tatmin olmadıkları için, kimi zaman da okuldan atıldıkları için kendi yollarını kendileri çizmişler.

İster kurumsal bir ortamda çalışalım, ister bambaşka hayallerin peşinden gidip kendi işimizi kuralım, sahip olmamız gereken beceriler aşağı yukarı aynı. En önemlisi de, becerileri öğrendikten sonra uygulamaya geçmek. Bilim insanı Ce-

---

[3] Johann Hari, *Çalınan Dikkat,* s. 189.

lal Şengör'ün ifadesiyle, "*Bilgi bankadaki paradır. Anlamak, o parayı kullanmaktır.*"

İstanbul'a otomobili ilk kez 1895'te gemiyle getirip rıhtıma indiriyorlar. Adına da "kendiliğinden hareket eden" anlamında "zâtü'l-hareke" diyorlar. Bizim zâtü'l-harekenin sonu hazin. Galata'dan yola çıkıp Dolmabahçe'ye gelene kadar dakikalar içinde bir ağaca çarparak pert oluyor.

Kendi yolumuzda ilerlerken dakikalar içinde pert olmamak için doğru yöntemleri izlemek, doğru becerileri inşa etmek, tosladığımız duvarlardan az hasarla doğrulabilecek esneklik ve uyumla yola devam etmek, işbirliğine ve iletişime önem vermek, yaratıcı çözümler bulabilmek, bize fayda sağlayacak geri bildirime açık olabilmek önemli.

Teknoloji devi Google'daki işe alım politikasıyla ilgili bir yazı okumuştum. Şirket artık not ortalaması ya da zekâ testi skorlarının işe alımda önemli olmadığını söylüyordu. Bu tarz kriterlerin herhangi bir başarıyı öngöremediğini fark etmişlerdi. Ayrıca herhangi bir üniversite eğitimi olmayan kişilerin oranı Google'da giderek yükselmişti. Yani en iyi üniversitelerden mezun olmak tek başına bir anlam ifade etmiyordu. Hiç okula gitmeden kendi yollarını bulmuş olan insanlara da olağanüstü kişiler olarak bakılıyordu. "Bu tarz insanları bulmak için her şeyi yapmalıyız," diyordu Google'da bir yönetici.

Yanlış anlaşılmasın, akademik başarı tabii ki önemsiz değil. Google'daki işlerin çoğunda matematik, problem çözme, kodlama becerileri gerekiyor. Yüksek notlar kişinin bu becerileri uygulamaya koyabildiği anlamına geliyorsa, avantaj. Bilmek ve uygulayabilmek ise iki ayrı şey. Bilginin saniyeler içinde kolaylıkla erişilebildiği bugünün dünyasında neyi, nerede, nasıl öğrendiğini kimse o kadar umursamıyor; asıl önemli olan *ne bildiğin değil, bildiklerinle ne yapabildiğin*.

Sonuçta birçok üniversite söz verdiği şeyi yerine getirmiyor. İnsanlar okumak için bir sürü borca girip hayatta en faydalı olacak şeyleri öğrenmeden mezun oluyor. Hâlâ iyi bir okula gitmek, iyi notlar almak birçok kariyer alanı için temel yöntem olsa da, diploma herhangi bir işi yapabilme kabiliyetini göstermiyor.

Spordan sanata, iş dünyasından bilim dünyasına çok farklı alanlarda bugün aranan özellikleri ele alan *Rare Find* kitabında da benzer bir durumdan söz ediliyor. *Not ortalaması, referanslar, çalışma geçmişi* gibi verilerin hâlâ önemli olduğu, ancak artık her şeyin bunlardan ibaret olmadığı vurgulanıyor. Teknik yetkinliklerin olabilir, ancak bunlar yeterli değil: *Ne kadar takım oyuncususun? Zorluklardan ne kadar hızlı doğrulabiliyorsun? Gerilim anlarında ne kadar sakin kalabiliyorsun? Hatalarını kabullenmeye ne kadar açıksın? Kendini geliştirmeye ne kadar meraklısın?* İşbirliği, iletişim ve duygusal beceriler olmazsa olmaz.

Bu çağda hangi beceriler ön planda?

Akademisyen ve yazar Yuval Noah Harari de *21. Yüzyıl İçin 21 Ders* kitabında okulların artık bilgi vermekten vazgeçme zamanının geldiğini söylüyor. En gerekli dört beceri, Harari'ye göre, "eleştirel düşünme, iletişim, işbirliği, yaratıcılık." Harari'nin saydığı beceriler, İngilizce karşılıklarıyla 4C olarak da anılıyor: İşbirliği (*Collaboration*), İletişim (*Communication*), Eleştirel Düşünme (*Critical Thinking*) ve Yaratıcılık (*Creativity*). Bunlara "öğrenme yetkinlikleri" deniyor. Harari'ye göre hepsinden daha önemlisi değişimle başa çıkma, yeni şeyler öğrenebilme ve alışılmışın dışındaki durumlarda akli dengeyi koruyabilme becerileri olacak. Ayak uydurmak için sadece yeni fikirler ve ürünler icat etmek yetmeyecek, kendimizi tekrar tekrar yeniden inşa etmemiz gerekecek.

21. yüzyılda öne çıkan beceriler konusunda çerçeveler oluşturan farklı kuruluşlar var. Partnership for 21st Century Skills (p21), Metiri Group ve NCREL ve OECD birkaç örnek. Bunlardan p21, becerileri üç set halinde ele alıyor:

1. *Öğrenme ve düşünme becerileri.* Akademik içerik kadar, öğrenmeyi öğrenmek ve öğrenmeye devam edebilmek, öğrendiklerini hayat boyu yenilikçi biçimlerde kullanabilmek önemli. Dolayısıyla eleştirel düşünme ve problem çözme, iletişim becerileri, yaratıcılık, işbirliği bugünün dünyasında çok temel beceriler.
2. *Dijital okuryazarlık ve medya okuryazarlığı becerileri.* Dijital okuryazarlık bilgisayar, sosyal medya ve internet kullanma becerisiyle ilişkili. Medya okuryazarlığı, medyadaki mesajları analiz etmek, bu mesajların düşünceler, duygular ve davranışlar üzerindeki etkisini değerlendirmek, medya içeriğini bilinçli bir şekilde oluşturmak ve kullanmak şeklinde tanımlanabilir.
3. *Yaşam becerileri.* Liderlik, etik, hesap verebilirlik, uyum, üretkenlik, sorumluluk, özyönetim, esneklik olmazsa olmaz yaşam becerileri.

Yapay zekâ ve otomasyon çağında iş ortamları da yaratıcı çözümler gerektiren karmaşık problemlerle dolu. Karmaşık zorlukların çözümü, kişilerin hayal gücü kapasitesini aşıyor. Bu nedenle hayal güçlerini bir araya getirerek Voltran'ı oluşturmak gerekiyor. Ayrıca bir takım, o takımı oluşturan kişilerin bireysel yeteneklerinin toplamından ibaret değil. Doğru kişiler bir araya gelip doğru tarzda işbirliği yaptığında ortaya çıkan sinerji, parçaların toplamından daha fazlasını getiriyor.

Bilim alanında da durum böyle. Eskiden bir alanda en çok söz edilen araştırmalar Einstein gibi tek bir dâhinin elinden çıkıyordu. Artık en iyi araştırmalar gruplardan çıkıyor. Son 50 yıldaki bilimsel makaleler ve patentler incelenmiş. İster parçacık fiziği ister insan genetiği olsun, altında birden çok kişinin imzası bulunan bilimsel makaleler tek bir araştırmacı tarafından kaleme alınan makalelerden iki kat daha fazla alıntılanıyor. Artık çözüm bekleyen büyük problemler, farklı disiplinler arasındaki boşlukları doldurabilecek farklı uzmanlıklara ihtiyaç duyuyor.

Bunların en azından çoğunu yapabilmek kişiyi sadece iyi bir çalışan değil, daha iyi bir insan yapar. Düşünebilen, iletişim kurabilen, işbirliği yapabilen, dinleyebilen insanların sayısının arttığı bir dünya sizce de daha iyi bir dünya olmaz mı?

Bu kitabı neden yazdım?

Becerilerin önemi konusunda genel bir fikir birliği var gibi görünüyor. Ancak daha pratik bir soru, "Bu becerileri nasıl geliştireceğiz?" *Nasıl* kısmının literatürde yeterince ele alınmadığını düşünerek çorbada tuzum olması dileğiyle bu kitabı yazdım. Tüm becerileri tek kitapta toplama çabası içeriği sığlaştıracağından, bu kitapta beş beceriye öncelik tanıdım. Genel ilgi seviyesine göre, başka becerileri sonraki bir kitapta ele alabilirim:

1. *Duygusal zekâ becerileri.* Aktif dinleme, geri bildirim alıp verme, takım halinde çalışabilme, sosyal medyadaki iletişimimiz, duygusal manipülasyon derken epey kabarık bir bölüm oldu!
2. *Dikkat ve odaklanma.* Dikkat ve odaklanma eksikliğinden mustarip olmayan varsa bir adım öne çıksın! Şu cümleyi yazarken bile WhatsApp'tan gelen mesajlar dikkatimi dağıttı.
3. *Yaratıcılık.* Bugünün dünyasında fark yaratacak olanlar, dünyaya farklı bir yerden bakabilenler. Okulda pek yer bulmayan bu beceri, hayatta büyük avantaj sağlıyor.

4. *Eleştirel düşünme.* Doğruyu yanlıştan ayırt etmek bilgi kirliliği çağında aynı zamanda *etik bir sorumluluk.*
5. *Zaman yönetimi.* Ömürler uzuyor, ama daha çok online alışveriş yapalım, daha uzun süreyle Candy Crush oynayalım, sosyal medyada daha çok vakit ve sinir tüketelim, istemediğimiz işlerde çalışalım diye mi? Zamanı yönetmeyi bilmek çok önemli bir mesele.

Bu becerilerin her biriyle ilgili yazılmış yerli yabancı sayısız kaynak var. Ben de bir eğitimci olarak bu konuları eğitim ve gelişim bağlamında kendi fikirlerimle harmanlayarak ele aldım. Konuların derinliğinin farkında olduğum için yeri geldiğinde kitap veya diğer kaynak önerileriyle desteklemeye çalıştım. Edebiyat, mizah, felsefe, şiir, hikâye ve kişisel deneyimleri de katarak teknik konuları okunabilir kılmak istedim.

En önemlisi de, becerileri konuşurken sadece teknik düzeyde değil, değerler ve belli sorgulamalarla birlikte ele almak gerektiğini düşünüyorum.

Dikkat ve odaklanmadan söz ederken algoritmaların beynimize neler yaptığını konuşmamak, odaklanmak sadece bizim elimizdeymiş gibi hareket etmek, bizi öğrenilmiş çaresizliğe sürükleyebilir.

Duygusal zekâyı konuşurken etik değerleri göz ardı etmek, sinsice bir duygusal manipülasyonla sonuçlanabilir.

Zaman yönetimini konuşurken "Bu hayatı nasıl yaşamak istiyorum?" sorusunu atlamak, "10 adımda verimlilik" gibi güdük ve teknik bir tartışmayla sınırlı kalır. Yaratıcı problem çözmeden söz ederken "Bu çözüm dünyanın bekası için iyi bir şey mi?" sorgulaması eksik kalırsa, yaratıcı çözümler yıkıma götürebilir.

Takım çalışmasından söz ederken, "ne pahasına" sorusunu sormamak pahalıya mal olabilir. Yakın zamanda, atom bombasını geliştiren takımdaki bilim insanlarından Robert

Oppenheimer'ı konu alan *Oppenheimer* adlı filmi izledim. Takımdan sadece bir kişi zamana ve bağlama göre kahraman ya da zalim ilan edilse de, Oppenheimer atom bombasını geliştirdiğinde bunu tek başına yapmadı. Onu destekleyen, yönlendiren, alkışlayanlar vardı. Takım hangi amaç için çalışıyor, bunun farkında mı? Daha da önemlisi, hangi amaca hizmet ettiği umurunda mı?

Bugün dev teknoloji şirketlerinde takım çalışmasıyla beynimizi hacklemek için türlü taktikler tasarlıyorlar. Bunu "başarabilen" mühendisler, geliştiriciler ödüllendiriliyor, alkışlanıyor, terfi alıyor. Ne için? Daha çok güç, daha çok para için. Daha çok güç, daha çok para, ama ne pahasına? Dolayısıyla, becerileri ele alırken, değerleri de göz ardı etmemeye çalıştım.

"Geç kaldığınızı düşünmeyin"

Bu kitap kanımca ortaokul ve sonrası herkese hitap edebilir. Kitaba başlarken planlarım farklıydı. Başlangıçta ebeveynlere 21. yüzyıl becerilerini anlatan bir kitap yazacaktım. Sonra "Neden doğrudan gençlere yazmıyorum?" diye düşündüm. Sonra neden kafamda "gençler ve ebeveynler" diye ayrımlar yaptığımı sorguladım. Ömürlerin uzamasıyla birlikte ikinci kariyerler, ikinci baharlar, yeni başlangıçlar giderek artarken, yaşa göre ayrım yapay geliyor.

Yazar David Epstein, *Çok Yönlü* adlı kitabının sonunda tek cümlelik bir tavsiye veriyor: "*Geri kaldığınızı düşünmeyin.*" Ardından ekliyor:

> *Kendinizi, olmadığınız genç insanlarla değil, dünkü sizle kıyaslayın. Herkesin gelişim hızı farklıdır, o yüzden başkalarının size geri kaldığınızı düşündürmesine izin vermeyin. Muhtemelen tam olarak nereye gittiğinizi bile bilmiyorsu-*

nuz ve dolayısıyla geri kaldığınızı düşünmek fayda sağlamaz... Kendi kişisel yolculuğunuza ve projelerinize Michalengelo'nun bir mermer bloğa yaklaştığı gibi, mesafe kat ettikçe öğrenip kendinizi ayarlayarak ve hatta önceki hedeften vazgeçip gerek duyduğunuz takdirde tamamen yönünüzü değiştirerek yaklaşın. Bir çalışma alanından ya da sektörden tümüyle ayrılıp başka bir alana geçtiğinizde bile eski deneyiminiz boşa gitmez.

Epstein'ın önerisi, Badiou'nun yazının başında yer verdiğim *"inşa et ve yola çık"* çağrısını anımsatıyor. İyi haber şu ki, daha uzun bir hayat, kendimizi inşa etmeye daha uzun süreyle devam imkânı tanıyor. Kapasitemiz, karakterimiz, kabiliyetimiz ve kalbimize uygun olanı arayıp bulmak için daha çok zaman açığa çıkmış durumda. Yaşam boyu öğrenmeyi, öğrenmeye aralıksız devam etmeyi, araç kitimizi faydalı becerilerle donatmayı, girdiğimiz yolları gerektiğinde değiştirip yeni yollara sapmayı mümkün kılıyor.

Hayatın başlangıcında nereye ait olduğunu keşfetmek zor. Aramak, denemek, keşfetmek, merak etmek gerekiyor. Hayatın uzaması, özlemini çektiğimiz yavaşlamayı beraberinde getirebilir. Uzayan ömürle birlikte çocukluk daha çok oyun, gençlik daha çok arayış ya da gönüllü çalışmayla geçebilir. Telaşa kapılmadan, hayatı bizim için anlamlı olan ilişkiler, işler ve değerler etrafında kurgulamamız için artık daha çok vaktimiz var. "Benden olmaz", "Bende yok" ya da "Benden geçti" gibi bahanelerin arkasına sığınarak yaşamımızı inkâr ve imha etmek ya da bize anlamsız gelen yollara bir kez girdik diye o yolda ömrümüzü tüketmek zorunda değiliz.

Giderek uzayan ömrümüz bize sesleniyor: *Yavaşla, hayattaki seçimlerini yeniden ve yeniden düşün, sağlığına dikkat et, senin için anlamlı olan işlere ve insanlara odaklan, becerilerini sürekli bileyle.*

Elbette bu bir dayatma değil, kişinin seçimi. "Ben Garfield gibi yaşamaktan memnunum" demek de bir seçim. Hayatından memnun olmayıp başkalarını suçlamak da bir seçim. Gerekçelerimiz haklı ya da haksız olsa da sonuçları belirleyecek olan elimizdeki durumla ne yapmayı seçtiğimiz. Seçimlerimizin sonuçlarından biz sorumluyuz. "Kendini bil" binlerce yıldır hâlâ en kıymetli düstur.

Bu bir kişisel gelişim kitabı değil, bilimsel araştırmalarla desteklenen bir eğitim kitabı. Bugüne dek (algılananın aksine) kişisel gelişim kategorisinden bir kitabım çıkmadı. Ancak kitaplar, hangi kategoride olursa olsun, kişisel gelişimimize hizmet eden değerli araçlar. Kitabımın sonuna geldiğinizde böyle düşünmenizi umuyorum.

Kendini yeniden ve yeniden inşa etme, öğrenmeye kesintisiz devam etme, dünyaya katkı sağlamaya çalışan daha iyi bir insan olmak için çabalama ... "Bütün bu çabanın ne anlamı var?" diye sorabilirsiniz. Benim de ara sıra kendime sorduğum bir soru bu.

Sisifos efsanesini duymuş olabilirsiniz. Sisifos, Korint kralıdır. Tanrılar onu cezalandırarak bir kayayı aralıksız olarak bir dağın tepesine yuvarlayıp çıkarmaya mahkûm ederler. Sisifos kayayı kan ter içinde tepeye kadar getirdiği anda kaya kendi ağırlığıyla tekrar aşağı düşer. Sisifos kayayı her seferinde tekrar yukarı taşımak zorundadır. Tanrılar, yararsız ve umutsuz çabadan daha büyük bir ceza olmadığını düşünmüşlerdir.

Albert Camus da, *Sisifos Söyleni* kitabında yaşamın yaşanmaya değer olup olmadığını sorgular. Camus'ya göre Sisifos bir kahramandır. Ne olursa olsun çabalaması, varoluşun anlamsızlığına karşı bir direniştir. Bu bir boyun eğme değil, aksine bir başkaldırıdır ona göre. "Her şeye inat umut etmeye devam ediyorum" demek gibidir.

"Hayatın anlamı var mı?" sorusundan yola çıkan Camus, yaşamanın hiçbir zaman kolay olmadığını, hayat anlamsız da olsa, mücadele etmek zorunda olduğumuzu savunur. "Yarını düşünmek, kendine bir amaç seçmek, yeğlemeleri olmak, tüm bunlar özgürlüğe inancı gerektirir..."

Özgürlüğe olan inançla, *düşlemeye, düşünmeye ve dönüşmeye* devam...

"ELİNDE BÜYÜK BİR SOPAYLA, YUMUŞAK KONUŞMA" BECERİSİ: DUYGUSAL ZEKÂNIN AYDINLIK VE KARANLIK YÜZÜ

"Kimse tek başına ıslıkla bir senfoniyi çalamaz.
Bir senfoniyi çalmak için tüm bir orkestra gereklidir."

Halford E. Luccock

"Ben, biz olduğumuzda ben'im."

Ubuntu felsefesi

Afrika'da çalışan Batılı bir antropolog, bir kabilenin çocuklarına bir oyun oynatır. Çocukları yan yana dizer ve herkese karşıdaki ağaca var gücüyle koşmasını söyler. Ağaca ilk ulaşan birinciliği kapacaktır. Ödül, o ağacın bütün meyvelerini yemektir.

Bunun üzerine çocuklar ilginç bir şey yapar. El ele tutuşarak ağaca koşarlar. Ağaca birlikte vararak hep beraber meyveleri yemeye başlarlar. Antropolog şaşkındır. Çocuklara neden böyle yaptıklarını sorar. Çocukların cevabı şudur:

> "Yarışsaydık, sadece bir kişi birinci olacaktı. Oysa *ubuntu* yaparak hepimiz kazandık."

Ubuntu, "ben, biz olduğumuzda ben'im" anlamında bir felsefedir. Nobel Barış ödüllü Desmond Tutu, ubuntu'yu şöyle tanımlar:

> *Ubuntu'ya inanan bir insan diğerlerine açıktır, diğerlerine olumludur, diğerleri iyi ve yetenekli olduğunda tehdit altında hissetmez, onun daha büyük bir bütünün parçası olduğunu bilmekten gelen bir özgüveni vardır ve diğerleri aşağılandığında, küçük düştüğünde, zulme uğradığında ya da ezildiğinde kendini de aşağılanmış hisseder.*

Güney Afrikalı lider Nelson Mandela da ubuntu ruhunu "*bir köyden geçen yabancının yemek ya da su istemek zorunda kalmadan köylüler tarafından ağırlanması*" örneğiyle açıklıyor. Anadolu'da köylerimizde yaygın olan Tanrı misafiri anlayışı da böyle değil mi?

Özü, "*aynı bütünün parçası olma ruhu.*"

Peki bütünün parçası olduğunu hissetmeyen insanlar nasıl davranır? Buna uygun bir örnek de *Kesin İnançlılar* kitabının yazarı Amerikalı düşünür Eric Hoffer'dan gelsin:

> *Dedikodu yapmak, kirli çamaşırlar aramak, başkalarının işine burnunu sokmak ve toplumsal, milli ve ırksal konulara aşırı ilgi göstermek.*

Birlik ruhu aramak bu zamanda içi boş bir romantizm mi? Bilemiyorum. Bildiğim şu ki, iklim krizinden su ve barınma eksikliğine, şiddetten ayrımcılığa, biyolojik çeşitliliğin azalmasından hastalıklara, aşırı nüfus artışından göç hareketlerine, insanlığın acilen çözülmeyi bekleyen ortak sorunları var. Bunun için de birlik olmaya ihtiyaç var. İnsanlığı ortak bir vizyon etrafında birleştirecek *liderlik, zekâ ve bilgeliği* ortaya koyabilmek, asıl mesele bu.

Sosyal psikolojinin kurucularından kabul edilen Türk-Amerikalı sosyal psikolog Muzaffer Şerif, sosyal çatışmaları anlamlandırmak için etkili kuramlar ve teknikler geliştirmiş olan bir bilim insanı. Şerif'in çocuklarla yaptığı sosyal deneylerden birinde, 11-12 yaşlarındakii çocukları kampa yerleştirip iki ayrı gruba ayırıyorlar. Ayrılır ayrılmaz çocuklar birbirlerine düşman kesiliyor. Deneyde, çocuklar arası düşmanlığa son veren tek şey, *iki grubun ortak bir amaç için güç birliği yapma gereği.* Çamura saplanan bir kamyonu birlikte kurtarma çabasında birbirlerine yakınlaşıyorlar. Dünya bugün çamura saplanan bir kamyondan farksız durumda. Zorluklardan çıkabilmek için ortak amaçlar etrafında birleşmeye ihtiyaç var.

"Dünyayı kurtarmak" elimizde olmasa da, kendi küçük dünyalarımızı değiştirmek suretiyle işe başlayabiliriz. İster işyeri, ister spor takımı, ister sınıf, ister aile ortamı olsun, *iletişim, işbirliği, empati ve takım ruhu* gibi kavramları kendi ortamlarımızda inşa etmeye ve yaşatmaya çalışmak, daha iyi bir dünya için katkıda bulunmaktır. Herkes kendi etki alanı içinde, kendi kapısının önünü süpürdüğünde bir fark yaratmak mümkün olur.

Takım halinde çalışmayı zorunlu kılan bir dünyada ne şekillerde etkili iletişim kurabiliriz? İşbirliği içinde nasıl çalışabiliriz? Empati becerisi nasıl desteklenir? Dinleme becerimizi nasıl geliştiririz? Nasıl etkili geri bildirim alıp veririz? Nasıl sınır çizeriz? İlişkilerde dengeyi nasıl koruruz? Hepsi "duygusal zekâ"[1] dediğimiz kavramın bileşenleriyle ilgili sorular.

Duygusal zekâ nedir ve hangi ihtiyaçtan doğmuştur?

Ülkemizde duygusallıkla çok karıştırılan duygusal zekâ, Daniel Goleman'ın popüler hale getirdiği bir kavram. Kavramın özünü en iyi anlattığını düşündüğüm pasajlardan biri, Aristoteles'in *Nikomakhos'a Etik* kitabında yer alıyor: "*Herkes öfkelenebilir, bu kolaydır. Ancak doğru kişiye, doğru derecede, doğru zamanda, doğru amaç için ve doğru şekilde öfkelenmek, bu kolay değildir.*"

Duygusal zekâ, kendinin ve başkalarının farkında olmak, nerede nasıl tepki vereceğini bilmekle ilgilidir. En temel dört bileşeni, *özfarkındalık* (kendini objektif değerlendirebilme, kendi duygularının ve tepkilerinin farkında olma), *özyönetim* (adaptasyon, iyimserlik, inisiyatif alabilme, duygu ve tepkileri kontrol edebilme), *sosyal farkındalık* (empati), *ilişki yönetimi*

---

[1] Mayer, 1999'da duygusal zekâyı "kendi duygularımızın ve diğerlerinin duygularının farkına varmaya ve onları anlamamıza yardımcı olan bir grup zihinsel yetenek" olarak tanımladı. Kavramı Daniel Goleman popüler hale getirdi. Özetle, duygusal zekâ, *kendi duygularını tanıma, duygularını yönetme, başkalarının duygularını tanıma, başkalarıyla olan ilişkileri yönetme* bileşenlerini içeriyor.

(işbirliği, takım çalışması, ilham verici liderlik, çatışma yönetimi) şeklinde özetlenebilir. Bu dört becerinin her biri birbiriyle bağlantılı, ancak biri her zaman diğerine bağımlı değil. Bir kişi belirli bileşenlerde daha iyi, diğerlerinde daha zayıf olabilir. Örneğin kendi duygularınızı çok iyi anlasanız da duygularınızı kontrol etmekte güçlük çekebilirsiniz. Erkek yeğenim küçükken öfkelendiğinde, *"Öfkeliyim, biliyorum ama kontrol edemiyorum işte,"* diye ağlardı (şimdi özfarkındalık kadar duygularını yönetebilme konusunda da muhteşem, onunla gurur duyuyorum.)

Kavramlar ihtiyaçlardan doğar. *Duygusal zekâ* kavramına neden ihtiyaç duyulmuş? Soyut problem çözme kapasitesini test etmeye çalışan IQ (zekâ katsayısı) kavramı, Endüstri Devrimi'yle birlikte 20. yüzyılda ortaya çıkıyor. Bilgi toplumundan önce, tarım toplumunda IQ'nun bir önemi yok, çünkü somut bir dünya. Tarlada çalışırken IQ'yu kim ne yapsın? Bilgi toplumunda zihinsel beceriler, soyut düşünme, muhakeme, olasılık, varsayım gibi konular önem kazanıyor, çünkü işlerin niteliği ve karmaşıklığı onu gerektiriyor. IQ testleri de o dönemde doğuyor ve zekâ, testin ölçmeye çalıştığı soyut düşünme becerileri üzerinden tanımlanıyor.

Sonra bakılıyor ki IQ yetmiyor. Dünyanın ve işyerinin sorunları zihinsel kapasitenin ötesinde beceriler gerektiriyor; *birlikte çalışmak, takım olabilmek, dinleyebilmek, duyguları yönetebilmek, düzgün iletişim kurabilmek* gerekiyor. Bunun sonucunda 90'larda "duygusal zekâ katsayısı" anlamında EQ kavramı doğuyor. *"Duygusal becerileriniz zayıfsa, özfarkındalığınız düşükse, stresli duyguları yönetemiyorsanız, empatiden yoksunsanız, etkili ilişkiler kuramıyorsanız, ne kadar zeki olursanız olun fazla ileri gidemezsiniz."* diyor Daniel Goleman.

Ayrıca işin sağlık boyutuna da vurgu yapılıyor. İnsanların üzücü duygularını (öfke, kaygı, depresyon, karamsarlık ve yalnızlık) daha iyi yönetmelerine yardımcı olmanın bir tür hastalık önleme yöntemi olduğu, bu duygular kronik olduğunda toksik etkisinin sigara içmekle aynı düzeyde olduğu vurgulanıyor. Dolayısıyla duygusal zekâ becerileri daha iyi başa çıkmaya yardımcı olarak sağlık faydaları da getiriyor.

Modern zaman düşünürlerinden Alain de Botton, duygusal zekânın karşısına *duygusal cehalet* kavramını yerleştirmiş. *"Kişilerin veya milletlerin yaşamlarında, kökenleri duygusal cehalete dayanmayan çok az felaket vardır,"* diyor. Ne acıklı ki, küçük yaştan itibaren ne kadar iyi matematik ya da fen bildiğimiz, sınavlardan ne kadar yüksek not aldığımız, ne kadar prestijli işlerde çalıştığımız duygularımızı tanıyıp yönetebilmemizden çok daha fazla değer görüyor.

Yine de bu tartışmada eksik kalan bir şeyler var: *akıl, erdem, değerler, şefkat...* Ne IQ ne EQ bunları karşılıyor. SQ denilen *Ruhsal Zekâ* kavramı[2] da bu eksikliğe dair farkındalıktan doğuyor. Kavramın öncülerinden Ken O'Donnell, *"SQ, IQ ve EQ'nun toplamıdır,"* diyor. Temel sorular şöyle: *Karşındakinin iyiliğiyle ne kadar samimiyetle ilgileniyorsun? Başkalarıyla ne kadar temiz bir oyun oynuyorsun? Başkalarının insanlık onuruna ne kadar saygı duyuyorsun? Kararların ne kadar makul ve mantıklı? Başkalarının kusurlarına karşı erdemlerini görmekte ne kadar ustasın? Dış dünyadaki durum ne olursa olsun bilgelik ve şefkatle hareket edebiliyor musun? İç huzurunu koruyabiliyor musun?*

Ruhsal zekâ bir bakıma *ubuntu* ruhunu ifade ediyor. Güvensizlik, belirsizlik, dengesizlik ve aşırılık, doğayı hiçe sayan ilerleme, bilgi sağanağı altında unutulmaya yüz tutan bilgelik böyle bir kavramı doğurmuş olabilir. Bununla birlikte yıllardır

---

2 Danah Zohar "ruhsal zekâ" terimini 1997 yılında *Rewiring the Corporate Brain* [Kurumsal Beyni Yeniden Kurmak] adlı kitabında tanıtmıştır. Aynı yıl, 1997'de, Avustralyalı yazar Ken O'Donnell da *Endoquality* kitabında "ruhsal zekâ" terimini ortaya atmıştır.

duygusal zekâyla ilgili eğitimlerde en sık duyduğum cümlelerden biri "iş hayatında EQ, IQ'dan daha önemlidir." Tartışma genel olarak bu çerçevenin ötesine geçmedi.

Duygusal zekâyı konuşurken etik değerlerden bağımsız konuşursak kolayca *kurnazlığın, Makyavelciliğin, duygusal manipülasyonun, nabza göre şerbet vermenin* alanına kayabiliriz. Bu bölümde de kavramın aydınlık ve karanlık taraflarını akılda tutarak ilerleyeceğiz. Önce empati becerisinden başlayalım.

Empati, iyi ile müthiş arasındaki farkı yaratan beceridir

"Empati, Dickens okuyarak sahip olduğun bir şey değildir. Çaba gerektirir. Sanatın yaptığı, düşünmek için bize malzeme sunmaktır; yeni kayıtlar, yeni alanlar. Ondan sonrası dostum, sende."

Olivia Laing

New York'ta okul öncesi öğretmenliği yaparken Evan diye bir öğrencim vardı. Dört yaşındaki Evan "dürtü kontrolü sorunları"yla tanınan bir çocuktu. Babası annesini terk etmişti. Annesi çalışan, bekar bir kadındı. Evan deyince genellikle herkesin aklına sorunları gelse de, çocuk benim zihnimde bambaşka bir şekilde yer etmişti: Olağanüstü empati kabiliyetiyle.

Bir keresinde sınıfta bir öğrenci yere yatmış ağlıyordu. Öğretmenler olarak çocuğu bir türlü teskin edememiştik. Evan hepimizden farklı bir şey yaptı. Arkadaşının yanına yere uzandı, bir elini arkadaşının karnının üzerine koydu. Yüzüne sessizce bakarak öylece duruyor ve şefkatini göstermeye çalışıyordu. Arkadaşı bir süre sonra sakinleşti. Birlikte oyun oynamaya başladılar.

"Sorunlu Evan" empatinin en güzel örneğini sergiliyordu karşımızda. Gözlerim dolarak ve insanları sorunlarına indirgeyerek etiketlemeye meyilli zihniyetlerimize bir kez daha kızarak izlemiştim olanları. Lori Petro'nun *"Çocuklara empati öğretmek gerekmez. Çocuk, hayatındaki yetişkinler onu dinlediğinde ve saygılı davrandığında empatiyi öğrenir"* diye bir sözü vardı. Evan'ı hatırladıkça kim kime empati öğretiyor diye düşünmeden edemiyorum.

Empati, en basit haliyle, *kendini başkasının yerine koyabilme, karşındakinin hissettiklerini ya da düşündüklerini anlayabilme yetisi* olarak tanımlanabilir. Gerek özel hayatta gerek iş hayatında "iyi ile müthiş" arasındaki farkı yaratan beceri olduğunun altı çiziliyor. Empati sahibi olmak, *daha iyi ilişkiler kurmayı, daha iyi bir takım oyuncusu olmayı, dünyaya daha zengin bir bakış açısından bakmayı* sağlıyor. Başkalarının neyi neden yaptığını anlayabilen kişi, olumsuz durumlarla baş etmede de daha başarılı oluyor.

Okuyunca onaylayarak kafa sallasak da, empati kâğıt üzerinde neyi onayladığımız değil, gerçekte ne yaptığımızla ilgili. Kime empati duyuyoruz? Kimin yerine kendimizi koyabiliyoruz, kimin yerine koyamıyoruz? Yapılan çalışmalar şunu gösteriyor ki, bize benzeyen, bizim dilimizi konuşan, güvenli olduğunu hissettiğimiz kişilere empati duyuyoruz. Yani empatimiz taraflı olmaktan öteye gitmiyor. Konunun ayrıntılarına geçmeden önce empati becerisinin nasıl gelişim gösterdiğine bakalım.

Empati becerisinin tohumları ne zaman atılıyor?

Bazı araştırmalara göre, dünyayı başka bir kişinin perspektifinden görme kapasitesi hayatın çok erken döneminde başlıyor. Berkeley Üniversitesi psikologları Betty Repacholi ve

Alison Gopnik, 14 aylık ve 18 aylık bebekleri incelemişler.[3] Bebeklerin önüne iki kap yiyecek koymuşlar. Birinde balık kraker, birinde brokoli var. Bebekler her iki kaptaki yiyeceklerin tadına bakmış, tabii ki balık krakerlerin tadını daha çok beğenmişler!

Sonra yeme sırası araştırmacıya gelmiş. Araştırmacı krakerleri yerken yüzünü buruşturmuş, brokoli yerken ise mutlu bir ifade takınmış. Bebekler onu yerken izlemişler. Sonra bebeklere elini uzatıp kendisine yiyecek vermelerini istemiş. Bebekler araştırmacıya kraker de, brokoli de verebilir. Acaba ona sevdiği brokoliyi mi vermişler, yoksa kendi beğendikleri krakerleri mi, ne dersiniz?

On dört aylık bebeklerin %87'si brokoli yerine kraker uzatmış. On sekiz aylıkların %69'u ise kendi sevdiğinden daha farklı olsa bile karşıdaki kişinin sevdiği yiyeceği ona uzatmış. Yani empatiyle hareket etmişler. Araştırmayı sosyal medya sayfamda paylaştığımda bazı kişiler "Hocam, bebekler krakerler kendilerine kalsın diye empati taklidi yapmıştır" yorumunda bulundu. Naif araştırmacılar olayı ne kadar da saf yorumlamışlar! "Hinlik yapan" bebekleri tespit etme ihtiyacı duyarlarsa Türkiye'den bir ekip göndermeyi önerebiliriz!

Şaka bir yana, bu tür araştırmaların sonucunu doğru kabul edersek, empati doğuştan sahip olduğumuz bir kapasite. Ancak *kapasitemizi kullanma kapasitemiz* çevrenin etkisiyle şekilleniyor. Henüz etraf bize yanlış yöntemlerle müdahale etmemişken daha empatik canlılarız. Uzun vadede çevremizdeki farklı modelleri görerek empati yeteneğimiz ya gelişiyor ya da güdük kalıyor.

---

3 B. Repacholi ve A. Gopnik, "Early Reasoning About Desires: Evidence From 14- and 18-Month-Olds," *Developmental Psychology*, 1997, 33: 12-21.
Araştırmanın tam metni: https://depts.washington.edu/babylab/wordpress/wp-content/uploads/2017/03/RepacholiGopnik1997.pdf.

Empatik davranış insanlarla ve hatta primatlarla sınırlı değil. Bir çalışmada fareler, başka bir farenin acı çektiğini gördüklerinde acı verici uyaranlara daha güçlü tepki vermişler, bu da kafes arkadaşlarının acısını "paylaştıklarını" gösteriyor.[4]

İnsanlarda empati becerisinin gelişimi, *duyguları kabullenmek*le başlıyor. Erken dönemde çocukların duygularını adlandırmasına yardım etmek (*üzgün hissediyorum*), sonrasında neden böyle hissettiklerini açıklayabilmelerini sağlamak (*üzgün hissediyorum, çünkü dondurma istedim, ama bana izin vermedin*) önemli. Çocuklar duygularını isimlendirmeyi öğrendikçe, kendilerinin ve başkalarının duyguları üzerinde düşünmeye teşvik edildikçe empati duygusu da gelişiyor.

Bu noktada konuyu fazla dağıtmadan "rasyonel şefkat" kavramına da değinmek istiyorum. Yale Üniversitesi'nden Paul Bloom, ihtiyacımız olanın empati değil, *rasyonel şefkat* olduğunu savunuyor.[5] Bu ne demek? Yukarıdaki dondurma örneği üzerinden ilerleyelim. Diyelim ki çocuğumuz dondurma istedi. Uygun bir zaman olmadığı için kabul etmedik. Öfkelendi, üzüldü. Empati göstermek, onun öfkesine anlayış göstermek ve eşlik etmek, öyle değil mi? "Rasyonel şefkat" kavramını savunan Bloom, "*Sakin ol ve duruma farklı açıdan bak*" demenin, empatiden daha iyi bir yöntem olduğunu düşünüyor. Yani dondurma yiyemediği için kızan çocuğumuza empati göstererek "Öfkelisin biliyorum, ağlayabilirsin" demenin ötesine geçip o anda dondurma yemesinin neden sağlıklı olmadığını şefkatle anlatmak da gerekiyor.

---

4 https://www.scientificamerican.com/article/what-me-care/#:~:text=The%20 research%2C%20led%20by%20Sara,in%20the%20past %2010%20years.

5 P. Bloom, *Against Empathy: The Case for Rational Compassion*, NY: HarperCollins, 2016.

Bloom'a göre, bazen insanların bizim aynamız olması iyi değil. En iyi ve en adil kararlarımız, *akla dayalı bir şefkatten* oluşuyor. Aklı başında ve bizi seven bir insanın hayatımızın daha iyi olması için bir çaba ortaya koyması, salt "duygumuzu onaylamaya odaklı empati"den daha iyi gelebilir.

Şahsen iki kavramın birbirinin zıttı değil, tamamlayıcısı olduğunu düşünüyorum. Sevgiyle sınır koymak dediğimiz şey tam olarak bu değil mi?

Başkaları resmin neresinde?

Empati bu yüzyılın en önemli becerilerinden kabul edilse de araştırmalar başkalarını anlamaktan çok kendine odaklı yaşamların artışta olduğunu ortaya koyuyor. Diğer bir deyişle, doğuştan sahip olduğumuz bu kapasiteyi kullanmayı beceremiyoruz. Michigan Üniversitesi'nde 14.000 öğrenciyi kapsayan bir metaanaliz çalışmasında,[6] üniversite öğrencilerinin kendi empati düzeyleriyle ilgili özdeğerlendirmelerinde 1980'lerden itibaren keskin bir düşüş olduğu ortaya konmuş. Aynı dönemde, San Diego Devlet Üniversitesi'nde 20.000 bin öğrenciyle yapılan başka bir araştırmada da[7] öğrencilerin narsisizm düzeylerinde de önemli bir artış olduğu rapor edilmişti.

Sosyal medyada gördüğümüz selfie patlaması da empati düşüşü ve narsisizmin yükselişiyle bağlantılı olabilir. *Ötekini Sevmek* kitabında, Byung-Chul Han selfie bağımlılığının ken-

---

6 S. Konrath, E. O'Brien ve C. Hsing, "Changes in Dispositional Empathy in American College Students over Time: A Meta-Analysis," *Personality and Social Psychology Review*, Mayıs 2011, 15(2): 180-98.

7 J. Twenge, S. Konrath, J. Foster, W.K. Campbell ve B. Bushman, "Further Evidence of an Increase in Narcissism Among College Students," *Journal of Personality*, 2008, 76(4): 919-928.

dini sevmekle pek ilgisi olmadığını, daha ziyade yalnızlaşmış, narsist benliğin boşta çalışması olduğunu belirtiyor: *"Selfie'ler boşalmış, güvensizleşmiş bir benliğin güzel, pürüzsüz yüzeyleridir. Bugün insanlar, eziyet veren boşluktan kurtulmak için... akıllı telefona uzanırlar. Selfie'ler, boş kendiliği kısa süreliğine gizleyen pürüzsüz yüzeylerdir."*

Burada sözü edilenin *bağımlılık boyutuna ulaşmış bir kendiyle ilgilenme hali* olduğunun altını çizmekte fayda var. Selfie bağımlılığı, daha büyük çapta bir toplumsal sorunun, genel empati düşüşünün, bir boyuttaki tezahürü gibi görünüyor. Başkaları ne zaman, nasıl ve neden kadrajın dışında kaldı?

Empatideki düşüşün olası nedenleri arasında *toplumdan kopuk bir yaşam tarzı, daha çok kendine dönük yaşama*, (futbol takımından tutun politik partiye kadar) *gruplara daha az katılım* gibi durumlar gösteriliyor. Sosyal mecralardaki yankı odalarına hâkim, *"Körler sağırlar birbirini ağırlar"* ortamının etkisini de unutmayalım.

Düşen empati, pozitif psikolojinin yükseldiği mutluluk takıntılı bu çağda *sürekli olumluya vurgu yapmakla* da ilgili olabilir. Mutluluk takıntısı ile düşük empati arasında nasıl bir ilişki olabilir? Konuyu "duygusal dürüstlük" kavramı üzerinden anlatmaya çalışayım. Danimarkalı ebeveynler, "duygusal dürüstlük" kavramının en başarılı temsilcileri arasında kabul ediliyor. Kaygı, mutsuzluk, üzüntü, can sıkıntısı, acı gibi duyguların hayatın normal parçası olduğunu çocuklarına göstermeye çalışıyorlar. Zor zamanlardan geçerken hiçbir şey yokmuş gibi davranmıyorlar. Kendini kandırmanın çocuğa verilecek en kötü mesaj olduğuna inanıyorlar. Neden? Sürekli olumlu duygular yerine acıların da paylaşılması insanlığa duyulan saygıyı arttırdığı, hayatımızda sıradan saydığımız veya hiç aldırmadığımız basit şeylere minnet duymamızı sağladığı, dolayısıyla empati duygusunu güçlendirdiği için.

Çocukların (en azından daha avantajlı koşullarda olanların) küçük yaştan itibaren *hayatın zorluklarından çok konforuna ortak edilmesi*nin de empati düşüşünde etkili olabileceğini düşünüyorum. Kişinin hayatın tercihen erken bir döneminde sorumluluk üstlenmesinin, biraz büyüyünce bir yerde staj yapmasının, aile himayesinden uzaklaşıp kendi başına kalmasının empati gelişiminde önemli olduğuna inanıyorum. Ben de bunu hayatın daha ileriki dönemlerinde, yurtdışında öğrenciyken deneyimledim.

"Gurbet ellerde" burnumun sürtmesi, empati adına en büyük kazanımlarından biridir.

Burslu okumama rağmen okulun verdiği burs bazen yetmiyordu. Tiyatroda yer göstericilik, barmenlik, bebek bakıcılığı gibi işler yaptığım zamanlar oldu. Sabahın beşinde bardaki şişeleri kasalara koyup, depoya kaldırıp, ortalığı süpürüp sabahın yedisinde okula gitmek için tekrar uyandığın zaman dünyanın kaç bucak olduğunu ve aslında yaşadığın hayatın ne kadar konforlu olduğunu anlıyor, zor koşullarda çalışan insanlara saygı duyuyorsun. Başkalarına karşı saygılı ve nazik olmanın önemini o zamandan sonra daha iyi kavradım. Platon'a ait bir söz var ya, çok doğru: "*Nazik olun, çünkü karşılaştığınız herkes farkında olmadığınız zorluklarla boğuşuyor.*" Bunu sosyal medyada bir özdeyiş sayfasında görüp beğenmenin ötesinde bizzat tecrübe yoluyla öğrendim.

Olumsuza kucak açmak ile empati arasındaki bağlantıyı kitap okuma üzerinden de açıklayabiliriz. Amerikalı yazar James Baldwin, "*Dünyada acı çeken, kalbi kırılan bir siz varsınız diye düşünürken okuduğunuz bir kitapla her şey değişir. Kitaplar bana, bana en çok acı çektiren şeylerin, yaşayan ya da geçmişte yaşamış tüm insanlar için de geçerli olduğunu öğretti,*" diyor. Okumak, dünyaya ve insanlara bambaşka açılardan bakma araçları. Başka birinin bilincine yerleşmemizi sağlayarak empati geliştirmemize olanak tanıyor. Dolayısıyla empati oranlarındaki düşüşün bir diğer nedeni, *kitap okuma oranlarındaki düşüş* olabilir.

Okuma oranı genel olarak artmış olabilir; sonuçta herkes sosyal medyada ve internette daha çok bilgiye ve metne maruz kalıyor. Ancak okunan bilginin içeriği ve niteliği değişmiş durumda. Bir araştırmada[8] "zevk için edebi eser okuyanların sayısı son 10 yılda ilk kez %50'nin altına inmiş durumda ve en büyük düşüş üniversite gençliğinde görülüyor" sonucuna varılmıştı. Aynı araştırmaya göre, *daha az kurgu eser okuyan yetişkinler daha az empati* kurabiliyor. Okul öncesi çağdaki çocukların okuduğu hikâye sayısı, başkalarının duygularını anlayabilme becerisini de önemli ölçüde belirliyor.

Teknoloji kullanımının yükselişi ile empati düşüşü arasındaki ilişkiye bakmak da anlamlı olabilir. Teknoloji araştırmacısı Sherry Turkle *"bağlantıda olmak"* (*connection*) ile *"sohbette olmak"* (*conversation*) arasındaki farka dikkat çekiyor.[9] Turkle'a göre, yüz yüze sohbet, yaptığımız *en insanca ve en insanlaştırıcı* şey. Sohbet esnasında kendimizi tamamen başka birine vererek dinlemeyi öğreniriz. Empati yeteneğini de bu şekilde geliştiririz. Biri tarafından dinlenmenin, anlaşılmanın mutluluğunu bu şekilde deneyimleriz. Sohbetin yerine sadece bağlantının geçmesi birçok olumsuzluğa yol açıyor. Sohbetteki yüz ifadesinden yoksun olanlar, empati kurmakta

---

8 R. Mar, K. Oatley ve J. Peterson, "Exploring the link between reading fiction and empathy: Ruling out individual differences and examining outcomes," *Communications*, 2009, 34: 407-428. Araştırmanın tam metni: https://www.yorku.ca/mar/Mar%20et%20al%202009_reading%20fiction %20and%20empathy.pdf.

9 S. Turkle, *Reclaiming Conversation: The Power of Talk in a Digital Age*, New York: Penguin Press, 2015.

zorluk çekiyor. Plansız sohbetlerden ürken insanlar, mesajlaşma ve e-postaya sığınıyor. İletişim biçimi "incelikli sohbet"ten "uzak irtibat"a kaymış durumda olduğundan işyerlerinde de gereksiz gerginlikler yaşanıyor. Oysa yüz yüze sohbet yavaş yavaş açılan bir süreçtir. İnsana sabretmeyi de öğretir. Ses tonuna ve nüanslara dikkat kesiliriz. Dijital cihazlar aracılığıyla gerçekleşen iletişimde aynısı mümkün değil.

Turkle, insan beyninin yüz yüze iletişimle sağlanan bilgi selini işleyecek şekilde evrimleştiğini, bu zengin akışı tek bir tıkla ve bir parça bilgiyle değiştirmenin toplumsal bilgi işleme mekanizmasına yapılacak en büyük hakaret olduğunu belirtiyor: *"Bunu saatte 30 km hızla toprak yolda Ferrari sürmeye benzetmek bile yetmez. Bu daha çok Ferrari'yi kamyonetin arkasına bağlamak gibi."*

Buradaki mesaj *teknolojiyi terk etmek değil, akıllıca kullanmak.* İrtibat sohbetin alternatifi değil destekçisi olmalı. İnsan olarak istediğimiz ve ihtiyaç duyduğumuz empati ve aidiyet hissini ancak sohbetle sağlayabiliriz. Bir araştırmaya göre, telefon ve internet olmadan kamp yapan gençlerin ruh, zihin ve beden sağlığında ve yakınlık hissinde sadece beş gün içinde bile büyük değişimler yaşanmış.[10]

Teknoloji bir anlamda birbirimize yakın olduğumuz hissini yaratırken, bir taraftan birbirimize uzaklaşmamıza ve yabancılaşmaya yol açıyor. *Kaybolan Bağlar* kitabında Johann Hari, diğer insanlardan kopuk olmayı depresyonun nedenleri arasında gösteriyordu. *Derin yalnızlık, tanımadığın birinden yumruk yemek kadar stres yaratıyor.* İnsan içgüdüleri tek başına bir hayata değil, kabile içinde yaşanan bir hayata göre biley-

---

[10] Y. Uhls, M. Michikyan, J. Morris, D. Garcia, G. Small, E. Zgourou, P. Greenfield, "Five days at outdoor education camp without screens improves preteen skills with nonverbal emotion cues," *Computers in Human Behavior*, 2014, 39: 387-392.

lenmiş. Yalnızlık, başka insanların fiziksel yokluğu değil, kimseyle önemli bir şey paylaşmadığınız hissi. Birlikte ama yalnızız.

Empatik lider nasıl olur?

Bir süre önce sosyal medyada mini bir anket yaptım. İletişim, dinleme, empati, çatışma çözümleme gibi konularda olumlu ve olumsuz deneyimleri sordum. Birkaç olumlu örnek hariç, Türkiye'nin farklı illerinden ve farklı sektörlerden gelen mesajların yüzde 90'ı *işyerinde mobbing, empati eksikliği ve iletişimsizlik*le ilgiliydi:

> *"15 yılda sürekli bir kötüye gitme. İletişim asla yok. Sadece üstten alta beyan etme var. Korkunç bir sinmişlik, çekinme."*
>
> *"Korkunç bir kast sistemi. Yukarı çıkanın merdiveni aşağı attığı bir sistem. Bırakın birlik olmayı tartışmadan konuşamayan insanlar. İletişimsizlik ve çok mutsuz çalışma ortamları."*
>
> *"Tek isteğim hangi pozisyonda olursa olsun umarım benim yaşadığım mobbing tarzı iletişimsizliği, geri bildirim vermemeyi, bilgi vermeme durumunu, astını kazanma değil kötü duruma düşürüp/düşmesini bekleyip/yaptıklarını sürekli eleştirip sonunda kötü performans gösterme durumunu kendisinin de yaşaması."*
>
> *"Yaşadığımız coğrafyanın insanına karşı acıma duygum tükendi diyebilirim. Çalıştığın ekip arkadaşlarının mobbingi tek bir kişininkinden çok daha feciymiş. Velhasıl insanlardaki bu hırs ve ihtirasın dayanağını anlamak gerçekten zor. Ve utanç verici..."*

Teselli mi olur, yoksa üzüntünüzü katlar mı bilmiyorum ama yukarıda belirtilen sorunlar sadece bizim ülkemize özgü değil.

Yazar Simon Sinek, liderlik ve empati konulu TED konuşmasında, *"Güven ve işbirliğinin işyerlerinde standart olması gerekir ama öyle olmadığını hepimiz biliyoruz"* diyor. Çözüm nasıl mümkün?

Sinek, böyle ortamlarda liderin sorumluluğuna vurgu yapıyor. İyi bir liderin empati ve perspektif sahibi olması gerektiğini ama genellikle yöneticilerin statülerine, şirket içerisindeki pozisyonlarına odaklanmaktan asıl işlerinin bu olduğunu unuttuklarını belirtiyor.

Durumun bir nedeni, eğitim eksikliği. Diyelim ki bir şirkette belli bir pozisyonda çalışan kişi terfi alıyor. Ona başka çalışanların yöneticisi olma sorumluluğu veriliyor, ama o ne yapması gerektiğini bilmiyor, çünkü bu kendisine öğretilmiyor. *Lider* ve *yönetici* arasındaki fark, liderin *insanları* yönetmesi; yönetici ise sadece *işi* yönetiyor.

Sinek, iyi bir liderin nasıl fark yarattığına dair güzel bir örnek anlatıyor. Las Vegas'ta Four Seasons Otel'de kahve içerken Noah adlı bir çalışanla sohbet ediyor. İşini sevip sevmediğini soruyor. Noah işine bayıldığını söylüyor. Samimi olduğu her halinden belli. "Bayılıyorum" çok güçlü bir ifade. Simon ona nedenini sorduğunda şöyle yanıtlıyor:

> *Gün içinde yöneticim her yanımdan geçişinde nasıl olduğumu, işimi daha iyi yapmak için bir şeye ihtiyacım olup olmadığını soruyor. Aynı zamanda Caesars Palace'ta da çalışıyorum. Oradaki yöneticiler sadece işi doğru düzgün yapmamızı istiyorlar. Bir şeyi yanlış yaptığımızda hemen yakalıyorlar. Oraya gittiğimde çok dikkat çekmemeye çalışıyorum, salla başını al maaşını mantığıyla günü tamamlamaya çalışıyorum.*

Aynı kişi, iki farklı ortamda, iki farklı yönetim modeliyle, bambaşka iki kişi oluveriyor. Farkı yaratan, liderin yarattığı ekosistem. *Empatik liderlik*, herkesin kazandığı bir senaryo. Celâl Şengör de *Senin Cahilliğin Benim Yaşamımı Etkiliyor* kitabında dayısını şöyle anlatıyordu:

> *Bir gün bizim fabrikada grev olmuştu... Semih Dayım gitti ve grevi bitirdi çünkü işçiler onu seviyordu... Kapısını tutan işçinin elini sıkardı ve halini hatırını sorardı... telefon santraline bakan bir kız vardı, geçerken onunla şakalaşırdı. Yukarı çıktığında hademeler koridora dizilirdi ve her birinin elini tek tek sıkardı... İşçilerle ilişkisi...çok özeldi. Bir de dayım sorun çözen bir adamdı, bir derdiniz varsa mutlaka hallederdi.*[11]

Herkes bunu becerebilir mi? Sinek, "*Liderlik de öğrenilebilir bir beceri; kas gibi, çalıştırırsan daha güçlü hale geliyorsun,*" diyor ve ekliyor: "*Herkeste lider olma kapasitesi var ama herkes lider olmamalı ve herkes olamaz, çünkü burada çok fazla kişisel fedakârlık gerekiyor. Bir şeyler iyi gittiğinde başkalarını takdir edip kötü gittiğinde sorumluluğu üstlenmek nahoştur, herkes bunu kaldıramaz.*"

İyi bir lider de, iyi bir ebeveynin çocuğu için yapmaya çalıştığı gibi, çalışanın potansiyelini açığa çıkarabilecek ortamı hazırlamaya çalışır. Empatik liderliğin en önemli göstergelerinden biri, ortamda psikolojik güvenlik hissi olup olmadığıdır. Psikolojik güvenlik, *sonucunda cezalandırılmadan risk alabileceğini bilmek* demektir. Yanlış bir şey yaptığında bunu ebeveynine ya da yöneticine söylemekten çekinmemek, evdeki vazoyu kırdığında dürüstçe "ben kırdım" diyebilmek, hatalı bir karar aldığında korkmadan sorumluluğunu üstlenebilmek, cezalandırılmak yerine doğrusunun öğretileceğinden veya ilk hatanda kovulmayacağından emin olmaktır. Evinizde ya da işyerinizdeki ortam böyle mi?

---

[11] *Senin Cahilliğin Benim Yaşamımı Etkiliyor*, s. 50.

Güvenlik sadece depreme dayanıklı bina ya da yeterli sayıda yangın çıkışıyla ilgili değildir, psikolojik boyuttaki eksikliği ruhsal depremlere yol açabilir. Oysa birçok yönetici "hata yapmakta sorun yok" mesajını vermekten korkuyor. İyi de bu mantıklı bir korku değil mi? Mesela bir hastanede yapılan hatalar insan hayatını tehlikeye atmaz mı?

Psikolog Adam Grant'in *Give and Take* kitabının dipnotlarında bir araştırma okumuştum. Sekiz farklı hastanede psikolojik güvenlik ortamını incelemişler. Ne kadar tıbbi hata yapıldığını araştırmışlar. *Psikolojik güvenlik ne kadar yüksekse, rapor edilen hata sayısı da o kadar yüksek* çıkmış. "Hatalara müsamaha göstermek, insanları hataya daha açık hale getirebilir" gibi bir sonuca varılmış. Durun, hemen dağılmayın, henüz bitmedi!

Araştırmacı bu sonuçtan tatmin olmamış. Psikolojik güvenliğin *hatalara yol açmadığını,* sadece *hataları rahatça söyleme ihtimalini* arttırdığını iddia etmiş. Gerçekten de konu daha derin incelendiğinde, hastane personelinin daha çok hata yapmadığı ortaya çıkmış. Sadece hatalarının cezalandırılmayacağını bildikleri için rahatça söylemeye meyilliler. Hatta psikolojik güvenliğin daha yüksek olduğu hastanelerde daha az sayıda hata yapıldığı ortaya konmuş. *Rapor edilen hata sayısı yüksek* ama *toplam hata sayısı daha az.* Neden? Psikolojik güvenlik olmayan ortamlardaki sağlık çalışanları hatalarını gizledikleri için hatalardan öğrenme imkânları da yok. Ancak hatalarını açıkça söyleyenler bir sonraki sefer aynı hatayı yapmaktan kaçınıyor. Doğrusunu öğrenebiliyorlar. Evde, okulda, işyerinde veba gibi kaçtığımız hatalar en değerli öğrenme araçları.

İnsanlar konuşmaktan korktuğunda sesler giderek azalır. Sesler azaldıkça hatalar artar, performans düşer, fiyaskoların zemini hazırlanır. *Sükût her zaman altın değildir.*

Bireysel düzeyde düşündüğümüzde de hatalarımızı yüzümüze vurdukları için "gıcık" olduğumuz kişiler dürüstlükleriyle bize en çok fayda sağlayacak kişiler olabilir. "Yapıcı gıcık"ların kıymetini bilelim!

Özetle, korku ikliminden hayır gelmez. Çalışan ya da çocuk fark etmez; insanların kendilerini dürüstçe ifade etmeleri, denemekten çekinmemeleri, yani büyüyüp gelişmeleri psikolojik güvenlik duygusundan geçiyor. Evde, işyerinde, ülkede lider konumunda olanların yarattığı iklim, çocuğun, çalışanın, vatandaşın ve sonuç olarak toplumun iyilik halini belirliyor.

Lider pozisyonundaki kişinin bunu yapamaması, bazen *özgüven eksikliği*yle de ilişkili olabiliyor. Disney'de yıllarca CEO olan Robert Iger, *Düşler Nasıl Gerçekleşti?* kitabında, kendisi yolun başındayken bir yöneticisinin izlediği tavrı şöyle kaleme almış:

> *Bir gün size bölümün en önemli kişisiymişsiniz gibi davranıyor, bir sonraki gün sizi aşağılayacak bir şekilde eleştiriyor ya da hiçbir zaman tam anlaşılmayan nedenlerden dolayı sırtınızdan bıçaklıyordu. İnsanları birbirine düşürmeyi başarıyordu ve bunun kasıtlı bir strateji mi, yoksa kişiliğinin bir sonucu mu olduğunu asla anlayamıyordum. Muazzam yeteneğine ve başarısına rağmen Roone aslında özgüveni eksik bir kişiydi ve buna karşı savunma yöntemi etrafındaki kişileri güvensiz hissettirmekti.*

Iger, çoğu zaman işi bırakmayı düşünse de bunu yapmamış. İyi olan şeylerle motive olmayı, kötü olanlardan da yara almamayı başarmış. Bunu yapı olarak dayanıklı olmasına bağlıyor; kötü yöneticiler bazılarını kırabileceği gibi bazılarını daha da kamçılayabiliyor. Roone'un tutarsızlığı yerine kendi işini iyi yapmaya odaklanmış. Ancak zaman içinde geriye dönüp baktığında bir yöneticinin böyle olması gerekmediği sonucuna varmış. İnsanları önemsememenin tehlikelerini anladığından, kendisi seneler sonra lider konumuna geldiğinde aynı hataya düşmemiş. *"Liderlik pozisyonuna geldikten sonra anladığım bir şey oldu,"* diyor:

> *Herkese adil bir şekilde empati ile davranmak... Bu, beklentilerinizi düşürmeniz ya da hataların önemli olmadığı mesajını vermeniz gerektiği anlamına gelmiyor. İnsanların onlara kulak vereceğinizi, duygusal açıdan istikrarlı ve tarafsız olduğunuzu, kasıtsız hataları için ikinci bir şans vereceğimizi bildikleri bir ortam yaratmak anlamına geliyor.*

Yönetici ile lider arasındaki farka ve psikolojik güvenlik ortamına iyi bir örnek. Psikolojik güvenlik ve empatiden söz etmişken, son olarak yazar Guy Winch'in minik kitabı *Kırık Bir Kalbi Nasıl Onarırsın*'ı da anmak isterim. Güvenlik denince akla önce (ve bazen sadece) fiziksel güvenlik geldiği gibi, insanların fiziksel acılarına gösterdiğimiz şefkati de duygusal acılarına göstermiyoruz. Mesela okulda bir öğrenci ayağı kırıldığında şefkatle eve gönderiliyor ama duygusal olarak savrulmuş, kalbi kırık bir öğrenciyi fazla duygusal olmakla veya zayıflıkla suçlayabiliyoruz. Aynı şey şirket ortamında da geçerli. Bazı kalp kırıklıkları insanı çalışamayacak kadar sarsabilir ama şirketler her zaman buna anlayış göstermeyebiliyor. Oysa çalışanlarına yas tutmaları, destek almaları ve iyileşmeleri için zaman vermek, kendi içinde değerli olmasının ötesinde *üretkenliğe daha hızlı geri dönmelerine* olanak tanıyor. Temel sorun, kırık bir kalbin, kırık bir bacak ya da kol gibi görünür olmaması.

Acaba evlerin, okulların ya da şirketlerin girişine bir kutu içinde kırık kalp çıkartmaları mı konsa? Ya da yara bandı? O gün kalbi kırık olan kişi yara bandını alıp göğsüne yapıştırsın, etraftakiler o gün ona daha anlayışlı davransın. Zihni Sinir projelerimle vaktinizi daha fazla almadan, duygusal zekânın karanlık yüzüyle devam edelim.

Duygusal zekânın karanlık yüzü

Empati, duygusal zekânın "sosyal farkındalık" bileşeniyle ilgili. Daniel Goleman'a göre üç tip empati var: *bilişsel empati, duygusal empati ve empatik ilgi.*

Bilişsel empati başkalarının bakış açısını anlamamızı, zihinsel durumlarını kavramamızı, duygularını değerlendirmemizi ve kendi duygularımızı yönetmemizi sağlıyor. Karşımızdakiyle anlaşabileceğimiz bir dil seçmemize olanak tanıyor. Bilişsel empati denince aklıma Steve Jobs geliyor.

Steve Jobs hedef tüketici kitlesinin ihtiyaçlarını ve duygularını çok iyi analiz edebilen bir iş insanıydı. Tüketiciler Apple cihazlarını, ürünlerin işlevinden çok kendilerine hissettirdikleri nedeniyle istiyorlardı. İnsanların ne hissettiğini fiziksel olarak hissetmesen de zihinsel düzeyde ne istediklerini anlayabilmek *bilişsel empati* örneği. Jobs bu konuda çok iyiydi. Sahip olmadığı şey, *duygusal empati*ydi.

Duygusal empatide, karşımızdaki kişinin hissettiklerini de paylaşırız. Bedenlerimiz fiziksel olarak o kişinin yaşıyor olabileceği neşeye ve kedere uyum sağlar. Jobs birlikte çalıştığı insanlara kök söktürmesiyle tanınıyordu. Karşısındakinin duygularını hiçe sayan tavırları, duygusal iniş çıkışlarıyla, kibirli ve narsist olarak algılanıyordu. Ailesi ve çalışanlarına acı veriyordu.

Öte yandan bilişsel empati de, duygusal empati de her zaman karşındakinin iyiliğiyle ilgilenmeyi beraberinde getirmez. Üçüncü empati türü olan *empatik ilgi,* karşımızdakine değer vermeyi, gerekirse yardım etmek üzere harekete geçmeyi sağlar. Şefkatli bir tutumdur. Empatik ilgi olmadığında diğer iki empati tipi manipülasyonla da sonuçlanabilir. Nasıl mı? Bir örnek üzerinden ilerleyelim, hatta bir oyun oynayalım. Siz burada kimden söz ettiğimi tahmin etmeye çalışın:

Yirminci yüzyılın en etkili liderlerinden biriydi. Duyguların insanları etkileme gücünün farkına varmıştı. Beden dilinin yarattığı duygusal etkileri yıllarca analiz etti. Beden dilini geliştirmek için çok uzun süre pratik yaptı. Yıllar süren samimi çabasının sonunda, duygusal zekâsı yüksek, inanılmaz etkileyici bir hatip ve lider doğdu.

Kim olduğunu tahmin edebildiniz mi?

Bu lider, Adolf Hitler'di. Hitler kelimesini duyunca geri gidip "duygusal zekâsı yüksek" ifadesine takılmış olabilirsiniz. Zaten amaç da buydu. Duygusal zekâ, başkalarının duygularını anlama, kendi duygularını anlama, empati kurma gibi bileşenleri içeren bir zihinsel "kapasite." Aynı zihinsel kapasite, insanları manipüle etmeyi de kapsıyor.

The Atlantic'te Adam Grant'in "The Dark Side of Emotional Intelligence [Duygusal Zekânın Karanlık Yüzü]"[12] başlıklı makalesini okumuştum. Araştırmalara göre insanlar duygusal zekâ becerilerini geliştirdiklerinde başkalarını da daha iyi manipüle edebiliyorlar. Duygularını kontrol edebilmek, aynı zamanda gerçek duygularını saklayabilmek demek. Başkalarının duygularını anlayabilmek demek, bazen onların zayıf noktalarını görüp *oradan vurmak* demek.

Çocuklar için de durum farklı değil. Sosyal medyada viral olan bir video vardı. Küçük bir çocuk babasından dondurma istiyordu. Babası "olmaz" deyince çocuk sinirlenerek kameralara dönüyor ve "Her ebeveynin ihtiyacı farklıdır, istediğinizi elde etmek için ebeveyninizin ihtiyaçlarını iyi analiz etmeli ve ona göre hareket etmelisiniz" tavsiyesinde bulunuyordu. "Şimdi baştan alalım" diyerek babasına tekrar gidip son derece sevimli bir yüz ifadesi takınarak, "Babacığım, seninle bir kâse dondurma paylaşmak ne güzel olurdu" diyordu. Babası

[12] https://www.theatlantic.com/health/archive/2014/01/the-dark-side-of-emotional-intelligence/282720/.

bu sevimli surat ve tatlı dil karşısında dondurma gibi eriyip teklifi anında kabul ediyordu. Ardından çocuk aynı şekilde annesine gidip "Tabletle oynamak istiyorum" diyor, annesi *hayır* deyince sahneyi başa alıp "Anneciğim, çok yorgunsun, uzan da üstünü örteyim, belki o sırada ben de tabletimle oynarım" deyince annesi "Gurbanın olammm gözünün yağını yidiyiiim" moduna hızla geçiş yapıyordu.

Video bir kurguydu ve mizah amacıyla çekildiği belliydi. Mizahı bir kenara koyarsak, ortada ailesini kurnazca manipüle eden küçük bir Makyavelist vardı. Gerçekten babasıyla bir şey paylaşmak ya da annesine iyilik yapmak için değil, istediğini almak için duygusal manipülasyon teknikleri kullanıyordu. Empatisi içten değil politikti. İleride başarılı bir politikacı olabilir! Söylediklerini istediklerine ulaşmak için değil gerçekten öyle hissettiği için söyleseydi, *paylaşımcı, şefkatli; düşünceli, sorumluluk sahibi* bir çocuktan söz edebilirdik.

Bence daha acı olan, videodaki çocuğun tavrına bayılan ebeveyn sayısının çokluğuydu. "Aferin çocuğa"lar havada uçuştu! Çocuğun zeki olduğunu kabul ediyorum, bu kısmı güzel haber. Ancak kurnazca davranışının "Darısı bizim çocukların başına!" nidalarıyla alkışlanmasında bir sorun görüyorum. Sonra çıkarları için insanları manipüle edenler karşısında, "Biz ne ara bu hale geldik, ah ah, vah vah" diye dövünüyoruz. Kurnazlık bir değer olduğunda, ahlak eksikliği şaşılacak bir şey olmaktan çıkar.

Bir bakıma da videoyu ebeveyn eleştirisi olarak aldım. Biz de çocuklara istediklerimizi yaptırmak için aynısını yapmıyor muyuz? Çocuk anne-babasından öğrendiği teknikleri onlar üzerinde uyguluyor diye yorumladım. Çocuklarla samimi iletişim kurmak yerine, hayırın neden hayır olduğunu neden-sonuç ilişkisi kurarak anlatmak yerine, onları manipüle ederek istediğimize ulaşmaya çalışıyor olabilir miyiz? Bunun üzerinde düşünmeye değer.

Sonuçta dönüp dolaşıp aynı yere geliyoruz. Duygusal zekâ bir kapasite ve önemli olan *kapasitenden çok o kapasiteyle ne yaptığın.* Hitler'in ikna ediciliği, duygularını stratejik olarak ifade edebilmesiyle ilgiliydi. Gönüllere öyle bir hitap etmişti ki, kitlesi, eleştirel düşünmeyi bırakıp duygu seline kapılmıştı. Gerisi malum. Çocuk da (lütfen Hitler'le eş tuttuğum düşünülmesin) "gönüllere hitap ederek" sınırları delmişti.

Bunun bilimsel dünyadaki ismi "büyülenme etkisi" (*awestruck effect*). Cambridge Üniversitesi'nden Sosyal Bilimler Profesörü Jochen Menges'in araştırmasına göre, bir lider duygu yüklü ve ilham verici bir konuşma yaptığında izleyiciler verilen mesajın içeriğini fark etmiyor ve sonrasında çoğunu hatırlamıyorlarmış. Psikolog Adam Grant buna "aptallaşma etkisi (*dumbstruck effect*) demenin daha uygun olduğunu söylüyor.

Özetle, duygusal zekâ tek başına bir şey ifade etmiyor. O zekânın nasıl bir karakterle, hangi değerlerle buluştuğu önemli. Çünkü duygusal zekâ, buluştuğu karaktere göre insanları iyi amaçlara motive edebilirken, kötü amaçlar için manipüle edebiliyor. Fark ettiyseniz iş dünyasında da duygusal zekâdan genellikle "işte başarılı olmak" bağlamında söz edilir, "değerler" bağlamında değil. "Duygusal zekâsı yüksek mi, değil mi?" sorusunun ötesinde, "Kişi düzgün değerlere sahip mi?" diye sormak lazım. Önemli olan, karşımızdakine değer vermeyi, şefkat duymayı, gerekirse yardım etmek üzere harekete geçmeyi sağlayan bir tutum olan *empatik ilgi.*

Empatik ilgi görmek ve göstermek güzel, ancak diğer tarafta eleştiriye açık olabilmek, kendi hata ve eksikliklerimizi kabul edebilmek, geçinmeye ve gelişmeye gönüllü olmak, her şeyi kişisel algılamamak da önemli.

O halde, iletişimde önemli olan bir diğer konuyla, geri bildirim alma ve verme konusuyla devam edelim.

"Hayatımda en büyük pişmanlığım, nazik olabileceğim anlarda nazik davranmamaktır."

Bir insanın başka bir insana verebileceği en büyük hediye nedir? Yazar George Saunders'ın bir üniversitedeki mezuniyet konuşmasından içime işleyen bir bölümü sizinle de paylaşmak istiyorum:

"7. sınıfta sınıfımıza yeni bir kız geldi. Adına Ellen diyelim. Ellen ufak tefek bir kızdı. O yıllarda yaşlı teyzelerin taktığı cinsten, uçları yukarı kalkık mavi gözlükleri vardı. Gergin olduğunda –ki genellikle gergindi– saçından bir tutamı ağzına alıp çiğneme alışkanlığı vardı. Okulda çoğu çocuk onu umursamadı, bazıları onunla 'Saçının tadı güzel mi?' diye dalga geçti. Bunun onu incittiğini görebiliyordum. Böyle hakaretlerin ardından görüntüsünü hâlâ hatırlıyorum. Başını öne eğip yere bakardı, sanki yok olmak ister gibi görünürdü. Sonra ağzında yine bir tutam saçla kaçıp uzaklaşırdı.

Eve gittiğimde düşünürdüm. Belki eve dönünce ona annesi 'Günün nasıl geçti yavrum?' diye soruyordu. O da 'İyi geçti' diye cevap veriyordu. Annesi 'Okulda arkadaşların var mı?' diye soruyordu, o da "Evet, çok var" diyordu belki. Bazen evinin önünde tek başına oturduğunu görürdüm, sanki evinden ayrılmaya korkar gibi. Sonra mahalleden taşındılar.

Hepsi bu kadar. Hikâyenin sonunda bir trajedi yok. Bir vardı bir yoktu. Hikâyenin sonu bu.

Peki neden hâlâ pişmanlık duyuyorum? Kırk iki yıl sonra neden hâlâ bunu düşünüyorum? Diğer çocuk-

lara kıyasla ben ona iyi davranıyordum. Asla kötü bir söz söylemedim. Hatta bazen hafiften onu savundum. Ama yine de bu durum beni hâlâ rahatsız ediyor. Bu nedenle kulağa klişe gelse de, doğruluğuna emin olduğum bir şeyi söyleyeceğim: Hayatımda en büyük pişmanlığım, nazik olabileceğim anlarda nazik davranmamaktır.

Diğer taraftan bakalım. Hayatınızda en sıcak duygularla hatırladığınız kişiler, iddiaya girerim size karşı en nazik davrananlardır."

Hepimizde olan empatik ilgi potansiyelini daha çok kullanmamız ve iyi izler bırakmamız dileğiyle...

Neden eleştiriye kapalıyız?

Güzel resim yapan Stuttgartlı genç hanım, ilk sergisini açtığında, kötü bir niyeti olmayan bir eleştirmen, genç kadına yararı olacağını düşünerek şöyle söyledi: "Yaptıklarınız yeteneğinizi gösteriyor, hoşa da gidiyor, ancak henüz yeterli derinliği yok." Genç kadın eleştirmenin ne demek istediğini anlamadı, zaten çok geçmeden de unuttu bu sözleri. Ne var ki iki gün sonra gazetede aynı eleştirmenin bir eleştirisi yer aldı. Bu yazıda adam şöyle diyordu: "Genç sanatçı oldukça yetenekli, çalışmaları ilk bakışta çok hoşa gidiyor ama ne yazık ki derinlikleri yok." İşte o zaman düşünmeye başladı genç kadın.

Patrick Süskind'in *Üç Buçuk Öykü* kitabından bu kesitin düşündürdüğü gibi, olumsuz geri bildirime açık olmak bizi daha büyük felaketlerden koruyabilir. Yapıcı eleştiri, harika bir geliştiricidir. Bunu zihinsel düzeyde bilmemize rağmen, en azından bir kısmımız, biri bize eleştiri yönelttiğinde, hikâyedeki genç kadının yaptığı gibi ciddiye almıyor ya da duygusal düzeyde acı çekiyoruz. Neden böyleyiz?

Yerinde, yararlı ve yapıcı eleştiriye açık olabilmek, duygusal zekâ bileşenlerinden *özfarkındalık* ve *duygusal kontrolle* ilişkili. Bir adım geri atıp eleştirinin özünü görebilmeyi, *yarattığı duygudan ya da kişiliğimize saldırı olarak algılamaktan uzak durabilme olgunluğunu* gerektiriyor. Ancak temelde onay arayışında olan varlıklar olduğumuzdan, acıtan gerçekleri duymak onaylanmadığımız hissini yaratıyor ve "varoluşum tehdit altında" düşüncesiyle korkuyoruz.

Eleştiriye maruz kalmak, iki temel psikolojik ihtiyacımızı tehdit ediyor: *güvenlik* ve *değerlilik*. Güvenlik tehdidi, *ilişkisel* (seni terk ediyorum), *işsel* (seni kovuyorum) ya da *fiziksel* (sana vuracağım) düzeyde olabilir.[13] Değersizlik tehdidi ise doğruları duymanın öz algımıza darbe vurmasıyla ilişkili. Eleştiri anında *utanç, korku, öfke* gibi duygular su yüzüne çıkıyor.

Korkumuzun kökleri, çocukluk etkileşimlerine kadar uzanıyor. Bazen çocuklukta belli bir bağlamda oluşan bir duyguyu, yetişkin dünyamızda, ait olmadığı bir yere transfer edebiliyoruz. Yazar Alain de Botton[14] sabırlı bir içsel kazı yapmayı, *iç seslerimizi gerçeğin sesine karşı test etmeyi* öneriyor.

Mesela iş ortamında bir yönetici çalışanının hazırladığı raporu okuyup *"Sonuna bir paragraf daha eklesen daha iyi olur"* dediğinde, çalışan hiddetlenip, içinden ya da sesli, *"Bana saygı duymuyor musunuz?"* gibi bir tepki verebilir. Elbette toksik kişilerin kötü niyetli eleştirisinden değil, yerinde, haklı, geliştirici eleştiriden söz ediyoruz. Yöneticinin samimi amacı yapılan işi iyileştirmek olsa da, çalışan, *"Hiçbir şeyi beceremiyorum zaten"* düşüncesiyle ağlamaklı bir hale bürünebiliyor.

Böyle durumlarda erken çocuklukta oluşan karakter devreye girebiliyor. Kişi, az önce sözünü ettiğimiz *değersizlik tehdidi* altında hissedebiliyor. *"Bir paragraf daha ekle"* komutunu *"Sen değersiz bir aptalsın ve yaşamayı hak etmiyorsun"* radikalliğinde yorumlayabiliyor. Sapla samanı ayırma becerisinden yoksunsa, kendisine atıldığını düşündüğü yumruğa yumrukla karşılık verebiliyor.

Botton'a göre, bu kişilere *geçmişin geçmişte kaldığını, bugünün başka bir gün olduğunu, iki durumu birbirinden ayırma gerekliliğini, artık bir yetişkin olduklarını, olgunlaşmanın acı veren bir iş olduğunu, duygularını yerli yerine yerleştirmeleri gerektiğini, ana babalarına duydukları öfkeden dolayı*

---

[13] https://hbr.org/2019/06/how-to-be-resilient-in-the-face-of-harsh-criticism.

[14] https://www.andrewleigh.com/alain_de_botton_tgl.

patrona kızmamaları gerektiğini izah etmek gerekiyor. Botton, iş ortamındaki çoğu sorunun teknik sorunlardan ziyade bu tür duygusal sorunlar olduğunu savunuyor.

Aynı dinamik özel ilişkiler için de geçerli olabilir. Söyleşi, bana yazarın *Aşk Dersleri* kitabındaki baş karakterler olan Rabih ve Kirsten'ı hatırlattı. Onların yaşadığı iletişimsizlik de evliliklerini zedeliyordu:

> *Bu yaralı varlıklar çocukken çok fazla hüsranla baş etmek zorunda kalmış. Dolayısıyla sonunda kendini savunmayı iyi bilen ama duygularını ifade etmeyi bir türlü beceremeyen yetişkinler olup çıkmışlar. Saldırı stratejileri ve güçlü kalkanlar inşa etme konusunda uzmanlar. Bununla beraber... gardını indirmenin ve kendi kırılganlıklarıyla acılarını kabul etmenin getirdiği endişelerle baş etme konusunda pek becerikli değiller.*

Özel hayatımızda da, iş hayatımızda da eleştiriden kaçış yok, bilakis kaçmak gelişimimizi durduracağı için sonumuzu bile hazırlayabilir. Eleştiriden kaçmak elimizde değil ama eleştiri karşısındaki tutumumuzu değiştirmek elimizde. Yazar Theo Fischer, *"Bir bilge için ölüm, egonun ölümüdür,"* diyor. *"Egonun ölümü; eleştiriye açık olmak, yeteneklerini geliştirmek için sürekli öğrenmeye devam etmek, geçmiş konusunda nostaljik olmamak, gelecek için de hırs yapmamaktır."*

Fransız şair ve eleştirmen Jean Cocteau da, *"İşinizle ilgili ilk eleştirileri dikkatlice not edin"* öğüdünü veriyor: *Eleştirenlerin işinizle ilgili neyi beğenmediğini not edin ve onu geliştirin. İşinizin gerçekten size özgü ve korumaya değer olan tarafı budur. Halk sizinle ilgili neyi eleştiriyorsa, onu geliştirin, çünkü o sizsiniz.*

Özellikle son cümle, ilginç bulduğum ve üzerinde düşündüğüm bir tespitti. Etraf sizinle ilgili neyi eleştiriyor? Orada nasıl bir potansiyel uyuyor?

Yazarlar, şairler, eleştirmenler, işverenler pek güzel söylüyor da, söylenenleri nasıl uygulamaya koyacağız? Eleştiriye samimiyetle açık olabilmeyi nasıl başaracağız?

Acı gerçekleri duymaya ne kadar dayanabilirsiniz?

Harvard Business Review'da okuduğum bir makalede,[15] TOSA adında, kâr amacı gütmeyen bir akademiden söz ediliyordu. Buraya suç, bağımlılık, evsizlik gibi sorunlarla baş etmeye çalışan insanlar geliyordu. İki haftada bir, birbirlerine sansürsüz, yaylım ateş kıvamında geri bildirimde bulundukları bir oyun oynuyorlardı. Temel bir değerde uzlaşmışlardı: *Gerçeğe aralıksız olarak maruz kalmazsak, gelişim ve mutluluk mümkün değildir*. Bir dakika mola verip cümlenin hayatımızın farklı alanlarındaki karşılığı üzerinde düşünebilir miyiz?

Oyun iki saat sürüyordu. Kişi belki 20-25 dakika boyunca diğerlerinin sert eleştirilerini dinliyordu: "*Dürüst değilsin, bencilsin, zorbasın, tembelsin*" gibi eleştiriler, kanıtlarıyla birlikte havada uçuşuyordu. Tabii her bünye bunu kaldıramıyordu, bazı katılımcılar duydukları üzerine "ölem ölem derdoo ölem" kıvamına geliyordu. Bazen de söylenenler tam olarak doğru değildi. Bazı eleştiriler de ne tam doğru ne tam yanlış, arada bir yerdeydi. Bazıları hoşlanmadıkları sözler duyunca öfkelenip itiraz ediyordu. Yine de çoğu kişi "*kendi duygumdan kendim sorumluyum*" ilkesine göre hareket ediyordu.

Akademinin yöneticilerine göre geri bildirim oyunu, "dönüştürücü gelişim" sağlıyor. Başlangıçta beti benzi atanlar bir yıl sonra sakin bir halde geri bildirim dinleyebilir hale gelmiş. Bir katılımcı nasıl dönüştüğünü şöyle ifade etmiş: "*Sonunda*

---

15 https://hbr.org/2016/08/how-to-make-feedback-feel-normal.

kendimi açıklamam gerekmediğini öğrendim. Sadece dinlemem, kabul etmem, saygı duymam ve değişiklikleri uygulamam gerekiyor. Açıklamam kimsenin umurunda değil, umurlarında olan hatalarımı kabul etmem ve onlara nasıl hissettirdiğim." Her ortamda uygulanabilir bir oyun mu bilmiyorum ama üzerinde düşünmeye değer bir fikir.

Olumsuz geri bildirim, yutulması zor bir lokma. Böyle bir durumda yapabileceğimiz bazı şeyler var. *Eleştiriyi anında sahiplenmemek*, değerli bir tüyo. Önce durup bir düşünmek gerek: *Niyet nedir? Samimi bir eleştiri mi? Bana bir geri bildirim veriyor mu, yoksa amaç sırf canımı sıkmak mı?* Bir eleştiri karşısında doğrudan savunmaya geçmek, bazen yersiz bir suçlamada bulunan kişiyi onaylamaktır. Suçlu olmasan bile, savunmaya geçmek seni suçluymuşsun gibi gösterir. Elenor Roosevelt'in sözünü hatırlayalım:

> *Bilgi arayışında olan, açık fikirli biri tarafından eleştirildiğinizi düşünüyorsanız, o zaman o eleştiriye cevap vermeye çalışmak gerektiğini doğal olarak hissedersiniz. Ancak bu eleştiri salt kötülük olsun diye yapılıyorsa ve yapacağınız hiçbir açıklama karşınızdaki kişinin fikrini değiştirmeyecekse, o zaman bunu tamamen aklımızdan çıkarmak yapılacak en iyi şeydir.*

Bazen de eleştiri, haklı bir eleştiridir. Gerçekleri duymak acıtsa da duymamak bize daha büyük zarar verebilir. Önemli bir gelişim fırsatı kaçabilir. Bu durumda geri bildirimi veren kişi, bırakın kızmayı, teşekkürü hak eder. Cemil Meriç, *Bu Ülke* kitabında Fransızca hocasının sınav kâğıdına eleştirisini şöyle kaleme alır:

> *Yazdıklarımın dörtte üçü silinmiş, kenarına "gevezelik, konu ile alakası yok, uyuyor musunuz" gibi iltifatlar döktürül-*

müştü. Dayak yemekten çok daha ağır bir hakaretti bu. Ama ilk ciddi yazı dersi idi. Anladım ki aklına geleni yazmak yazı yazmak değildir.

İyi ki o dönemde WhatsApp veli grubu diye bir şey yokmuş, yoksa Bazantay yönetimden uyarı alabilir ve biz Cemil Meriç gibi büyük bir yazardan mahrum kalabilirdik! Şaka bir yana, alanında yetkin ve değerli insanların bizi gerçekten geliştirecek eleştirilerini kişisel algılamamak, bilakis eleştiriyi bize verdikleri değerin bir göstergesi kabul etmek akıllıca olur. Değer vermeseydi, bir ışık görmeseydi, o yorumları da yazmazdı, öyle değil mi? "*Senden ümidim var*" demek bu. Bakış açımızı bu yönde değiştirmek lehimize olur. Buda'nın "*Nasıl gördüğünü değiştir, nasıl değiştiğini gör*" sözünü çok seviyorum.

Eleştiriye maruz kalınca yapabileceğimiz bir diğer şey de, *kendimizi toplayıp derin bir nefes almak.* Bu fiziksel hareket, güvenlik duygusunu güçlendiren bir etkiye sahipmiş. Bedene "*Fiziksel tehdit altında değilim, kendimi korumaya almama gerek yok*" mesajı gidiyormuş. Denemekte fayda var!

Eleştiri durumunda kendimize sorabileceğimiz sorular da var. Mesela "*Duygumun farkında mıyım? İncinmiş, korkmuş, utanmış mı hissediyorum?*" Duyguların farkında olmak, eleştiri ardından gelen öfke, savunma ya da abartılı korkunun bizi yiyip bitirmesine engel olur. Hatta bazı kişiler bunu söze dökerek daha da güçlü hissedebiliyor; "*Sözlerin beni incitmiyor, güvendeyim*", "*Ben hatamdan ibaret değilim.*" Eleştiri durumunda içimizden ya da sesli olarak bunları kendimize tekrar edebiliriz.

Bir diğer eylem de, *eleştirilen davranışımıza örnek istemek, ardından da verilen cevapları dikkatle dinlemek* olabilir. Dinlerken kendimizi eleştirinin hedefi olan kişi gibi değil, ortamda bulunmayan üçüncü bir kişi gibi düşünebiliriz. Böylelikle dinlemenin duygusal yükü azalır, daha objektif bir biçimde söylenenleri duymak mümkün olur. Öbür türlü sürekli kafamızda kendimizi aklayan gerekçeler üretmeye devam edebiliriz.

Düşünmek için zaman istemek de bir seçenek. Eleştiriye maruz kaldığımız an çok incinmiş olabiliriz, ki bu da sağlıklı tepki vermenin önünde engeldir. Biraz iyileştikten sonra duyduklarımız üzerinde sakin kafayla düşünmek daha iyi olabilir. Dolayısıyla duyduklarımızdan sonra hemen savunmaya geçmek yerine "Bunun üzerinde bir düşüneceğim" demek bir çözüm olabilir. *"Söylediklerini doğru anladığımdan emin olmak istiyorum, biraz zamana ihtiyacım var, düşündükten sonra seninle tekrar konuşacağım."*

Önemli bir diğer mesele de *herkesten gelen eleştiriye kulak asmamaktır*. Sokrates, insanların bütün dediklerini değil, yalnızca bazılarının önemsenmesi gerektiği, her insanın değil yalnızca bazılarının dediklerine saygı duymak gerektiğini savunuyor: *"Beden eğitimi yapan ve bu konuda çaba gösteren biri, önüne gelen herkesin övgülerini ya da eleştirilerini dinler mi? Ya da yalnızca hekiminin ya da beden eğitimi öğretmeninin söylediklerine mi önem verir? Demek ki kalabalığı boş verip hareket etmek gerekir."* 2500 yıl öncenin bilgeliği bugün de geçerliliğini koruyor. *Elâlemin ağzı torba değildir, büzemeyiz; her söylenene kendimizi üzemeyiz!* (Kötü esprilerim için kitabın sonunda topluca özür dilemeyi düşünüyorum, her seferinde özür dilersem epey kâğıt israfı olur.)

Şaka bir yana, her eleştiriye kulak asmamak özellikle sosyal medya dünyası için değerli bir öğüt. Daha öncesinde insanların birbirleri hakkındaki düşüncelerini (kimliklerini gizleyebildikleri için) bu kadar kolayca ve sansürsüzce ifade edebileceği bir mecra yoktu. Umberto Eco[16] bugün, bütün insanların

16 U. Eco, *Kitaplardan Kurtulabileceğinizi Sanmayın*, Can Yayınları, 2010.

kendilerini duyurmak istediğini ve kaçınılmaz bir şekilde, bazı durumlarda, yalnızca aptallıklarını duyurmuş olduklarını belirtiyor: "*Halbuki eskiden bir aptallık kendini gözler önüne sermez, göze batacak şekilde kendini ortaya koymazdı, günümüzdeyse ağzına geleni söylüyor.*"

Bugün hiç tanımadığımız ve çoğu zaman fikrini merak etmediğimiz insanların övgülerine, eleştirilerine, saldırılarına maruz kalabiliyoruz. Dijital nezaketsizlik ata sporumuz olma yolunda ilerliyor. Yorumların hepsini önemsemek sinir hastalığına ya da övgü durumunda şişkin egoya davetiye çıkarmak demek. Öte yandan kişi kendi artı ve eksilerini iyi biliyorsa, yapılan eleştiriler üzerinde objektif bir biçimde düşünüp kendini geliştirme fırsatı da yakalayabilir. Özgüven de tam olarak bu "haddini bilme" durumu değil midir?

Gizli kimlikle yapılan sansürsüz bir eleştiri bazen en iyi dostumuzdan daha iyi bir gelişim aracı olabilir; ne de olsa ortada sahte bir nezaket çabası ya da kalp kırma endişesi yoktur. Söylenenlerin büyük kısmı hava cıva da olabilir ama belki bir nebze doğruluk payı da vardır. İşte o bir nebze doğruyu görebilmek, o mesajı alabilmek bir avantaj sağlayabilir. Amaç hakikate ulaşmaksa, "*Münakaşada zafer, mağlup olanındır, yenilmek zenginleşmektir,*" der Cemil Meriç *Bu Ülke* eserinde. Yenilgi gibi görünen bir durumda perspektif değiştirip "Bundan nasıl zenginleşerek çıkabilirim?" diye bir soru sormak zihnimizde bambaşka kapılar açabilir.

Eleştirileri karşılarken şunu da unutmamak gerek: *Eleştiri almak, bir şey yapıyor olduğumuzun göstergesidir.* Bir kısım insan, hiçbir cesur adım atmadan rahat koltuklarından atıp tutar. Hiçbir şey yapmayan, yeni bir şey denemeyen, eleştiriye hedef de olmaz. Theodore Roosevelt, 1910'da Sorbonne'da yaptığı meşhur *Arenadaki Adam* [The Man In The Arena] konuşmasında şöyle seslenir:

Önemli olan eleştirmen değildir; güçlü adamın nasıl tökezlediğini ya da bir işi yapan kişinin bu işi nasıl daha iyi yapabileceğini gösteren adam önemli değildir. Burada övgü, arenaya adım atan, yüzü tozdan, terden, kandan kirlenen adama aittir, yiğitçe mücadele eden adama; ... o adam en iyi ihtimalle başarının zaferini tadacağını, en kötü ihtimalle de başarısız olsa bile büyük cesaret gösterirken başarısız olacağını bilen kişidir.

"Başkalarının ne söylediği önemli değil" desek de bazen başkalarının ne söylediğini önemsememeyi başaramıyoruz. Biyolojik olarak umursamaya programlıyız. Akademisyen Brené Brown, muhtemelen Roosevelt'in sözlerinden esinlendiği *Cesaret Çağrısı* [The Call to Courage] konuşmasında klavye başından ya da konforlu koltuklarından saldıranlara karşı ne yapmak gerektiğini anlatıyor:

Arenada değilseniz, cesur olduğunuz için zaman zaman kıçınıza tekmeyi yemiyorsanız, işimle ilgili geri bildiriminize açık değilim ve ilgilenmiyorum... dünya o arenaya asla ayak basmayacak insanlarla dolu, milyonlarca ucuz koltuk var. Asla kendilerini ortaya koymayacaklar ama eleştirileri, yargılamaları ve size karşı nefret söylemleri tam mesai yapmaya devam edecek. Bizim de onları yakalayıp, parçalarına ayırıp kalbimizde tutma alışkanlığımızdan vazgeçmemiz gerekiyor. Bırakın yere düşsünler. Ucuz koltuklardan gelen can yakıcı şeyleri yakalayıp kendinize yaklaştırmayın. Kalbinize yakın hiçbir yere koymayın. Yere düşmesine izin verin. Ezmeniz, tekmelemeniz gerekmiyor; yalnızca üstünden geçip yolunuza devam etmelisiniz. Kendi hayatlarında cesur olmayan insanlardan eleştiri ve geri bildirim alamazsınız.

Cesaret, her türlü eleştiriyi göze alarak, başarısız olma ihtimalini kabullenerek, rahatsız hissedeceğini bilerek bir adım atmaktır. Kırılmaya açık olmaktır. Kendisi kayda değer bir iş yapmayanın eleştirisi de dikkate değer değildir. "*Kendilerini 15 dakikada bir tekmeleyen insanların, kendilerinden nefret eden insanların onayını bekliyorsun,*" demiş Marcus Aurelius da. Peki insanlar neden bunu yapar? Başkaları hakkında atıp tutmak, kendi vasıflarını geliştirmek için ter dökmekten kolaydır.

Bazen *eleştiri hakaret boyutuna varabilir.* O zaman nasıl tepki vermek gerekir? Bir keresinde yeğenimle hakaret konusunda sohbet ediyorduk. "Diyelim ki biri sana hakaret etti, ne yapardın?" diye sordum. Soruyu sorma nedenim, o sırada okuduğum, William B. Irvine'ın Stoacı yaşam sanatını anlattığı *Güzel Yaşam Kılavuzu* kitabındaki öneriyi onunla tartışmaktı:

> *Diyelim ki hakaretin kaynağına saygım yok, hatta bu kişiyi düpedüz rezil biri olarak görüyorum. Bu durumda hakaretten incinmek bir yana içimin ferahlaması gerekir; yaptığımı onaylamayan bu şahıssa kesin doğru yapıyorumdur. Asıl bu rezil adam yaptıklarımı doğru bulursa endişelenmem gerekir. Hakaretleri karşısında verebileceğim tek ve en uygun tepki, "Hakkımda böyle düşünmen gönlüme su serpti" cevabı olacaktır.*

Stoaci filozof Seneca, hakaretin geldiği kaynağı göz önüne aldığımızda, hakaret etmiş olanların çoğunlukla koca çocuklar olarak nitelenebilecekleri görüşündedir. "*Nasıl ki çocuğunun hakaretlere sinirlenmek anne için budalaca olacaksa, çocukça davranan bu yetişkinlerin sözlerine sinirlenmek de bizim budalalığımız olur. Kimi durumlarda, hakaret edenin ciddi anlamda kusurlu biri olduğu ortaya çıkacaktır.*"

İnsanların bizimle ilgili düşüncelerinden kurtulmak için kâinatla ilgili bir YouTube videosu izlemek ya da bir kitap okumak iyi olabilir. Böylelikle evrendeki yerimizin ne kadar küçük olduğunu hatırlayabilir ve "çok da tın" moduna geçiş yapabiliriz! Fikrine değer verdiğimiz, bize değer verdiğini bildiğimiz insanların eleştirilerine kulak vermekse akıllıca olur. Onlar zaten bize yanlışlarımızı söylerken aynı zamanda tam destek veren kişilerdir.

Özetle, *yapıcı eleştiriye açık, hakarete ve dedikoduya sağır olmak* en iyisidir.

Yaralamadan meramımızı anlatmak nasıl mümkün?

Şu bir gerçek ki, ister işte ister özel hayatta *çatışmadan kaçınmak, sorunları konuşmamak, sorunları bilerek saklamak* kimsenin kazandığı bir senaryo değil. Öte yandan *"aman gerginlik çıkmasın, karşıdakinin motivasyonu düşmesin, duygusal tepkiler olmasın"* gibi endişeler geri bildirim verme korkusuyla sonuçlanabiliyor.

Yönetici koçu Melody Wilding'in çalışmasına[17] göre, çalışanların %72'si "kritik geri bildirimlerde bulunan yöneticileri" kariyer gelişimleri için önemli buluyor, ama sadece %5'i yöneticilerinin böyle geri bildirimde bulunduğunu düşünüyor.

Çatışmadan kaçmanın altında yatan bir varsayım, *ilişkinin bozulması ve sevilmeme korkusu.* Bu korku kısmen yetiştirilme biçimimizle de ilgili olabilir. Yazar Alain de Botton *Aşk Dersleri* kitabında, insanın iyi iletişim kurabilmesini, çocukken her şeyinin iyi ve mükemmel olmasını talep etmeden onu seven ebeveynleri olmasıyla ilişkilendiriyor:

> *Böyle ebeveynler, yavrularının bazen –en azından bir süreliğine– tuhaf, şiddet yanlısı, öfkeli, kaba, değişik ya da üzgün olabilecekleri ve yine de aile sevgisi çemberi içinde bir yeri hak edebilecekleri fikrindedir.*

---

17 https://hbr.org/2023/07/overcoming-your-fear-of-giving-tough-feedback.

Böyle ebeveynler, çocuklarının yetişkinlikte de bazı konuları doğrudan konuşabilmesi için gerekli cesaret kaynağını yaratmış oluyor. Anne-babasını üzmekten korkan çocuk, ne endişesi olursa olsun örtbas etmeye çalışıyor. Dolayısıyla başkalarıyla iyi geçinebilmeyi içi dışı bir olmakla değil, "iyi biri" gibi görülmekle özdeşleştiriyor. İşyerinde de, özel ilişkilerinde de aynı örüntüyü sürdürebiliyor.

Korku kültürünün sonucu iletişimsizlik, içten içe büyüyen öfke ve mutsuzluk, hasıraltı edilen ve giderek büyüyen problemler, yüzleşme yerine dedikodu kültürü, mış gibi ilişkiler... Saygının "uslu çocuk" olmakla eşleştirildiği, sevginin "uslu çocuk" olmak karşılığında "hak edildiği" toplumların acı gerçekleri bunlar.

Net olmamak, *açık iletişimin getireceği ödülleri* de tehlikeye atabilir. Her şeyden önce net geri bildirim kişinin işini daha iyi yapmasını sağlayacağı için özgüvenini de arttırıyor. İçten iletişim, çoğu zaman daha huzurlu ve verimli bir ortamla sonuçlanıyor. Yapıcı eleştiri, karşıdaki kişinin gelişmesine ve yeni kariyer fırsatlarına zemin hazırlayabiliyor.

Eleştiriye açık olmanın bu kadar zor olduğu bir dünyada, geri bildirim verebilmek de bir sanat. Etkili geri bildirim vermek için geri bildirimin *nedenini iyi açıklamak, neyi değiştirmek istediğin konusunda spesifik olmak, kişiye değil davranışa odaklanmak* temel kurallar olarak sıralanıyor.

Psikolog Adam Grant'e göre, geri bildirimi kendine saklamak, konfor alanında kalmayı gelişmeye tercih etmek demek: *"Sessiz kalmak insanları öğrenme fırsatından mahrum bırakmaktır. Duygularını incitmekten endişe ediyorsanız, bu onların güvenini kazanmadığınızın bir işaretidir. Sağlıklı ilişkilerde dürüstlük, ilginin bir ifadesidir."*

Grant, yapıcı geri bildirim için 3 ilke sıralıyor:

1. Geri bildirim vermeden önce karşınızdakinin geri bildirim *isteyip istemediğini sorun.*
2. Potansiyeline inandığınızı ve *başarılarını önemsediğinizi açıkça* belirtin.
3. Söylediklerinizde *samimi*, söyleme biçiminizde *düşünceli* olun.

Soru sorarak başlamak, kendi görüşümüzü ifade etmeden önce kişinin kendi durumuyla ilgili algısını anlamak, *eleştiriye geçmeden önce takdir etmek, niyetimizin olumlu olduğunu belirtmek, tam olarak ne söyleyip neyi söylemediğimizi netleştirmek ve* karşımızdaki kişiye sohbetten hangi temel mesajları çıkardığını sormak, önerilen geri bildirim adımları arasında yer alıyor.

Geri bildirimde kullanılan dil de önemli. Kurumsal psikolog Marcial Losada yüzlerce çalışanı analiz etmiş. Sonunda Losada Etkisi denilen bir olguyu keşfetmiş. Nedir Losada Etkisi? En etkili ekiplerde, 1 olumsuz geri bildirime karşılık en az 2,9 olumlu geri bildirim var. Olumlu olmanın üst sınırı ise 1:11. Bunun ötesine geçince etkili çalışamayacak kadar sevinç sersemi oluyoruz!

Mutluluk konusunda araştırmalar yürüten Prof. Sonja Lyubomirsky'nin çalışmalarına göre de uzun süren evliliklerin sırrı "5 olumlu etkileşime karşılık 1 olumsuz etkileşim" formülünde saklı. Okulda, işte, ailede insan ilişkilerini başarıyla yönetmek bu altın oranı tutturmakta gizli. Dil psikolojisinde 1 yanlış 5 doğruyu götürdüğü için, yanlış sözleri hiç kullanmamak, hatayı telafi etmeye çalışmaktan daha makul görünüyor.

5 olumluya 1 olumsuz formülü farklı ortamlarda tansiyonu azaltmayı sağlayabiliyor.

Burada anlattığım teknikleri test ettim, salt kitabi bilgi olmadığını söyleyebilirim. Bir örnek vereyim. Bir dönem çalışmak için gittiğim bir kafede müziğin sesi aşırı derecede yüksekti. Birçok kişi şikâyetçiydi. Her gün aynı parçaların çaldığını, hepsinin 80'lerden kalma pop şarkıları olduğunu da belirteyim. Hatta şu anda yine aynı kafedeyim ve Modern Talking'den "Cheri Cheri Lady"i dinliyoruz. Dün de aynısını dinliyorduk. Bir önceki gün de.

Her gün uyarmama rağmen her gün aynı sorunu yaşamaya devam edince her şey için teşekkür edip bir daha gelemeyeceğimi söyledim. Bunun üzerine kafenin işletmesinden sorumlu kişi yanıma gelip sorunun ne olduğunu sordu. Dostane bir ses tonuyla anlattım:

> *Merhaba, kafenizi çok seviyorum (+). Neredeyse her gün buraya yazı yazmaya geliyorum (+). Yeşillikler içinde oluşu bana huzur veriyor (+). Personel çok sıcak (+). Yemekler de süper, elinize sağlık (+, bomba geliyor). Sadece müziğin sesi çok yüksek. Buraya birçok insan sohbete ve çalışmaya geliyor, ben de öyle. Defalarca uyardım, ancak bir şey değişmedi, demek ki politikanız böyle. Yapacak bir şey yok. Sorun bende diye düşünüyorum, o yüzden bir daha gelmeyeceğim (öyle ölmeyiz, füze atsaydın). Vakit ayırıp dinlediğiniz için teşekkür ederim size de (+).*

Gayet modern "talking"imin ardından yönetici sorunun gün içinde hallolacağını, başkalarının da benzer uyarıda bulunduğunu söyledi ve gerçekten de müziğin sesi kısıldı. Kısık sesle "Cheri Cheri Lady" dinliyoruz. Büyük değişimler küçük adımlarla başlar!

5: 1 formülü gerçekten işe yarayabiliyor. Oran her zaman 5:1 olmayabilir, üçe beşe bakmadan işin felsefesine odaklanmak daha iyi olabilir. Mesela geri bildirim verirken kullanılan bir diğer yöntem olan "tost tekniği" ya da "sandviç tekniği"nde *iki olumlu söz arasına bir eleştiri* yerleştirilir. Neden tost tekniği? Bir insana hatasını veya eksiğini söylemek, ona bayat bir peyniri yedirmeye çalışmak gibidir; hazmetmesi için iki dilim mis gibi ekmek arasına koyup tost yapmanız gerekir!

Bölümün en başlarında verdiğimiz örnek üzerinden devam edersek, yönetici çalışanının hazırladığı rapora ilk tepki olarak "Sonuna bir paragraf eklersen daha iyi olur" dediğinde, doğrudan bayat peyniri yedirmeye çalışmış oldu. Yemezler. Bunun yerine tost tekniğini nasıl kullanabilirdi?

1. "Raporu hazırlamak için epey çaba sarf etmişsin, eline sağlık." Bu üstteki dilimdi.
2. "Sonuna bir paragraf eklersen daha iyi olur." Bayat peyniri araya koydu.
3. "Karşılaştırmalı tablo muhteşem olmuş, tebrikler." Alttaki dilim de tamam, yersen afiyet olsun!

Sandviç yöntemi, eleştiri darbesini yumuşatmaya yardımcı olabilir. Kırılgan çalışanın, saldırıya uğramış veya cesareti kırılmış hissetmesini önleyebilir. Olumlu yorumlarla başlayıp bitirmek, çabaya ve güçlü yönlere de saygı duyulduğunu göstererek yakınlık sağlayabilir. Sadece olumsuzluğa odaklanmamak, karşıdakinin niyetinin kötü olmadığını gösterir ve bir denge sağlar.

Yöntemin etkinliğini sarsacak ne gibi dezavantajlar olabilir? Olumlu yorumlar abartılı veya alakasızsa, samimiyetsiz veya manipülatif olarak algılanabilir. Bu da geri bildirim veren ve alan arasındaki güvene zarar verebilir. Ayrıca eleştiri net değilse kafa karıştırıcı olabilir. Samimiyet, güven ve netlik en önemli kriterler. Bunu sandviçsiz başarabiliyorsanız en güzeli!

AIR Modeli de Stanford Üniversitesi İşletme Fakültesi'nden akademisyen Collins Dobbs'un geliştirdiği geri bildirim yöntemi. İngilizce, *Action* (Eylem/Davranış), *Impact* (Etki) ve *Request* (Talep) kelimelerinin kısaltması:

1. *Davranış*: İki tarafın da üzerinden ilerleyebileceği somut, gözlemlenebilir bir davranış seçilebilir. Diyelim ki meslektaşınız siz bir sunum yaparken lafınızı böldü ve başka bir bölüme geçmenizi istedi.
2. *Etki*: Davranışı sizde nasıl etki yarattı? Arkadaşınızın sözünüzü kesmesi sizi rencide etti mi?
3. *Talep*: Gelecekte nasıl bir davranış değişikliği yapılabilir? "*İleriki toplantılarda sözümü kesip başka bölüme geçmemi istemeden önce cümlemi bitirmemi beklemeni rica ediyorum. Ya da başka bölüme geçmeye hazır olup olmadığımı sorabilirsin.*" Sözü kesen kişi de "Bir sonraki sefer nasıl farklı davranabilirim?" diye sorabilir.

Şimdi kostüm değiştirip şeytanın avukatı kılığına giriyor ve soruyorum: Geri bildirimin kişiyi geliştirdiği bir şehir efsanesi olabilir mi? İnsan kaynakları yöneticileri Marcus Buckingham ve Ashley Goodall'a göre, geri bildirim işe yaramıyor.[18] "Haydaa!" dediğinizi duyar gibiyim, "Deminden beri boşa mı konuşuyoruz?" Duyduğum kendi iç sesim de olabilir.

Yazarlara göre asıl sorulması gereken soru "Nasıl geri bildirim verilir?" değil, "İnsanların gelişmesine ve daha başarılı olmasına nasıl yardımcı olabilirim?" sorusu, çünkü *birine eksiklerini söylemek, öğrenmesini engelliyor.*

Buckingham ve Goodall'a göre, geri bildirim verme ihtiyacının temelinde yaygın ve yanlış üç kabul var. İlk yanlış kabul, *başkalarının zayıf yönlerimizi daha iyi fark edeceği ve düzelmemiz için en iyi yolun bunu bize göstermeleri olduğu*. İkinci yanlış kabul, *öğrenmenin boş bir kovayı doldurmaya benzediği*. Üçüncü yanlış kabul, *üst düzey performansın evrensel ve objektif olduğu düşüncesi*. Bunlar yanlışsa, o zaman doğrusu nedir?

---

[18] https://hbrturkiye.com/dergi/geribildirim-yanilgisi.

Kişinin zayıf yönlerini kendisine anlatıp geliştirmesini beklemek yerine *iyi yaptıklarını yakalamak, birlikte incelemek ve takdir etmek* çok daha etkili bir yöntem. Amaç, *mükemmelin yapısını anlamak.* Kişi iyi yaptığı şeyi bilinç düzeyinde neden iyi yaptığını anlarsa öğrenme ve gelişim gerçekleşebilir. Durumun nörobilimsel açıklaması şu: *Her beyin halihazırda güçlü olduğu yerden gelişme gösterir.* New York Üniversitesi Nörobilim Profesörü Joseph LeDoux, "Yeni oluşan bağlantılar, yeni çıkan dallardan ziyade bir daldaki yeni filizleri andırır," diyor. Yani öğrenme, içimizdeki örüntüleri anlamak ve onları pekiştirmekle ilgili. Güçlü yönlere odaklanmak öğrenmeyi kolaylaştırırken, zayıf yönlere odaklanmak öğrenmeyi baskılıyor. Bu yaklaşıma göre, iyiden yola çıkarak işe koyulmak, gelişimi sağlayan püf nokta.

Yazıda, Dallas Cowboys'un koçu Tom Landry'nin örneği veriliyor. Takımı zor günler geçirirken eski oyunların videolarını dikkatle incelemiş. Koç, her oyuncunun hangi hareketi kolaylıkla, doğallıkla ve etkin yaptığının görüntülerini bir araya getirerek bir "star performans" seçkisi hazırlamış. "Bir şeyi yanlış yapmanın sonsuz sayıda yolu olabilir, ama o işi doğru yapmanın yollarını öğrenmek için kişinin mükemmel iş çıkardığı maçları incelemek gerek" düşüncesinden hareket etmiş. Takım üyelerine sadece kazandıkları maçları tekrar izletmiş. Sonuç ne mi olmuş? Harika olmuş! Bu yöntem her durumda uygulanabilir mi emin olmasam da, farklı bakış açılarıyla repertuarımızı zenginleştirmek, uygun durumlarda denemek ve sonuçları değerlendirdikten sonra bir karara varmak kötü bir fikir olmayabilir.

Geri bildirim konusunu burada noktalayarak, bir diğer önemli beceri olan dinleme becerisiyle devam edelim. Tesadüf bu ya, az önce sosyal medyada *"Eleştiriye açığım, ha dinlemem o ayrı"* diye bir espri gördüm. Karşısındakini gerçekten dinleyebilen kaç kişi var? "Kaç kişiyiz" diyemedim, çünkü ne kadar iyi bir dinleyici olduğumdan ben de emin değilim.

Bir gün "dinleyici" diye bir meslek olur mu?

"Küçük Momo'nun diğer herkesten daha iyi becerebildiği şey dinlemekti. Bazı okuyucular, bu özel bir şey değil, herkes dinleyebilir diyecektir. Ancak bu yanlıştır. Çok az insan gerçekten dinleyebilir."

Michael Ende, *Momo*

Dinlemek deyince aklıma ilk gelen isimlerden biri rahmetli Doğan Cüceloğlu. Doğan Hoca'yla bizzat tanışma şansını yakalayan, birkaç kez bir araya gelme fırsatı bulan insanlardan biriyim. Beni en çok etkileyen davranışlarından biri, karşısındaki ister küçük bir çocuk ister bir yetişkin olsun, herkesi dikkatle dinlemesiydi. Önünde defteri ve elinde kalemiyle dinler, dinlerken sorular sorup notlar alırdı. Bir insanın söylediklerini not alarak dinlemek kadar "sana değer veriyorum" diyen ne var? Kendisini özlem ve saygıyla anıyorum.

Peki kötü bir dinleyici neye benzer? *Göz teması kurmayan, ilgisiz, mesajın bütününü dinlemek yerine sadece kendini ilgilendiren kısımlarına dikkat eden, dinlerken başka şeylere odaklanan, karşıdaki konuşurken telefonunda gezinen, söylenenlerin içinden bazı kısımları cımbızla çekip kişiliğine saldırı olarak algılamaya meyilli biri,* kötü bir dinleyicidir. Bu türden bir dinleme(me), kişisel ve mesleki ilişkileri zedeleyebilir.

Maalesef dinleme yetimizi giderek kaybediyoruz. Güney Koreli çağdaş düşünür Byung-Chul Han, *Ötekini Kovmak* kitabında, gelecekte "dinleyici" diye adlandırılan bir meslek olabileceğini öngörüyor. Etrafımızda bizi dinleyen kimse kalmayacağı için belirli bir ücret karşılığında bu kişiye gideceğimizi düşünüyor. Han'a göre, *"geleceğin toplumu, dinleyen ve kulak verenlerin toplumu"* olabilir ve dinlemek edilgen bir eylem değildir:

> *Her şeyden önce, ötekini hoş karşılamalıyım, yani ötekini kendi ötekiliğinde, başkalığında onaylamalıyım. Sonrasında ona kulak vermeliyim. Dinleme bir hediye, bir verme, bir ihsandır. Öncelikle ötekinin konuşmasına yardımcı olur... Dinleme, ötekini konuşmaya davet eder... Dinleyici, ötekinin özgürce konuştuğu rezonans alanıdır. Böylece dinleme şifa dağıtıcı olabilir.*

Han, Elias Canetti'nin bir kitabındaki karakteri örnek göstererek, o karakterin *"ağzın araya girip rahatsızlık vermesine müsaade etmeden"* tamamen kulak kesildiğini söylüyor. Dinleyici küçük ve duyulabilir iç çekişlerle, karşısındakine onu yalnızca dinlemediğini, *"söylediği her cümleyle bir eve adım atıyormuş ve oraya özenle yerleştiriliyormuşçasına kabul edildiğini de hissettirir."* Dinlemek, duymaktan farklıdır. Dinleyici, yargılamaktan kaçınır.

Yazar Alain de Botton'a göre,[19] iyi dinleyici olmak *yüksek özgüven sahibi olmakla* da yakından ilişkili. Dinleyebilmek ve özgüven arasında nasıl bir bağlantı olabileceğini düşünelim. Diyelim ki karşınızdaki kişi derinden inandığınız bazı düşüncelere meydan okuyan şeyler söylüyor. Mesela çok dindar birisiniz ve karşınızdaki kişi hararetle inançsızlığı savunuyor. Ya da ateistsiniz ama karşınızdaki kişi sizi dinin tek gerçek olduğuna ikna etmeye çalışıyor. Botton'a göre özgüvenli kişi iyi dinleyicidir, çünkü *duyduklarının ağırlığı altında ezilmeme kapasitesine* sahiptir. Özgüvenliysek dinlediklerimiz zihnimizde kısa süreyle bir kaos yaratabilir ama telaşlanmayız, her şeyin eninde sonunda yerli yerine oturacağını biliriz.

---

19 *Aşk Dersleri* romanından.

Hatta yeterince açık fikirliysek, karşımızdaki güçlü argümanlar sunmuşsa, bizi ikna bile edebilir. Gerçekten dinlemek, olgunluk ve sessizlikle yakından ilişkilidir. Çok ihtiyaç duyduğumuz "birbirimizi anlayabilme" halini getirebilir.

Bazen hiç konuşmadan sadece dinlemek gerektiği gibi, bazen de iki insan arasındaki etkileşim bir pinpon maçını andırabilir. Satış amaçlı bir ziyarette ideal konuşma-dinleme oranına bakılmış.[20] Yirmi beş binin üzerinde satış görüşmesini incelemişler. En başarısız satış girişimleri, satıcının %60'tan daha fazla konuştuğu sohbetler. En iyi oranın %43-%57 olduğu bulunmuş. Yani konuşmaktan çok dinleyerek karşımızdakini ikna etmek daha olası. İyi bir sohbette konuşma-dinleme oranının yaklaşık 50-50 civarında olması gerektiği söyleniyor. Ebeveynlerin de kulağına küpe olabilir. Genellikle çocuklarla sohbet etmek yerine onlara nasihat veriyoruz.

İyi bir sohbet, *duruma, kişiye, bağlama* göre farklı kılıklara bürünebileceğinden formüllere oturtmak zor. Ursula K. Le-Guin, *Yazma Üzerine Sohbetler*'de "*İyi bir sohbetin bitmesini hiç istemezsiniz,*" diyor. Sohbetin zahmetsizce akıp gidişinden bunu hissetmez miyiz? İki kişi "*aynı fikirde olmayabilir, aralarında çok temel fikir ayrılıkları bile olabilir, ama bu farklılıklar saldırganlıktan uzak bir şekilde ifade edildiğinde ve cevaplandığında, sohbeti muazzam bir yoğunluk ve dürüstlük seviyesine çıkarabilir.*"

Dinlemek, kişinin sorunlarını anlatmasına alan açarsa terapi etkisine bile sahip olabiliyor. *Terapötik* dinlemede, dinleyici empati kuruyor. Başını onay anlamında sallıyor. Anlatılanı önemsediğini göz temasını sürdürerek belli ediyor. Bu

---

20 https://bigthink.com/smart-skills/talking-listening-ratio-conversations/#:~:text=It%20means%20people%20will%20be,not%20come%20easily%20to%20everyone.

tarz dinleme, daha önce sözünü ettiğimiz psikolojik güvenlik iklimini sağlıyor. İş dünyasında da takım içindeki iletişimi çok güçlendiriyor.

Harvard Business Review'daki makalesinde Gizem Saruhan,[21] terapi etkisi yaratan dinlemeye bir çocuk kitabından örnek vermiş. Zen öğretmeni ve istismara uğramış çocuklarla çalışma konusunda uzman Jan Chozen Baysi, *How to Train a Wild Elephant* [Vahşi Fili Nasıl Eğitiriz] kitabının "Sünger Gibi Dinlemek" bölümünde, *"Diğer insanları sanki bir süngermişsiniz gibi dinleyin, diğer kişinin söylediklerini emdirin,"* diyor. *"Zihnin sessiz olmasına izin verin ve onu kabul edin. Bir yanıt talep edilene veya açıkça ihtiyaç duyulana kadar zihninizde herhangi bir yanıt formüle etmeyin."*

Gerçekten de bugün çoğu zaman ya dinleme taklidi yapıyoruz ya da karşımızdaki konuşurken onun söylediklerine bir cevap formüle ediyoruz. Düşünür Byung-Chul Han'a göre *"bugün çok şey duyuyoruz, ancak başkalarını dinleme, onların dillerine ve acılarına kulak verme yeteneğini giderek yitiriyoruz."*

ABD eski başkanı Franklin Roosevelt özellikle havadan sudan konuşmalardan nefret edermiş, çünkü insanların bu konuşmalar sırasında birbirini dinlemediğini iddia ediyormuş. Bunu ispat etmek için her buluşmada karşısındakine *"Bu sabah anneannemi öldürdüm"* gibi abartılı cümleler söylüyormuş. İnsanlar kafalarını sallayıp gülümsüyor, hiçbir şey olmamış gibi devam ediyorlarmış. Sadece bir keresinde bir kişi gerçekten dinleyip "Eminim hak etmiştir" diye cevap vermiş!

Dinleme konusundaki bir diğer beceriksizliğimiz de *hep konuşan taraf olmayı istemekle* ilgili. Bir sohbet sırasında ar-

---

21 https://hbrturkiye.com/blog/gercek-bir-problem-cozucu-emici-dinleme.

kadaşına sürekli kendisinden ve başarılarından söz eden bir yazar, sohbetin sonunda *"Hep beni konuştuk, biraz da senden bahsedelim. Söylesene, en son kitabım hakkında ne düşünüyorsun?"* demiş. Kendimizle ilgili konuşmaktan büyük zevk alıyoruz, öte yandan karşımızdaki kişi aynı şeyi hissetmiyor! Sürekli bir taraf konuştuğunda diğer taraf istenmediğini bile hissedebiliyor. Birini gerçekten dinlediğimizde tatmin getiren, derin ilişkiler kurabiliyoruz, çünkü karşımızdakini anlamaya istekli olduğumuzu gösteriyoruz. Özellikle romantik ilişkilerde bunun daha önemli olduğu söyleniyor.

Biliyor musunuz, *ne kadar maddi güç sahibi olduğumuz* bile dinleme kapasitemizi etkileyebiliyormuş! Okuduğumda çok şaşırtıcı bulmuştum. California Berkeley Üniversitesi'nden Dacher Keltner, yoksulların başka insanların ihtiyaçlarına karşı özellikle dikkatli olduğunu belirtiyor. Neden? Keltner'ın araştırmasına[22] göre, kaynakları kıt olan kişiler başka insanlara yaslanmaya muhtaçtır, ilişkilerinden başka dayanabilecekleri bir şey yoktur, o yüzden başkalarının ihtiyaçlarına karşı daha duyarlıdırlar. Zenginlerse para karşılığı istedikleri yardımı alabilirler. Bu nedenle başkalarının ihtiyaçlarına ve acılarına karşı aynı düzeyde duyarlı değillerdir. Üniversite öğrencileriyle yaptığı araştırmada, göz teması, başını sallama ve gülümseme gibi ilgi gösterme işaretlerinin varlıklı öğrencilerde daha az olduğunu görmüş. Daha yoksul ailelerden gelenler daha ilgili, sıcak ve canlı bir tavır sergilemiş.

Fakat şöyle bir ayrım da var: Dinleme davranışı, *statüye göre* değişiyor. Varlıklı ailelerden gelen öğrenciler daha yüksek statüde biriyle konuştuklarını hayal ettiklerinde, duygu okuma yeteneklerini geliştirebilmişler. Yani kendimizi nerede

---

22 M. Kraus ve D. Keltner, "Signs of Socioeconomic Status," Psychological *Science*, 2009, 20(1): 99-106.

gördüğümüz, karşımızdakini ne kadar dinlediğimizi ve önemsediğimizi etkileyebiliyor. *Birini ne kadar önemsersek o kadar ilgili oluyoruz.*

Aynı araştırmaya göre *herhangi bir etkileşimde daha güçlü olan taraf, bakışını karşısındaki kişiye daha az odaklıyor.* Lafı kesip konuşmayı kontrolüne alma olasılığı daha yüksek. Bunlar aktif dinlemenin olmadığını gösteriyor. Sosyal statüsü daha düşük olanlar ise başkalarının duygularını yüzünden okuma testlerinde daha başarılılar. Karşıdakinin duygularına daha odaklılar.

Richard Nelson-Jones,[23] *duymak* ile *dinlemek* arasındaki farkı şöyle açıklıyor: Duymak, çevredeki sesleri alıp ne anlama geldiğini yorumlamaktır. Dinlemek ise söylenenin ne anlama geldiğini eksiksiz olarak anlamaya çalışmaktır. Konuşanın *ses tonuna, zamanlamasına, beden diline, konuşma hızına, bağlama* dikkat etmektir.

Aktif dinlemede sadece anlamak değil, *anlayış göstermek de* dinlemenin bir parçasıdır. *Komut vermek, uyarıda bulunmak, vaaz vermek, yargılamak, suçlamak, utandırmak, analiz etmek...* Bunlar dinlemek değildir. Aktif dinleme hem öğrenmek, hem de karşımızdaki kişiyle anlaşmak içindir.

İyi bir dinleyici olmak için neler yapabiliriz?[24] Birkaç pratik tüyoya birlikte bakalım:

Bedeninle dinlemek. Duruşumuz, dikkatle dinleyip dinlemediğimizi belli eder. Gülümsemek, göz teması kurmak, başını sallamak, kişiyle yüz yüze bakmak, rahat ve açık bir postür, telefona veya etrafa bakmamak ilgili olduğumuzu ifade eder. Yüz ifademizin de farkında olmak, karşımızdakini onaylamadı-

---

23 R. Nelson-Jones, *Practical Counseling and Helping Skills*, Sage, 2013.

24 Active Listening. Greater Good In Action (nd.). https://ggia.berkeley.edu/practice/active_listening.

ğımızı gösteren ifadelerden kaçınmak iyi olur. Dinlerken sakin ve yaklaşılabilir bir ifade takınmak önemlidir. Tıp fakültesinde yapılan çalışmalarda doktorun göz teması kurması, dinlerken başını sallaması, acı çeken hastaya nazikçe dokunması hasta değerlendirmesinde yüksek puanlar almasını sağlıyor. Bunları yapmayıp bilgisayar ekranına bakarak konuşuyorsa puanları düşüyor.

Kendi cümlelerinle söylenenleri anladığını teyit etmek. Gerçek bir dinlemede, kişinin söyleyeceklerini önceden tahmin etmeye çalışmamak ya da karşı argümanlarla hemen lafa atlamamak gerekir. Kişi düşüncesini paylaştığında, dinlediğinizi belirten bir şey söyleyebilirsiniz. "Anladığım kadarıyla" gibi... Doğal akışa daha uygun bir ifade de olur; önemli olan dinlediğimizi bir şekilde belli etmek.

Açık uçlu sorular sormak. Dinlerken anladığımızı varsaymamak, hemen sonuca varmamak gerekir. Uygun olduğunda, "Şunu mu kastediyorsun", "Şöyle mi demek istiyorsun" gibi ifadelerle karşımızdakini anlamaya çalıştığımızı belli etmek olası bir yanlış anlaşmayı da önler.

Tavsiye vermekten kaçınmak. Kişi anlatacaklarını bitirmeden problem çözmeye ve tavsiyeye geçmek ters tepebilir. Kendi fikrimizi oluşturmadan önce karşımızdakinin sözlerini tamamlamasını bekleyebiliriz. Sözünü kesmeden dinlemek, ardından söylediği şeylerden bazıları üzerinde düşünerek bir cevap vermek aktif dinlemedir. "Neden şöyle yapmıyorsun" demek yerine, kişinin konuşması bitince, "Kendi düşüncemi paylaşabilir miyim?" diye sorabiliriz. Tavsiye istenmiyorsa düşüncemizi kendimize saklayabiliriz.

Yargılamaktan kaçınmak. Aktif dinlemede amaç, dinlediğimiz kişinin bakış açısını anlamaktır. Karşı argümanlarla sözünü kesmeye çalışmak ya da o konuşurken nasıl itiraz edeceğimizin hazırlığını yapmak aktif dinleme değildir.

Odak siz değilsiniz, karşınızdaki kişi. Bir derdini anlatırken, "O da bir şey mi? Bir keresinde şöyle olmuştu", "Ben de şöyle şöyle bir şey yaşadım zamanında" gibi kendimize dönük ifadelerden kaçınmak iyi olur.

Dinlediğimiz kişinin duygusunu onaylamak. Kişi olumsuz duygular içindeyse, duygularını sorgulamak yerine ifade etmesine izin vermek aktif dinleme yöntemidir. Mesela karşımızdaki kişi stresli hissediyorsa, "Strese ne gerek var," korkuyorsa "Bunda korkacak ne var" gibi duyguyu hiçe sayan ifadeler kullanmamak gerekir. Onun yerine neden böyle hissettiğini anlamaya çalışmak, istediği gibi hissetmesi konusunda ona destek olmak ("Ne kadar stresli olabileceğini tahmin ediyorum" veya "Korktun mu?") aktif dinlemeye örnektir:

Öbür türlü karşımızdaki kişi, özellikle de küçük bir çocuksa, duygusundan utanmayı öğrenebilir. Adam Phillips'in *İlgi Arayışı* kitabında çok değerli bir cümle vardı: *"Utanç, bir sohbet sonlandırıcı etkisindedir."* Bir insanın davranışları kabul edilemez ilan edilmeye başlandığında, karşılıklı iletişim ve alışverişin sınırlarına ulaşılmış demektir.

Kısıtlayıcı soru kalıplarından kaçınmak.[25]

"Neden böyle yaptın ki?" gibi suçlayıcı bir ifade yerine "Olanları anlatır mısın?"

Özel bilgileri zorla deşmek yerine "Bu konuda konuşmak istersen dinlemeye hazırım."

"Ne hissettiğini biliyorum" gibi varsayımlar yerine "Bu konuda ne hissediyorsun?"

"Bence (işini/eşini) bırak gitsin" gibi istenmeyen tavsiyeler vermek yerine "Bazı stratejiler üzerinde düşünelim mi?"

---

25 D.A. Olson, *The Success Psychology of Achievement*, DK, 2017.

"Ah zavallım benim!" gibi küçümseyici ifadeler yerine "Çok zor olmalı, nasıl baş ediyorsun?"

Anlayıştan yoksun, kaba yorumlar yerine "İzninle sana bir şey önerebilir miyim?"

gibi daha nazik ifadeler kullanmak, uzmanların önerileri arasında. Bölüme Doğan Hoca'yla başladım, onunla bitireyim. *Var mısın?* kitabında, çocuğu dinlemenin önemine şöyle vurgu yapıyordu:

Dinleyen kişi çocuğuna, karşısındakine ne diyor? "Seni önemsiyorum" diyor. "Seni olduğun gibi kabul ediyorum" diyor, "Sana tekliğin içinde değer veriyorum, eşin benzerin yok ve ben bunun farkındayım" diyor, "Sen muhteşem bir potansiyelsin, istediğin şeyi öğrenip yapabilecek gücün olduğunun farkındayım" diyor, "Sana emek ve zaman vermek istiyorum, çünkü sen sevilip geliştirilmeye layıksın" diyor. Dinlemek nasıl da önemli, ama gerçekten dinlemek.

Sen gerçekten dinledin sevgili Doğan Hocam. Dinlediğin herkese huzur verdin, huzur içinde yat.

Empati, geri bildirim, dinleme konularından sonra şimdi de ilişkilerdeki alma-verme dengesine bakalım mı? Gerek özel hayatta gerek iş ortamındaki etkileşimlerimizde ne kadar almaya, ne kadar vermeye odaklıyız? Bu konudaki genel tutumumuzun sonuçları neler?

Alıcı mısın, verici misin, eşleştirici misin?

"Yumuşak konuş ama elinde büyük bir sopa taşı."

Theodore Roosevelt

Wharton Üniversitesi profesörü Psikolog Adam Grant, başarıda *çalışkanlık, yetenek* ve *şans* kadar insanlarla olan *etkile-*

şimlerimizin de önemli rol oynadığının altını çiziyor. Düşünecek olursak diğer üç faktör, kişisel faktörler. Oysa kişi, başarıyı bir boşlukta değil, belli bir çevrenin içinde yakalar. Özellikle takım çalışması çağında kişiler arası ilişkilerimiz başarımızda büyük rol oynuyor.

Grant, başka bir kişiyle her etkileşime girdiğimizde bir seçim yapmak zorunda olduğumuzu söylüyor: Elimizden geldiğince ondan bir şey almaya mı, yoksa karşılığında ne alacağımız konusunda endişelenmeden değer katmaya mı çalışacağız? Akademik çalışmalarında on yıldan uzun süreyle Google'dan Hava Kuvvetleri'ne kadar çeşitli kuruluşları incelemiş. Araştırma sonucunda ulaştığı insan profillerini *Give and Take* kitabında, "alıcılar", "vericiler" ve "eşleştiriciler" olarak üç kategoride genellemiş.

Alıcılar, genel hatlarıyla, verdiklerinden daha fazlasını almayı sevenler. Kendi çıkarlarını başkalarının ihtiyaçlarının önüne koyanlar. Dünyanın rekabetçi bir yer olduğuna, başarılı olmak için diğerlerinden daha iyi olmaları gerektiğine inananlar. Yeterliliklerini kanıtlamak için kendi reklamlarını yapıp çabaları için bolca övgü bekleyenler. Yönetim kurulu koltuğuna giden en iyi yolun dalkavukluk olduğunu varsayanlar. Cümleleri genellikle "ben", "benim" diye başlayanlar. Kara delik gibi, çevrelerindeki insanların enerjisini emenler. Zalim ya da acımasız olmaları da şart değil, sadece "Ben kendimi kollamazsam kimse kollamaz" düşüncesindeler. Biraz narsistler mi ne?

Vericiler, işyerinde daha nadir görülen bir tipoloji. Aldıklarından çok vermeye meyilliler. Alıcılar başkalarına stratejik nedenlerle yardım ederken, vericiler bir şey beklemeden yardım edenler. Zamanlarını, enerjilerini, becerilerini, ilgilerini, fikirlerini ondan faydalanacak insanlarla paylaşabilenler. Alıcılar *servet, güç, haz, kazanmak* gibi değerleri sahiplenirken, vericilerde *yardım, sorumluluk, sosyal adalet ve şefkat* gibi değerler daha baskın. Meslektaşlarının da başarması için fırsat yaratan, bazı görüşlere katılmadıklarında karşılarındaki kişiyi küçümsemek yerine saygıyla davrananlar.

Çoğu insan, alma ile verme arasında bir denge kuruyor. Grant onlara *Eşleştiriciler* (Matchers) diyor. Bu insanlar başkalarına yardım ettiklerinde, *karşılığında bir şey bekleyerek kendilerini korumaya alıyorlar.* Vericiler, Alıcılar'dan daha üretken, ancak en üretken grup Eşleştiriciler. Vericiler bazen meslektaşlarına yardım etmek isteğiyle kendi işlerini ikinci plana atabiliyor. Aralardaki çizgiler çok keskin olmamakla birlikte çoğu insan Eşleştirici kategorisinde.

Peki sizce en başarılı olanlar bu üç gruptan hangisi? En başarısız olanlar kimler?

Sizce siz hangi gruba daha yakınsınız? Cevaba bakmadan önce kısa bir düşünme molası verebilirsiniz.

En başarısız olanlar *Vericiler*! Vericiler, Alıcılar'a göre %14 daha az kazanıyor, suç mağduru olma riskleri iki kat daha fazla, güçlü ve baskın algılanma oranları %22 daha az. En başarılı olanlar kimler dersiniz? Hiç tahmin etmediğimiz üzere yine Vericiler! Verici gruptakiler hem en başarısız hem en başarılı kategorisinde yer alıyor; diğer iki grup ise arada bir yerde.

Başarısız Vericiler, paspas muamelesine razı olanlar. Başkalarına zaman ve enerjilerini vakfederken kendi ihtiyaçlarını hiçe sayanlar. Burada kişinin kendisine zarar veren, *patolojik bir diğerkâmlık* söz konusu. Oysa kişinin kendi ihtiyaçlarına önem vermesi, başkalarının ihtiyaçlarını göz ardı etmek anlamına gelmiyor; iki durum birbirini dışlamıyor. Akla kültürümüzde yaygın olan ebeveynlik anlayışı geliyor: *saçını süpürge etmek, yemeyip yedirmek, içmeyip içirmek*... Böyle bir yaklaşım ebeveyni perişan ettiğinde, çocuk da ebeveyninin hayatını mahvettiği düşüncesiyle suçluluk duygusu yaşayabiliyor.

omzuna yük biniyor. Dahası ebeveyn, çocuğa kendi hayatı ve ilerideki ebeveynlik stili için sağlıksız bir model teşkil ediyor.

Carnegie Mellon Üniversitesi'nden psikolog Vicki Helgeson, kendini düşünmeden vermenin insanların zihinsel ve fiziksel sağlığına zarar verdiğini belirtiyor. Kişinin başkaları kadar kendine de değer vermesinin sonucu ne peki? Altı aylık bir süre içinde bile mutluluk ve hayat tatmini skorları artış gösteriyor.

Başarısız Verici kategorisindeyseniz, her şeyden önce kendi sağlığınız için oradan çıkmanızda fayda var. Başarısız Vericiler aynı zamanda herkesi kendi gibi sananlar. İnsanlarda sadece iyi tarafları görenler. Çok fazla taviz verenler. Herkesin güvenilir olduğuna dair naif bir inanç taşıyanlar.

Başarılı Vericiler ise alma-verme dengesinde hibrit bir model izliyor: Başkalarına fayda sağlarken kendi iyiliklerini de düşünüyorlar. Almak ile vermek arasında büyük bir fark olduğunun bilincindeler. Almak, başka insanları sadece kendi kazancın için kullanmak demek. Onların anladığı şekliyle vermek ise karşılığında bir şey almaya gönüllü olarak başkalarına yardım etmek demek. *Başarılı Vericiler* iş ortamında daha az hırslı değil; sadece hedeflerine ulaşmak için başka bir yol seçiyorlar. Kimin kendilerini manipüle edebileceğini fark ediyor ve buna göre kendilerini koruma altına alabiliyorlar. Dört temel alanda başarılı yaklaşımlar izliyorlar: *networking, işbirliği, değerlendirme ve ikna.*

Vericiler için güven inşa etmek zaman alıyor, ancak zamanla ilişkilerini ve prestijlerini arttıran bir başarıya ulaşıyorlar. Pastayı hem kendilerine hem takımlarına fayda sağlayacak şekilde büyütüyorlar. Onlar başarılı olduğunda etkisi her yere yayılıyor. Araştırmalar, zaman ve bilgilerini düzenli olarak meslektaşlarına yardım için kullananların, bankalardan imalat şirketlerine çok farklı kuruluşlarda *daha fazla kazandığını* ve *daha çok terfi aldığını* ortaya koyuyor.

Minnesota Üniversitesi'nden araştırmacılar Eugene Kim ve Theresa Glomb,[26] yetenekli insanların iş ortamında kıskanıldığını, sevilmeme riski olduğunu ve dışlandığını ortaya koymuş (yetenekli insanların kaderi bu belki de; üstün potansiyelli çocuklar da okul ortamında genelde dışlanır). Ancak burada şöyle bir ayrım faydalı olabilir: Yetenekli çalışan aynı zamanda bir Verici'yse, o zaman gruba katkıları takdir ediliyor.

Vericiler, başkalarının katkılarını görmekte de başarılılar. *Sorumluluk önyargısından* mustarip değiller. Sorumluluk önyargısı,[27] *başkalarınınkine kıyasla kendi katkılarımızı abartmak* demek. Bu konuda Alıcılar genellikle hataya düşüyor, çünkü kendilerinin en büyük katkıyı sağladığını düşünüyorlar. Hataya düşme nedenleri, başka bir hatayı gözden kaçırmaları: *Kendi katkılarımız hakkındaki bilgiye, başkalarının katkılarından daha fazla erişimimiz var.* Kendi çabamızın tümünü görüyoruz, ancak ortaklarımızın çabalarının yalnızca bir kısmına tanık oluyoruz. İşte Vericiler bu konuda çok iyiler: Başarının, sadece kendilerinin değil, takımın diğer üyelerinin katkılarıyla mümkün olduğunu görebiliyorlar. Dolayısıyla takımda daha çok seviliyorlar.

Alıcılar *hâkimiyet*, Vericiler ise *prestij* yoluyla başkalarını etkilemeyi seçiyor. Alıcı, başkaları onu güçlü, kuvvetli ve otoriter olarak gördüğü için, Verici ise başkalarının saygısını ve hayranlığını kazandığı için etkili oluyor. Otoritelerini ortaya koymak için seslerini yükselten, güven kazanmak için kesin ifadelerle konuşan, başarılarını öne çıkaranlar *Alıcılar*. Beden dilleri de buna uygun: Kollarını açarak, kaşlarını kaldırarak, bedenleriyle mümkün olduğunca fiziksel alan kaplayarak,

---

[26] E. Kim, T.M. Glomb, "Victimization of high performers: the roles of envy and work group identification," *Journal of Applied* Psychology, Temmuz 2014, 99(4): 619-634.

[27] *Responsibility bias.*

gerektiğinde öfke ve tehditler savurarak güçlerini gösteriyorlar. Grant, bunun sürdürülebilir bir yöntem olmadığını savunuyor. Hâkimiyet, sıfır toplamlı bir oyun. Sizden daha baskın biri anında havanızı söndürebilir.

Prestij ise sıfır toplamlı değil. Vericilerin tercih ettiği "güç kullanmayan iletişim" (*powerless communication*) biçimi, prestij getiriyor. *Daha az iddialı konuşma, şüphelerini dile getirme, başkalarının tavsiyelerine güvenme, zayıflıklarını ortaya koymaktan çekinmeme, kırılabilirlik sinyali verecek şekilde konuşma* bu stilin özellikleri. Başkalarının bakış açılarına ve çıkarlarına değer veriyor, cevap vermektense soru soruyor, kesin değil temkinli ifadeler kullanıyorlar. Görüşlerini başkalarına empoze etmektense tavsiye almaya daha meyilliler.

Alıcılar otoriter politikacıları, *Vericiler* şüpheci bilim insanlarını çağrıştırıyor.

Alıcılar, şüphelerini ortaya dökmenin otoritelerini tehlikeye atacağından endişe ediyor. Vericiler ise eksikliklerini ifade etmekte çok daha rahat, çünkü amaçları başkaları üzerinde güç kazanmak değil onlara yardım etmek ve hep birlikte yükselmek.

Ancak çok önemli bir ayrıntıyı atlamayalım: *Kırılganlığınızı ifade etmek, ancak yetkinliğinizi ortaya koyan başka sinyaller de varsa etkilidir.* Buna "sakarlık etkisi" deniliyor. Konusunda uzman kişi sakarlık yaparsa, bu onu daha sevimli kılıyor. Uzman kişi bir hata yaptığında, üstün ve mesafeli görünmek yerine insani ve cana yakın görünüyor. Ancak yetkin değilseniz, kırılgan olmak ve eksikliklerinizi belli etmek aleyhinize işleyebiliyor.

Daha yüksek sesle, iddialı ve kesin konuşan Alıcılar için "ne dediğini biliyor" diye düşünenler az değil, oysa gerçekte hiç de yetkin olmayabiliyorlar. Hatta çalışmalara göre, yetkin olmasalar bile *kendilerini yetkin gösterecek şekilde davrandıkları için* etkililer. Baskın iletişim tek seferlik etkileşimde bir avantaj olabilir, ancak bir takım içindeki diğer üyelerin saygısını yok edebiliyor. Evet, takım arkadaşları onları etkili liderler olarak algılayabiliyor, ama Alıcılar aslında grup performansını baltalıyor. Bilgi paylaşımını engelleyerek üyelerin iyi fikirleri iletmesini engelliyorlar. *Çalışmanın işbirliğine dayalı bir çaba olarak sunulması insanlara ilham veriyor.*

Alıcılar tavsiye vermeye, vericiler ise tavsiye istemeye daha yatkın. Tavsiye istemek etkili bir iletişim yöntemi olabiliyor, çünkü kendimizden emin bir şekilde tüm cevaplara sahip olduğumuzu yansıtmak yerine başkalarının daha üstün bilgiye sahip olabileceğini kabul etmiş oluyoruz. Alıcılar ve Eşleştiriciler tavsiye aramaktan uzak durma eğiliminde. Alıcı için tavsiye istemek, tüm cevaplara sahip olmadığını kabul etmek ki bunun kendisini zayıf, bağımlı veya beceriksiz göstereceğinden korkabiliyor. Oysa araştırmalar, bilgili meslektaşlarından düzenli olarak tavsiye isteyen kişilerin, amirleri tarafından hiç tavsiye ve yardım istemeyenlere kıyasla daha olumlu değerlendirildiğini gösteriyor.

Alıcılar kazandığında genelde biri kaybediyor. Öte yandan birinin mutlaka kaybetmesi gereken sıfır toplamlı durumlarda Verici olmak pek işe yaramıyor. Genel itibariyle, *Başarılı Vericiler* en ideal pozisyonda görünüyor.

"Hayat çoğunlukla sıfır toplamlı bir oyun değil," diyor Grant. Dolayısıyla önemli olan başkalarına yardım etmenin ötesinde bunu doğru stratejilerle, doğru nedenlerle, doğru bir biçimde yapmak herkesin kazandığı bir senaryo. Kendi ilişki ve iletişim biçimlerimizi bu bilgiler ışığında tekrar gözden geçirmek işe yarayabilir. Kendi ev veya iş ortamınızı düşünün: *Alıcılar, Vericiler, Eşleştiriciler* kimler? Hangi yönlerden buradaki bilgiler geçerli, hangi yönlerden değil? Sizce siz hangi gruptasınız, diğerleri sizi hangi grupta görüyor? Bu bilgileri kendi ortamınızda olumlu değişim yaratmak için nasıl kullanabilirsiniz?

Vermenin değerinden söz etmişken son olarak gönüllü faaliyetlerle ilgili de kısa bir not düşmek isterim. Araştırmalar, gönüllü faaliyetlerde yer almanın, *bir yıl içinde*, mutluluk, yaşam tatmini ve özsaygıyı arttırdığını, depresyonu azalttığını ortaya koyuyor.

Bir deneyde yetişkinler bebeklere masaj yapmış ya da kendilerine masaj yapılmış. Sonrasında bebeklere masaj yapanların stres hormonlarının diğer gruba göre daha düşük olduğu görülmüş. Gönüllü faaliyetlerde bulunan 65 yaş üstü yetişkinlerin sekiz yıl boyunca depresyon düzeyinde düşüş görülmüş. Başka çalışmalarda da gönüllü faaliyetlerde bulunan veya başkalarına destek veren yetişkinlerin daha uzun yaşadığı görülmüş. Sonuç, sağlık durumlarından ve başkalarından aldıkları destekten bağımsız.

Gönüllülükte 100 saat kuralı diye bir kural var. Yılda 100 saat ortalama gönüllü faaliyette bulunmak insanı tüketmeden enerji veren sihirli süreymiş. Bu da aşağı yukarı haftada 2 saat demek. Bunu yapınca mutluluk ve yaşam tatmininin bir yıl sonra da devam ettiği görülmüş. Vermenin görev ya da zorunluluk değil, kişi için keyifli ve anlamlı bir seçim olduğunda enerjiyi yükselttiğini eklemek gerek.

"Neşenin kaynağı kendini unutmaktır, başkalarına yardım et," der yazar Helen Keller.

Başkalarına yardım zaten kendi içinde değerli ama aynı zamanda yardım ederken kendi dertlerimize odaklanmaktan uzaklaşıyor ve başkaları tarafından değer gördüğümüzü hissediyoruz. Başkalarına bir şeyler vermek hayatımıza mutluluk ve anlam katıyor. Ebeveynler de sıklıkla *"çocuğum mutlu olsun yeter"* diyorlar ya, çocukların uzun vadede mutlu olması için onlara küçük yaşta başkalarına yardım etmeyi, sadece almayı değil vermeyi de öğretmek gerek. "Dünya bana ne verecek?" sorusunun ötesinde "Bu dünyaya ne katabilirim?"

sorusunu da sordurmak lazım. Dünyanın iyiliği için de, çocukların iyiliği için de.

Bu kısma kadar *empatiden, geri bildirimden, dinlemenin öneminden, ilişkilerde alma-verme dengesi*nden söz ettik. Konu çok kapsamlı olduğundan yüzlerce sayfa yazı yazmak "mümkün ama imkânsız!" Dolayısıyla, ne yaparsam yapayım eksik kalacağını bilerek, önemli bulduğum birkaç konuyu daha ele almak istiyorum: *Sınır koyabilmek, sosyal medyadaki iletişimimize dikkat etmek ve kılık kıyafetimizle verdiğimiz mesajların farkında olmak.*

Gerektiğinde hayır diyebiliyor musunuz?

"Sınırlar da sebzeler gibidir, çocuklar onları sevmese de onlara ihtiyaç duyar."

Dr. Kristy Goodwin[28]

Az önce bir gazeteden aradılar. Yarın akşama yetişecek şekilde okula dönüşle ilgili bazı soruları cevaplamamı istediler ve çok yoğun olmama rağmen "hayır" diyemedim. Yukarıdaki "Hayır diyebiliyor musunuz?" başlığına zavallı bir bakış attım ve iki nokta üst üste koyup "ben diyemiyorum da..." eklemesini yapmayı düşündüm.

Hayır demek isteyip de diyemememin sayısız örneğinden biri bu sadece. Her gün e-posta, sosyal medya platformları, telefon ve WhatsApp gibi mecralar üzerinden yüzlerce mesaj geliyor. Canlı yayın talebi, seminer isteği, sosyal sorumluluğa davet, yardım isteği, kitap kulübü sohbetine davet, danış-

[28] Pandemi döneminde MomTalks etkinliğimizde konuşmacı olan Dr. Goodwin'in konuşmasından aklımda en çok kalan cümle bu oldu. Sadece çocukların değil, hepimizin sebzeye de, sınırlara da ihtiyacı var. Hem sınırlarımızı bilmeye hem de bilmeyenlere bildirmeye.

manlık talebi, proje için destek talebi, çocuklarıyla ilgili soruları olan anne-babalar, projeleriyle ilgili soruları olan öğrenciler, özel sorunlarıyla ilgili fikir isteyen insanlar... WhatsApp arkadaş grupları, aile gruplarından gelen mesajlar da ayrı.

Eskiden sadece aile ve arkadaş çevrem vardı. Oysa bugün sosyal medyada hiç tanımadığım insanlarla etkileşim halindeyim. Okurlarla etkileşimi seviyorum, aramızda güzel bir bağ oluştuğunu hissediyorum, ama bazı insanlar için "ulaşılabilirlik" = "her daim müsaitlik" anlamına geliyor. İnsanları kırmadan hayır diyebilmek için kendimce belli cevap kalıpları geliştirdiysem de çok zorlanıyorum.

Oysa *sınırlar, ilişkilerimizde rahat ve güvende hissetmemizi* sağlıyor. Birçok insan farklı durumlarda hayır demekte zorlanıyor. Ebeveyn çocuğuna hayır demekte güçlük çekiyor. Çalışan patronuna hayır demekte güçlük çekiyor. Okul yöneticisi veliye hayır demekte güçlük çekiyor. Öğretmen okul yöneticisine hayır demekte güçlük çekiyor. İlişkide partnerlerden biri diğerinin taleplerine hayır demekte güçlük çekiyor. Başkalarını memnun etme isteğimiz dozu aşınca kaygıya, kaygı da sınır ihlaline evrilebiliyor. Sonuçta mutsuz ve yorgun hissedebiliyoruz.

Bir ilişkide kendimizi rahat hissediyorsak sınırlarımızı ifade etmemiz de daha kolay hale geliyor. Ebeveyn-çocuk ilişkisi, çalışan-işveren ilişkisi, gelin-kaynana ilişkisi ya da karı-koca ilişkisi... Sadece kendi tarafımızı tutarak okumayalım; bizimle açık konuşmakta güçlük çeken biri olabilir mi? Çocuğumuz, öğrencimiz, çalışanımız, gelinimiz, eşimiz bize açılmakta sorun yaşıyor olabilir mi? Psikolojik güvenlik ortamı yoksa kişi bize derdini açıkça anlatamaz. Biri bize sorununu anlattığında nasıl tepki verdiğimiz, sonrasındaki iletişimin kalitesini ve hatta sonrasında iletişimin devam edip etmemesini etkiler. Dolayısıyla sağlıklı ilişki, iki yönlü bir yol. Sert ve anlayışsız tepkiler, iletişimin sonunu getirebilir.

Galiba hayır deme konusunda en başarılı olduğumuz dönem 2 yaş civarı! "Hayır, oyuncağımı paylaşamam!" "Hayır, brokoli yemeyeceğim!" "Hayır, eve dönmek istemiyorum!" Namı diğer "korkunç ikiler"den bu anlamda öğrenebileceğimiz çok şey olabilir!

Neden hiç istemediğimiz halde evet diyoruz?

Evet diyoruz, çünkü çatışmadan kaçınmak istiyoruz. Hayır demenin getireceği rahatsız edici gerginliği hissetmek istemiyoruz. Başkalarını memnun etmek istiyoruz. Hakkımızda kötü düşünülmesin, "amma da burnu havadaymış" denilmesin istiyoruz. İşimizi, eşimizi kaybetmekten korkuyoruz. Evet diyoruz, çünkü sevilmek istiyoruz. Öte yandan istemeden söylediğimiz her evetle, özsaygımıza, ruhsal, fiziksel ve zihinsel sağlımıza, hatta *evet dediğimizde ulaşamayacağımız yeni fırsatlara* da hayır demiş oluyoruz.

Bazılarımız için hayır demek, çocuklukta inşa ettiğimiz "uslu çocuk" imajımıza ters düşmek demek olabilir. Küçükken birçoğumuz saygılı ve uslu olmayı, ebeveyn veya öğretmen (yani ihtiyaçlarımızı karşılayan, otorite konumundaki yetişkinler) bir şey istediğinde itiraz etmemekle eşleştirdik. *Hayır* demeyi saygısızlık olarak kodladık. Belki bazı durumlarda hayır demek cezalandırıldı. Hayır dersek artık sevilmemekten ya da ihtiyaçlarımızın karşılanmamasından korktuk. *"Terbiyeli, her şeyi gözünüzden okuyan, anlayışlı, sorun çıkarmayan bir çocuk aslında çocukluğunu yitirmiş olan bir çocuktur,"* der Alice Miller.

Bir an yumuşak davranıp bir sonraki an talepkâr olan bir ebeveyn modeli de, karışık mesajlar göndermek suretiyle, "en iyisi uyum sağlamak" düşüncesine yol açmış olabilir. Zor bir ilişkiden, stresten veya depresyondan mustarip ebeveyn, *"Hayır diyerek ben de ona yük olmayayım, ekstra stres yaratmayayım"* düşüncesine yol açmış olabilir. Kendini sevmeyen bir ebeveyn, "Hayır deyip sorun yaratmayayım ki kendini iyi hissetsin" düşüncesine yol açmış olabilir.

Hayır diyemememizin bir diğer olası nedeni de, *konuşmadan insanların bizim bir şeyi istemediğimizi anlamasını beklemek.* Yüz ifademizden, beden dilimizden neye ihtiyaç duyduğumuzu anlasınlar ve bize ona göre davransınlar istiyoruz. Alain de Botton bu beklentiye dair, surat asma davranışı üzerinden ilginç bir tespitte bulunuyor:

> *Surat asmak çocukluğumuzun ilk evrelerine kadar uzanan güzel, tehlikeli bir ideale saygı duruşunda bulunur. Konuşmadan anlaşılma vaadine. Ana rahminde iken hiçbir şeyi açıklamamız gerekmez. Her türlü ihtiyacımız karşılanır. Rahatlık dediğin budur işte, her şey kendiliğinden oluverir. Bu rüya gibi dönem, çocukluğumuzun ilk yıllarında da bir ölçüde devam eder. Neye ihtiyacımız olduğunu açıkça belli etmemiz gerekmez. Kocaman, nazik insanlar bunu bizim için tahmin eder. Ağlarız, derdimizi anlatamayız, kafamız karışır ama onlar anlar. Söze dökemediğimiz huzursuzluklarımıza açıklama getirirler. Belki de bu nedenle ilişkilerde kendini en iyi ifade edenlerimiz bile, partnerimiz bizi doğru okuyamama tehlikesiyle karşı karşıya iken, her şeyi uzun uzun açıklamayı içgüdüsel olarak tercih etmeyebilir. Partnerimizin aklımızdan geçenleri ancak biz anlatmadan doğru bir biçimde okuyabilmesi, onun güvenilecek biri olduğunun gerçek bir göstergesiymiş gibi gelir. Ancak açıklama yapmak zorunda kalmadığımızda hakikaten anlaşıldığımızı hissederiz.*[29]

Sadece aşk ilişkisinde değil, her türlü ilişkide açıklama yapmadan anlaşılmayı bekleyebiliriz. Maalesef bu gerçekçi bir beklenti değildir, üstelik bir sonuç da vermez. Artık lüksün

---

29 *Aşk Dersleri*, s. 77.

zirvesi olan ana rahminde değiliz, oraya geri de dönemeyiz. Neye ihtiyacımız olduğunu açıkça belirtmek hem etrafımızdakiler hem de kendimiz için yaptığımız bir iyilik. Açık ve net iletişim kısa süreli olarak bizi kötü hissettirse de uzun vadede daha mutlu olmamızı sağlar. Öbür türlü daimi bir kırgınlık hissiyle dolaşmamız olası. *"Kırgınlık, kendiniz zehir içip kırgın olduğunuz kişinin ölmesini beklemeye benziyor"* diye bir söz okumuştum, ne kadar doğru.

Bazen de hayır deme becerimiz bağlama göre değişiklik gösterebilir. Evde eşimize rahatça hayır diyebilirken işyerinde patronumuza hayır demekte güçlük çekebiliriz. Geçim kaygısı gibi son derece gerçek bir endişe olduğunda, dilimizin ucuna kadar gelen hayır'ı geri gönderip, itaatkâr bir "elbette" eşliğinde, üzerimize yıkılan işi yüklenebiliriz. Bazen hayır dersek iş ortamında "takım oyuncusu gibi görmeyecekler"den korkabiliriz. Bazen çalıştığımız için çok az görebildiğimiz çocuğumuz yeni bir oyuncak istediğinde suçluluk duygusuyla hayır diyemezken, sağlığına zarar verecek olan gazlı içeceğe uzandığında ağzımızdan çok net bir hayır çıkabilir.

Araştırmalara göre kadınlar hayır demekte daha çok zorlanıyor. Üzücü olsa da şaşırtıcı sayılmaz; özellikle geleneksel toplumlarda kadınlar, başkalarının ihtiyaçlarına ve duygularına kendilerininkinden daha fazla değer vermeleri yönünde yetiştiriliyorlar. Çoğu kadın toplumsal olarak kabul gören "nazik", "terbiyeli", "hanımefendi" imajını korumak için "hayır" kelimesinden ve dolayısıyla kendinden vazgeçebiliyor.

Hayır diyememenin *nedenlerinden*, hayır diyememenin *bedellerine* geçelim.

Dr. Gabor Maté, *Vücudunuz Hayır Diyorsa* kitabında, hayır diyemeyen insanların *ciddi bir hastalığa yakalanma* olasılığının, kendine özen gösterenlere kıyasla daha yüksek olduğunu ileri sürüyor. Bu iddiasını, terminal kanser hastalarından MS hastalarına, kronik akciğer hastalarından diyabet hastalarına birçok hastalıktan mustarip insanları kapsayan bilimsel araştırmalara ve vaka çalışmalarına dayandırıyor. Mate "hayır" diyemezsek bedenimizin bunu bizim yerimize yapacağını, yani hastalanacağımızı söylüyor.

Sınırlar koymamızı ve "hayır" dememizi sağlamanın bir yolu, *öfkemize sahip çıkmak*. Öfkemizi, kendimize ve başkalarına katkıda bulunacak şekilde ifade etmeyi öğrenmemiz gerekiyor. Ancak çoğumuz öfkeden korkuyoruz. Başkaları tarafından dışlanmak ya da onları incitmekten korkarak öfkemizi yutuyoruz. Bunun kökenlerini yine çocukluğumuzda aramak mantıklı olabilir. Psikoterapist David Malan'a göre, çocuk öfkesini ifade ettiği için sürekli cezalandırılırsa öfkelendiği zaman endişe duymaya başlar ve öfkesini ifade etmekten kaçınmanın yollarını öğrenir. Bazen kaçınma stratejisi, pasiflik ve geri çekilmedir. Bir süre sonra bu pozisyona kendiliğinden gelmeye başlar. Öyle ki, artık içinde öfke hissettiğini bile fark etmez. Hissin yerini savunma şekli alır ve bu da (pasif, agresif, çekingen kişilik bozuklukları gibi) durumlara sebep olarak gelecekte kuracağı ilişkilerin tamamını etkileyebilir.[30]

Malan bu şekilde yavaş yavaş "duygusal öz"ümüze yabancılaştığımızı, kendimizle ve başkalarıyla duygusal temas kuramaz hale geldiğimizi belirtiyor. Öfke ilişkimizi tehdit ettiğinde, kendimizi nazik bir insana dönüştürüyoruz. Bastırmak suretiyle farklı bir kılığa soktuğumuz öfkemiz de içimizi kemiren bir huzursuzluk duygusuna dönüşüyor. Bir bakıma başkalarını önceleyerek benliğimizi yitiriyoruz. Hayır demeyi (yeniden) öğrenmek, bu anlamda hayati bir yaşam becerisi.

Dahası, hayır diyememek *bizi başkalarının gözünde zayıf gösteriyor*. Daha önce bahsettiğimiz "Başarısız Vericiler" gibi

---

30 A. Phillips, *Kaçırdıklarımız*, Metis Yayınları, 2015.

paspas muamelesi görebiliyoruz. Etrafımızdakiler bize saygı duymuyor. Kendimizi hep geri plana atmak, başkalarının ihtiyaçlarını sürekli kendi ihtiyaçlarımızın önüne koymak, onların saygısını kazanmak şöyle dursun yitirmemize yol açıyor.

Ayrıca, kendimize itiraf edelim ya da etmeyelim, bir süre sonra manipüle edildiğimizi hissetmeye başlıyoruz. Açıkça iletişim kurmak yerine pasif agresif davranışlara başvurabiliyoruz. Maalesef bu kendimizi daha iyi değil daha kötü hissetmekle ve başkalarının saygı ve ilgisini kaybetmekle sonuçlanabiliyor.

Hedeflerimize ulaşmak için gereken zaman ve enerjiyi başkalarının talepleri için harcadıkça anksiyete duygusu başgösteriyor. Kişisel hedeflerimiz ve hayallerimiz alıkonmuş hissediyoruz. İşin ucu depresyona, tükenmişliğe, ayrılığa kadar varabiliyor.

O halde hayır diyebilmek için neler yapmamız gerekir?

Başkalarına ve istemediğimiz şeylere hayır dediğimizde, kendimize evet demiş oluruz. Hayır demek, *bizi değerlerimizden, kendi istek ve ihtiyaçlarımızdan giderek uzaklaştıran bir taviz biçimiyse*, bize zarar verir. Hayır demeye karar vermeden önce şu soruları sorabiliriz:

1. Evet demek beni *daha önemli başka bir işe odaklanmaktan alıkoyacak* mı?
2. Evet demek *daha yorgun ve tükenmiş hissetmeme* yol açacak mı?
3. Evet demek *değerlerime ters düşmeme* neden olacak mı?

Cevabımız "evet"se, o zaman böyle durumlarda hayır demek için neler yapabileceğimize bakalım.

Sınırlarımızı çizerek işe başlayabiliriz. Mesela bir yerde çalışıyorsunuz ve mesai saatleri dışında rahatsız edilmek istemiyorsunuz diyelim. Hangi saatlerden sonra aranabileceğinizi muhataplarınıza açıkça bildirebilirsiniz, belki böyle bir talebiniz olduğunu bilmiyorlardır bile. Bir arkadaşım bunu e-postasına mesaj olarak ekliyor: *Saat 22.00'den sonra ve hafta sonları lütfen mesaj göndermeyiniz.* Başlıca iletişim biçimimiz olarak WhatsApp mesajından ziyade telefon konuşmasını tercih ediyorsak, bunu da açıkça ifade edebiliriz. Bunu karşımızdakine ne kadar erken söylersek o kadar iyi; *kurallar en başından itibaren açıkça belirtildiğinde daha etkilidir.* Üçüncü adım ise koyduğumuz sınırlara sadık kalmak. *Saat 22.00'den sonra bana mesaj atmayın* dediyseniz ve biri size gece on birde mesaj attıysa, ona o saatte cevap yazmamak, size nasıl davranacağını öğretmektir. Bunu yap(a)madığımızda ise karşımızdakine sınırımızı ihlal edebileceğini öğretmiş oluruz. Karşı taraf her uyarıya karşın aynı davranışı sürdürüyorsa idrak edene kadar aynı davranışı defalarca tekrar etmemiz gerekebilir. İnsanların bize nasıl davranacağını biz onlara öğretiriz.

Bazen "hayır" dedikten sonra farklı alternatifler sunabiliriz. Kendimden örnek vermek gerekirse, evime yayınevlerinden her hafta en az üç-dört kitap geliyor. Bir kısmı kitabı okuyup yorumlamam için benden söz almaya çalışıyor. Hayır dememek, okumak istemediğim kitapları okumak ya da okumak istediğim kitaplara zaman ayıramamakla sonuçlanır. Onlara okuyup yorum yapma konusunda söz vermediğimi, ancak kitaplarını sosyal medya sayfamdan memnuniyetle duyurabileceğimi söylüyorum. Hayır dedim ve alternatif sundum. Genellikle anlayışla karşılıyorlar.

Başka ne şekillerde alternatif yaratabiliriz? Mesela iş arkadaşınız sizden bir konuda yardım isterse ancak çok meşgulseniz, "Önümüzdeki haftaya kadar yoğunum. Bir hafta sonra hâlâ yardıma ihtiyacın olursa lütfen bildir," diyebilirsiniz. Böyle bir cevap, bir yandan kendi sınırlarımızı koruyup, bir yandan da yardım etmek istediğimizi gösterir. İşten sonra bir etkinliğe davet edildiğinizde yorgun hissediyorsanız, *"Benim için çok yoğun bir gün oldu, haftaya pazartesi için yeniden plan yapalım mı?"* gibi bir cevap uygun olabilir.

Bize bir şey sorulduğunda nasıl cevap vereceğimizin *önden kendi kendimize provasını* yapabiliriz. Zaman ayıramayacağım teklifler için hazırladığım bir metin var. Bunu duruma göre adapte ederek kullanıyorum. Temel ilkem nazik bir dille, kalp kırmadan durumu açıklamak. Siz de bölümün başlarında sözünü ettiğimiz tost tekniği gibi teknikleri kullanarak bir metin geliştirebilirsiniz: Olumlu-olumsuz-olumlu mesaj sıralamasıyla "hayır" cevabını nezaket dilimleri arasına yerleştirebilirsiniz. Mesela "Mesajınız için teşekkür ederim (olumlu). Cevabım hâlâ değişmedi maalesef (olumsuz). Size çalışmalarınızda başarılar diliyorum (olumlu).

Bir diğer yöntem de, *cevap verme konusunda acele etmemek.* Bir şey istendiğinde hemen evet ya da hayır diye cevap vermek zorunda değiliz, düşünmek için zaman isteyebiliriz. Gafil avlanabileceğimiz bir anda sorulmuş olan soruya, "Bir düşüneyim" diyerek cevap verebiliriz. Sonrasında cevabımızı yazılı olarak iletmek bir çözüm olabilir. Yüz yüze olmak hayır demek açısından sıkıntı yaratabilir, zira Cornell Üniversitesi'nden bir araştırmaya[31] göre, yüz yüze bir talebe evet deme olasılığımız 34 kat daha fazlaymış! Madalyonun öbür yüzünü de es geçmeyelim: Birini bir konuda ikna etmek istiyorsanız yüz yüze iletişime geçmek 34 kat daha etkili olabilir!

Bir şeye hayır derken *amacımızın karşımızdaki insanı reddetmek değil, kendi kimliğimizi ve değerlerimizi korumak olduğunu* cümle yapımızla da ifade edebiliriz. "Yapamam"

---

[31] M.M. Roghanizad ve V.K. Bohns, "Ask in person: You're less persuasive than you think over email," *Journal of Experimental Social Psychology*, 2017, 69: 223-226.

yerine "yapmıyorum" demek, bunun *bir karar değil kural* olduğu mesajını iletir. Mesela biri akşam saatlerinde sizi ısrarla aradığında, "Akşamları mesajlara bakamam" demek yerine "Akşamları aile zamanımız olduğu için mesajlara bakmıyorum" demek daha etkili bir yöntem olabilir. Misafirlikte rejim yaptığınızı söylemenize rağmen börek yemeniz için ısrar edildiğinde, "Börek yiyemem" demek yerine "Ben hiç börek yemiyorum" demek daha net ve ikna edicidir. Netlik, ısrar süresini de kısaltır! Pozitif bir beden dili kullanmak, samimi biçimde gülümsemek, yumuşak bir ses tonu, karşı tarafla onunla bir sorununuz olmadığı mesajını daha güçlü iletir.

Bir diğer seçenek de, teklife dair *sorabildiğimizce çok soru sormak*tır. Böylelikle bizden istenen şey üzerinde düşünmek için zaman kazanırken, aynı zamanda bunu yapacak kapasitemiz, enerjimiz ya da isteğimiz olup olmadığı konusunu da netleştirmiş oluruz. Akıllıca da olur; bazen fazla bilgi sahibi olmadan bir şeye evet dediğimizde, beklediğimizden çok daha karmaşık bir işe bulaşmış oluyoruz ve geri adım atmak için geç olabiliyor.

Somut olarak hangi cümlelerle hayır diyebiliriz? Buyurun birkaç seçenek:

1. "Başka bir sözüm var maalesef, teşekkür ederim."
2. "Bana sormanızdan onur duydum, ancak maalesef çok yoğunum."
3. "Beni düşündüğünüz için teşekkür ederim ama maalesef uygun değilim."
4. "Maalesef başka planlarım var, inşallah bir dahaki sefere."
5. "Tüh, gerçekten çok güzel fikirmiş."
6. "Çok isterdim ama çok yoğunum, size çalışmalarınızda başarılar diliyorum, eminim harika olacak."
7. "Bu seferlik pas geçelim, ileride tekrar konuşuruz."

İnsanlara hayır dememize rağmen ısrarla aynı şeyi sormaya devam ediyorlarsa ne yapmak lazım? Bazı cümle kalıpları, duruma ve yerine göre, işe yarayabilir.

1. "Fikrimi değiştirirsem size haber veririm."
2. "Programımda bir değişiklik olursa size haber veririm."
3. "Cevabım hâlâ hayır, üzgünüm."
4. "Size daha önce bu konuda cevap vermiştim; hayır demiştim. Acaba atlamış olabilir misiniz?"
5. "Daha önce de hayır demiştim, aynı cevabı tekrar etmek beni kötü hissettiriyor."
6. "Lütfen sormaya devam etmeyin, cevabım değişmeyecek."
7. "Hayır."

Dolaylı iletişim kültürünün yaygın olduğu, "hayır" demenin saygısızlık kabul edildiği bir ortamda bu netlikte hayır demek zor olabilir. Öte yandan hayır cevabına rağmen ısrara devam etmek daha büyük saygısızlık değil midir? Bazı durumlarda daha katı olmak gerekebilir. Bazen kişi ısrarla devam ediyorsa sessiz kalmak, hiçbir şey yazmamak, hiç cevap vermemek de net bir cevaptır.

WhatsApp gibi mecralar üzerinden iletişim kuruyorsanız, uygun olan durumlarda emojiler kullanarak gülümsediğinizi belli edebilirsiniz. Emojilerin ne kadar önemli olduğunu bizzat yaşayarak görüyorum; bazen insanlar emojisiz mesajları sert iletişim olarak algılayabiliyorlar. Bir keresinde sosyal medya üzerinden bir takipçinin gönderdiği mesaja emojisiz "teşekkürler" yazdığım için beni dünyanın en soğuk, kalpsiz insanı ilan etmişti. Kalp emojisi bazen hayat kurtarabilir! Bununla birlikte resmi yazışmalarda emoji kullanmak da uygunsuz kaçarak pahalıya mal olabilir.

Hazır sosyal medyadan söz etmişken, sosyal medyadaki iletişimimiz konusuyla devam edelim.

Sosyal medya paylaşımlarınız yüzünden okul ve şirketlerden ret alabilirsiniz!

Harvard Üniversitesi'ne başvurusu kabul edilen bir grup öğrenciye, 2017'de üniversite yönetiminden bir e-posta geldi. Harvard Başvuru Ofisi bu öğrencilerin bir Facebook mesajlaşma sitesinde bazı azınlık grupları hedef alan nefret içerikli memler ve pornografik mesajlar yazdığını tespit etmişti. Öğrencilerin okula kabulü iptal edildi.

Zehir gibi çocuklar internete yazdıklarının sonsuza dek internette kalacağını muhakkak biliyordu ama yine de bunları yazmaktan geri durmamışlardı.[32] Ne demiştik; aslolan *zihinsel kapasite değil, kapasiteyi doğru kullanma kapasitesi.* Sosyal medyada ne yaptığımız, bugün kimliğimizin önemli bir parçası olarak algılanıyor. Zekâmız eleştirel düşünme becerisi ve düzgün değerlerle buluşmayınca hayatımız altüst olabilir.

Onun da ötesinde, artık sosyal medya sayfaları işverenlerin aday aradığı mecralar haline gelmiş durumda. Büyük kurumlar için bugün ilk durak LinkedIn.[33] Onun dışında Facebook, Quora, Pinterest ve hatta YouTube bile bakılan yerler arasında. Ayrıca kişilerin sosyal medya paylaşımlarına bakarak işverenlere aday arayan aracı firmalar da var. Böylelikle işverenler herhangi bir pozisyonu duyurmadan önce bu şirketler aracılığıyla gelen ilk adayları listeye alıyor.

Yetenek avcılarının ne aradığını araştıran George Anders, adayın sosyal medya paylaşımlarında beş boyutta değerlendirildiğini belirtiyor: *Parlak, alanında bilgili, vicdan sahibi, yaratıcı* ve *sevilen* bir kişi mi? Bu beş boyutta cevaplar olumluysa, işverenler de size bir şans veriyor. Sosyal medyadaki

---

32 https://www.thecrimson.com/article/2017/6/5/2021-offers-rescinded-memes/.

33 George Anders'in *Rare Find* kitabından.

kimliğiniz, "benimle çalışabilirsin" diyor. Ayrıca çalışmak istediğiniz bir kurum varsa, o kurumun *çekirdek değerleri ve geçmişi hakkında bilgi edinmek, o kurumda en çok değer verilen becerilerin ne olduğunu* öğrenmek faydalı oluyor. Buna göre bir profiliniz varsa, mülakat sonrasında işe alınma olasılığınız yükselebiliyor.

Çevrimiçi ortamdaki varlığımıza "sıfırıncı izlenim" deniliyor. Bu ne demek? İlk izlenim, mülakat odasına girdiğinizdeki duruşunuz, temizliğiniz, pozitif tutumunuz gibi şeyler. Ancak oraya gelmeden önce çevrimiçi varlığınız da nasıl bir insan olduğunuza dair güçlü sinyaller veriyor. Bu açıdan bir özel hayatınızın, bir de profesyonel paylaşımlarınızın olduğu iki ayrı hesap açmak iyi olabilir. Benim de bu şekilde iki hesabım var.

Kısacası, çevrimiçi ortamdaki paylaşımları yabana atmamak gerekiyor. Sonradan pişman olacağımız şeyler paylaşmamak, paylaşım öncesinde durup bir nefes almak iyi fikir olabilir. Bağdat'ta yediğimiz hurmalar Bağdat'ta kalsın, dünyayla her şeyi paylaşmamıza gerek yok!

Madalyonun olumsuz yüzü böyle. Soruyu olumlu perspektiften sorarsak, sosyal medyada nasıl bir iletişimle varlık inşa edebiliriz? Stanford Üniversitesi İletişim Profesörü ve Sosyal Medya Laboratuvarı Direktörü Jeff Hancock, sosyal medya iletişiminde en önemli üç konunun *özgünlük, yetkinlik ve zamanlama* olduğunu belirtiyor:

1. Özgünlükten kastettiği, samimi ve dürüst olmak. Samimi olup olmadığınız iletişiminizdeki tutarlılıktan ya da tutarsızlıktan, kullandığınız dilden anlaşılıyor. Bu şekilde güven inşa ediyorsunuz.
2. İkinci önemli mesele *yetkinlik*. Konu ister çocuk eğitimi, ister makyaj tüyoları olsun, uzman bilgisi insanları etkiliyor. Uzmanlık, *ayrıntılara hâkimiyeti* beraberinde getirerek yüzeyselliğin ötesine geçmeyi sağlıyor.

3. Üçüncü konu ise *zamanlama*. Özellikle (bankacılık veya sigortacılık gibi) belli sektörlerde, müşteriyle iletişimde zamanlama çok daha önemli olabiliyor. Şirket olmanıza da gerek yok. Deprem ya da terör gibi felaketlerin, büyük kayıpların yaşandığı zamanlarda ürün reklamı yapmak ya da komik video paylaşmak duyarsız olduğumuz algısını yaratabilir. Algıya da gerek yok, böyle bir şey yapıyorsak muhtemelen duyarsız biriyizdir.

İletişimle ilgili son birkaç not...

İletişimin zor olmasının çeşitli nedenleri olabilir. İnsanlar iletmeye çalıştığımız mesajla ilgili *geçmiş deneyimlerine dayanarak* varsayımlarda bulunur. Önyargılar, alınganlıklar, yanlış anlamalar devreye girer. İletişim kurmaya çalışırken bunları hesaba katmadığımızda iletişimsizlik kaçınılmaz olur. Bazen kullandığımız kelimelerin anlaşıldığını varsayarız, ama farkında olarak ya da olmadan araya sıkıştırdığımız *teknik kelimeler* anlaşılmayı zorlaştırır. Bazen yine farkında olarak ya da olmadan söz ve davranışlarımızla karşı tarafı rencide edebiliriz; bu da motivasyonu, aidiyet duygusunu ve dolayısıyla performansı aşağı çeker.

Bazen *hiçbir görsele başvurmadan sadece konuşmak* yanlış anlamalarla sonuçlanabilir. Kafamızda canlanan imgeler karşımızdakinin kafasında canlanandan külliyen farklı olabilir. Odaklanmanın giderek zorlaştığı dünyada, iletişim biçimlerimizi de buna göre düzenlemek gerekir. *Uzun ve sıkıcı monologlar, nefes almayan metinler, çıfıt çarşısı gibi dolu PowerPoint sunumları*, hız çağının ruhuna aykırı.

Vermek istediğimiz ana mesajı doğru biçimde ulaştırdığımızdan emin olmak bizim sorumluluğumuzda. Yazdıklarımız okunsun istiyorsak, okunabilecek metinler yazmamız gerekiyor. Konuştuklarımız duyulsun istiyorsak, dikkat çekecek ve duyulacak şekilde konuşmamız gerekiyor. "Kimse dinlemiyor, kimse beni okumuyor" diye dünyaya küsmemiz, dünyanın umurunda değil. Bununla birlikte, değerlerimize göre hareket etmenin en doğrusu olduğuna inanıyorum. Instagram'da uzun metinler yazmaktan, okunmayacakları endişesiyle vazgeçmiyorum. Yazmam gerekiyorsa yazıyorum, okumak isteyen okuyor. "Hesabını büyütmek" kaygısı taşıyan biri, daha kısa metinler yazmayı seçebilir.

İletişimde bir diğer sorun, *mikro-saldırganlık*. Mesela "Bir kadına göre bayağı iyi araba kullanıyorsun" denildiğinde, alttan alta verilen mesajın ne olduğunu düşündünüz mü? Farkında olarak ya da olmadan, "Kadınlar iyi araba kullanamaz" demek isteniyor. Bu tarz yaklaşımlara mikro-saldırganlık deniliyor.

Mikro-saldırganlık günlük dilde bilinçli ya da bilinçsizce sarf ettiğimiz, aslen küçümseyici ya da ayrımcı ifadeler için kullanılan bir terim. Genellikle cinsiyet ya da ırk gibi faktörler üzerinden olabiliyor. Televizyondaki tartışma programlarında tüm katılımcıların düzenli olarak erkek olması, depremde yakınlarını kaybeden bir öğrenciye ismiyle hitap etmek yerine "depremzede" diye hitap ederek bütün kimliğini başına gelen tek bir olaya indirgemek, sınıfta sürekli aynı öğrencilere söz vermek de mikro-saldırganlık biçimleri.

Bu tür bilinçli ya da bilinçsiz önyargılı davranışlar için "mikro-davranışlar" ifadesi de kullanılıyor. Mikro-davranışlar olumlu ve olumsuz olarak da sınıflandırılıyor. Olumsuz mikro-davranışa bazı örnekler, *astınız olan kişileri göz ardı etmek (e-postanı okuyacak zamanım olmadı), teşekkür etmemek, bazı insanlara lakapla hitap edip diğerlerine etmemek, bazı isimleri sürekli yanlış telaffuz etmek, kişinin sözünü kesmek, gözlerini devirmek, toplantılara düzenli olarak geç gitmek.*

Bir sohbet sırasında saatine bakmak, toplantıda biri konuşurken telefonuna bakmak, herkesten daha yoğun olduğunu ima eden sözler sarf etmek etrafa güçlü mesajlar verir. Doğrudan fark edilmese de bu tür davranışlar soruna yol açabilir. Takım çalışmasını zedeleyebilir. Kapsayıcı bir iklim oluşturmak sadece kendi içinde doğru olmanın ötesinde performansı, takım ruhunu ve bağlılığı arttıran bir unsur.

Olumlu mikro-davranış örnekleri de var elbette: Konuşurken birini dikkatle dinlemek, kişinin cümlesini tamamlamasını beklemek, göz teması kurmak, pozitif beden dili ve yüz ifadesi sergilemek, söz kesenleri uyararak konuşan kişinin cümlesine devam etmesini istemek, toplantıda telefonunu ortadan kaldırmak, isimleri ve önemli bilgileri hatırlamak (mesela çalışanınızın çocukları olduğunu, okula gittiklerini, belki hastalıklarını bilip bunun üzerinden hal hatır sormak).

Dış görünümümüz de sessiz bir iletişim biçimi. Herhangi bir ortama ilk kez girdiğimizde dış görünümümüzle karşılanıyoruz. Etrafımızdakiler bilinçli olarak ya da bilinçaltında, görünümümüz üzerinden bizi değerlendiriyor. Ne giydiğimiz, kişisel hijyenimiz, kendimize ve etrafımıza ne kadar saygı gösterdiğimizi simgeleyebiliyor. Uğurlanırken görünümümüz belki önem sıralamasında aşağılara inebilir, yine de ilk izlenimlerin etkisini yabana atmamak gerekir. Nasıl giyinilmesi gerektiği ortama, bağlama, pozisyona, amaca göre değişkenlik gösterecektir. Dolayısıyla önceden bunun bir araştırmasını yapmak iyi olur. Bizim pozisyonumuzdaki herkes takım elbiseyle dolaşıyorsa, kot ve tişörtle ortama girmek iyi bir fikir olmayabilir.

Beden dili de bir diğer sessiz iletişim biçimidir. Bununla birlikte tam bir bilimi olduğu söylenemez. Kollarını kavuşturan kişi "iletişime kapalıyım" değil, "burası buz gibi" mesajını da veriyor olabilir. Ayrıca kültürel olarak da neyin ne anlama geldiği farklılık gösterir. Ne istediğimizi bilmek ve bizden ne istendiğini önceden araştırıp öğrenmek, sözel olmayan iletişimimizdeki tercihlerimizi belirleyebilir.

Beden dilinde doğru zamanlama, söz ve duygu senkronizasyonu önemli görünüyor. *El hareketinin zamanlaması kötü olduğunda, olumlu bir ifade olumsuz etki yaratabilir.* Carnegie Mellon Üniversitesi direktörlerinden Justine Cassell, *el hareketlerinin ne anlama* geldiğine dair ilginç bir araştırma yapmış. El hareketi derken lütfen yanlış anlaşılmasın, ellerle yapılan hareketlerden söz ediyorum! Söylediğimiz şeyin en vurgulayıcı kısmından hemen önce ellerimizi kullandığımız tespit etmiş. Bazı siyasetçiler konuşurken samimiyetsiz bir hava sezersiniz, bir nedeni de beden dilidir. Kendilerine bazı el hareketleri öğretilmiştir, ama doğru zamanlama öğretilmemiştir. Bu yüzden, söyledikleri sözün ardından bazı hareketler yaptıklarında, sahtelik duygusu oluşur.

Mimiklerde de senkronizasyon önemli. Mesela bir çalışan adayı için "harika bir aday" derken kaşlarınızı kaldırıyor, başınızı sallıyor ve bunu "harika" sözcüğüyle eşzamanlı yapıyorsanız harika! O zaman olumlu bir duygusal mesaj gönderiyorsunuz. Ancak önce harika deyip, sonra başınızı sallar ve kaşınızı kaldırırsanız, anlam övgüden iğnelemeye kayabiliyor. Mimikler önemli. Evlilik araştırmacıları çatışma sırasında eşlerden birinin yüzünde sürekli ya da geçici tiksinme ve kınama ifadeleri olmasının, birlikte devam etme olasılığının çok zayıf olduğu anlamına geldiğini belirtiyor.

Zoom toplantılarında ne yapalım?

Artık çevrimiçi toplantı çağındayız. Zoom gibi platformlarda toplantılar zihinsel ve duygusal olarak daha yorucu. Dolayısıyla sürenin daha kısa olması, sık aralar olması önemli. Çevrimiçi toplantılarla ilgili başlıca öneriler neler?

1. Bir öneriye göre, sürekli birilerinin yüzünü görmek yorucu olduğundan, toplantının %35'i sadece ses içeriği olabilir.
2. 6 dakikadan uzun konuşmalar uzun sayılıyor. 8-10 dakika sonra farklı bir konuya ya da konuşmacıya geçmek, bir soru sorarak uykuda olanları uyandırmak, bir video izleterek tekrar kitleyi canlandırmak, mümkünse küçük gruplara ayırıp tartışma yaptırmak önemli.
3. İnsanların yüzüne bakmanın ötesinde konuşan kişinin sürekli kendi yüzünü görmesi de yorucu. Konuşmacıysanız toplantı başında kendi yüzünü gösterip sonra slaytlarınıza gidebilir, soru-cevap kısmında tekrar yüzünüzle buluşabilirsiniz.
4. Bilişsel yükü azaltmak için görsel olarak çekici slaytlar kullanmak iyi olur.
5. İzleyiciyle sadece sözlerle değil sözel olmayan davranışlarla bağ kurmak lazım, bağ kurmak için zaman ayırmak lazım. Etkileşimi arttırmak, kendileriyle ilgili bilgiler paylaşmalarına imkân tanımak ilgiyi arttırır.
6. Mizah önemli bir bileşen. Araştırmalara göre biriyle birlikte gülmek, güven duygusunu arttırıyor.
7. Ekranın yarısında yüzünüzün ve üst bedeninizin görünür olması önemli. Bunu toplantı öncesinde

kontrol etmek lazım. Işıklandırma da iyi olmalı. Yüz görünmüyorsa, gölgede kalıyorsanız, güven duygusu azalıyor. Kamera göz seviyenizde olmalı; konuşurken kameraya bakarsanız izleyiciye bakıyor olduğunuz anlaşılır. Bağ kurmak ve güven için de önemli noktalar.

8. Ses tonundaki değişiklikler, inişler ve çıkışlar monotonluğu kırar.
9. Zoom gibi platformlar üzerinden yapılan toplantılarda, söz almayan kişilere özellikle söz vermek harika sonuçlar doğurabiliyor. Hatta o kişiler toplantı boyunca konuşmadıklarından konuşulanları dinlemiş olma ihtimalleri daha yüksek, dolayısıyla zekice öneriler getirebiliyorlar.

"TİKTOK VİDEOLARINA KARŞI KOYMA BECERİSİ:" DİKKAT VE ODAKLANMA

"İnsan bir şeye dikkatini verdiği anda, o şey bir ot parçası da olsa kendi içinde gizemli, muhteşem, tarif edilemez derecede muazzam bir dünyaya dönüşüverir."

Henry Miller

"Dikkat, cömertliğin en nadide ve saf halidir."

Simone Weil

Yazı yazmak için masaya oturdum. Bilgisayarımı açtım. Dosyaya girmek üzereyken WhatsApp'tan mesaj geldi: "Merhaba Bahar Hanım, bir projeyle ilgili görüşebilir miyiz?" Mesajı sonra cevaplamaya karar verip yazımı yazmaya başladım. Telefon çalmaya başladı. Arayan az önce mesajı atan kişiydi. İç sesim lafa karıştı: *İnsanlar ne kadar sabırsız.* Telefonu sessize aldım, sonra ararım. *Yok, sessizde kalamaz, telefon beklediğim biri var.* Tekrar sesi açtım. Dosyaya geri döndüm.

Dış ve iç sesler korosu yüzünden konsantrasyonum bozulunca, kendimi Instagram'da gezinirken buldum. Maraş dondurmacısı videosu üzerinden linç yemeyi başarmışım. *Gerçekten mi?* Tam dosyama döneceğim anda bir WhatsApp akraba grubundan yalan haber olduğu her halinden belli bir mesaj geldi. *Bu saçmalığa inanıyor olamazlar.* Tekrar telefon çaldı, hizmetleriyle ilgilenmediğim bir sigorta şirketinden robotik bir ses bana "cazip" bir teklifte bulunmak istiyordu. Sinirlenip kapattıktan sonra arkadaşımın gönderdiği komik videoya kahkahayı patlattım. *İyi değilim.*

"İmdaaaat!" diye bağırmak istiyorum. Beynime neler oluyor? Bir zamanlar kontrolümde olan dikkatim ve odaklanabilme kapasitem nereye gitti? Hep o Steve Jobs yüzünden. Akıllı telefon denen meret hayatıma girdiği gün giderek aptallaşacağım besbelliydi. Gerçekten de öyle oldu. Giderek aptallaştım. Eski, odaklanabilen halimi özlüyorum. Her geçen gün oradan biraz daha uzaklaştığımı görebiliyorum. *Ben de aynı durumdayım* diyen kader kardeşlerim, Romalılar, orada mısınız? Şu anda ne yapıyorsunuz? Kitabımı okurken,

1. Sosyal medyaya girip çıkıyor musunuz?
2. Twitter ya da Threads'de akan haberleri sürekli yeniliyor musunuz?
3. Bilgisayarda bir yandan başka bir işle uğraşıyor musunuz?
4. Telefonunuz açık ve yanı başınızda mı?
5. WhatsApp'tan mesaj gönderip alıyor musunuz?
6. Yazıyı gerçekten okuduğunuzdan emin misiniz?
7. Yazıyı okuduğunuza emin misiniz dedim.
8. Pssst, orada mısınız???

Şaka bir yana, odaklanmayla ilgili bir yazı okurken bile odaklanmanın bu kadar güç olması trajikomik değil mi? Keşke Harry Potter serisinin yazarı J.K. Rowling gibi iradeli olabilseydim. Rowling bir roman yazarken asistanları onun adına bir Twitter hesabı açmışlar. Bir buçuk yıl boyunca attığı tek twit şu olmuş: *"Bu benim gerçek hesabım, fakat halihazırda önceliğim kalem ve kâğıt olduğu için ne yazık ki benden sık sık haber alamayacaksınız."*[1] Harry Potter gibi olağanüstü romanlar yazmak sadece olağanüstü hayal gücü değil, olağanüstü bir odaklanma ve çalışma disiplini de gerektiriyor.

Rowling gibilere gıpta ediyorum. Onlar benim gözümde bu çağın süper kahramanları. Ekonomi yazarı Eric Barker, odaklanarak çalışma becerisini "21. yüzyılın süper gücü" olarak nitelemiş. "Süper güçsüz" hissediyorum. Yine de kendime fazla haksızlık etmeyeyim. Şu anda bu kitabı okuyabilmeniz kitabı bitirebildiğimi gösteriyor. Hâlâ umut var!

Şunun da altını önemle çizmek isterim ki, teknoloji düşmanı değilim. Teknolojinin getirdiği sayısız avantajı ve barındırdığı olumlu potansiyeli göz ardı etmek büyük haksızlık olur. Pandemiyi düşünelim. O vahim günlerde dünyayla bağlarımızı

---

[1] Bu anektodu Cal Newport'un *Pür-Dikkat* kitabında okudum.

korumamızı, bilgiye ulaşabilmemizi, eğitime devam edebilmemizi, birbirimizle dayanışma içinde olabilmemizi sağlayan teknolojiydi. Sorun, teknolojiyi ne amaçla ve ne dozda kullandığımız. Dozu kaçırdığımızda bedeller ağır olabiliyor.

Odaklanamamanın bedelleri neler?

Odaklanamama konusunda yalnız olmadığımı biliyorum. Sezen'in deyimiyle, "*Bir çağ yangını bu, bütün dünya günahkâr.*" Peki dünyanın bu durumda olması neden önemli? Odaklanmasak, dağınık, paramparça bir dikkatle yaşayıp gitsek ne olur?

Maalesef hiçbir şeye doğru düzgün odaklanamamak farklı cephelerde olumsuz sonuçlar doğuruyor: Bir kere enformasyon yağmuru altında şemsiyesiz dolanan *iç dünyamız, epey çalkantılı ve çamurlu;* ruhsal ve duygusal sorunlar hiç olmadığı kadar ciddi boyutlara ulaşmış durumda.

İkincisi, ekranda geçirilen zaman aile ve arkadaşlarla geçen yüz yüze zamanı yok etmek üzere; *birbirimizden giderek kopuyoruz.* Sabah uyanınca ilk iş telefonumuza sarılıyoruz. Dünyada ne olup bittiği evimizde olup bitenlerden daha öncelikli görünüyor. Çocuğumuzun yüzüne ekrana baktığımızdan daha az bakıyoruz. Duygusal zekâ uzmanlarından Daniel Goleman, uyumlu ilişkinin iki kişi arasında paylaşılan odaklanmayla başladığını, bu odaklanmanın bilinçdışında fiziksel bir eşzamanlılığa yol açtığını belirtiyor. Söz konusu bir öğretmense ya da ebeveynse, çocuğun beyni bu şekilde öğrenmeye elverişli hale geliyor. Çocuğumuza bir şey anlatmaya çalışırken bir taraftan telefona baktığımızda değerli bir öğretme fırsatını kaçırmış oluyoruz.

Arkadaş toplantıları da "birlikte ama yalnız" zamanlar. Birbirimize gitgide yabancılaşıyoruz. Bir arkadaşınız onunla konuşurken telefonunu çıkarıyor ve sizinle ilgilenmek yerine telefonuyla ilgileniyor diyelim, nasıl hissediyorsunuz? Kızgın ve şaşkın mı? O hali tasvir etmek için 2006'da İngilizce terimler sözlüğüne giren bir kelime bile var: "Pizzled." *Puzzled* (şaşkın) ve *pissed off* (kızgın) ifadelerinin bileşimi. Türkçeleştirmek istesem "şazgın" kelimesini önerebilirdim! Ancak 2006'dan bu yana epey zaman geçti ve artık bahsi geçen durum hiç de "şazgınlık" yaratmıyor; *olağan ve beklenen* duruma dönüştü. Böyle bir durumda artık pek azımız inciniyor diye tahmin ediyorum; ilgisizlik normalleşti.

Bazen de şimdiye ait sandığımız sorunlar her zaman var mıydı diye sorgulamadan edemiyorum. Yazar Anaïs Nin'in nerdeyse seksen yıl önce yazdığı günlük yazısını okurken de aynı duyguya kapılmıştım:

> *... Çok hızlı ve yüzeysel bir ritimde yaşıyoruz. Şimdi daha fazla insanla... iletişimde olduğumuza inanıyoruz, bu bir illüzyon. Bu illüzyon nedeniyle, yanımızda nefes alıp veren insanla derinden ilişki kurma şansını bitiriyoruz. Mekanik sesler... insanlar arasındaki o yakınlığın yerini aldı. Milyonlarla iletişim halinde temasta olmak yakınlık ve insan vizyonu konusunda daha büyük bir yoksulluğa yol açıyor.*

O zaman şimdiki teknolojiler yoktu. Belki insan hep aynı, sadece yalnızlığın araçları değişiyor.

Üçüncüsü, işyerlerinde çalışanların, trafikte şoförlerin, aile yemeklerinde telefonu elden bırakamayan ebeveynlerin ve kritik pozisyonlarda önemli işler yapan birçok insanın dikkati sürekli dağınık halde. Yazar Johann Hari'nin ifadesiyle "dikkat parçalanması," sadece *bireysel değil toplumsal krizlere de* yol açıyor. Her beş trafik kazasından biri sürücülerin dikkat dağınıklığından kaynaklanıyormuş. Kazalarda yaralanan 1.000 sürücüyle yapılan bir araştırmada, sürücülerin yarısı, kazadan önce dikkatinin dağınık olduğunu belirtmiş.

Odaklanamamak, kendimizi herhangi bir alanda *geliştirme ve uzmanlaşma çabasının önünde de engel. "Söz konusu ister cam temizlemek olsun, ister bir başyapıt yazmak, yapılan işe dikkatini vermemek yaşamı inkâr etmektir,"* der besteci Nadia Boulanger.

Yazar Cal Newport da, *Pür-Dikkat* eserinde, bilginin hızla eskidiği bir çağda yaşadığımızı, sürekli yeni şeyler öğrenmek gerektiğini, yeni ve karmaşık şeyler öğrenemeyenlerin oyunun dışında kalacağını, dolayısıyla hızlı öğrenmede ustalaşmak gerektiğini, bunun da pürdikkat çalışabilmekten geçtiğini vurguluyor. Mesela birinci sınıf bir yoga eğitmeni olabilmek için gitgide karmaşıklaşan bir dizi fiziksel beceride ustalaşmanız veya belli bir alanda isim yapmak istiyorsanız, bu alanda yürütülen en güncel araştırmaları hızlıca kavramak zorundasınız. Hepsi dikkatten geçiyor.

Çoğumuzun hayatla ilgili hayalleri ve hedefleri var, en azından bu kitabı okumayı seçenler için böyle olduğunu düşünüyorum. Dikkatin İngilizcesi olan "*attention*" kelimesi, Latincede "bir şeye doğru uzanmak" anlamındaki *attendere* kelimesinden türemiş. Dikkatimizi bir şeye yeterli süre boyunca veremediğimizde, *hayallerimize ve hedeflerimize uzanmamız* neredeyse imkânsız hale geliyor. Ayrıca odağımız dağıldıkça yaptığımız işin kalitesi düşüyor.

Hele ki yaratıcı bir alandaysanız ve vaktinizin çoğu sosyal medyada geçiyorsa, herkes ne düşünüyorsa onu düşünmeye, ne yapıyorsa onu yapmaya, ne beğeniyorsa onu beğenmeye meyletmeniz çok olası. Yaratıcılıktaki düşüşün sürekli kendini tekrar eden mecralarda dolaşmakla ve salt eğlence peşinde koşmakla çok yakından ilgisi olabilir. Nietzsche, "herkesin kullandığı sudan içmemek için" yalnızlığı tercih ettiğini söylemiş: "*Çoğunluğun arasındayken çoğunluk gibi yaşıyorum ve gerçekten düşündüğüm gibi düşünmüyorum; bir süre sonra insanların sanki beni kendimden uzaklaştırmayı, ruhumu çalmayı istediklerini düşünmeye başlıyorum."* Benzer biçimde şair Rilke de "verimli yalnızlık" diye bir kavramdan söz eder.

Zihnin meşgul olduğu durumlarda, odaklanmanın yaşandığı bir yalnızlık söz konusuyken, bedenin yok olduğunu ve yokluğu sayesinde gayet güvenilir bir biçimde var olduğunu söylüyor psikoterapist Adam Phillips. Yoğun odaklanma, üretkenlik ve yoğun tatmin duygusu getiriyor:

> *(Beden) arzu ve hastalık anlarında yaptığı gibi kendi önemini vurgulamaz. Verimli yalnızlık, kendi başının çaresine bakan bedenin iyi anlamda unutulmasıdır... Bu yalnızlık, hiç beklenmedik şeylerin ortaya çıktığı yalnızlık, dikkatin niteliği ile bağlantılıdır.*[2]

Yalnızlık kadar sessizlik de elzem, kaldı ki ikisi birbirinden bağımsız sayılmaz. *Eros'un Istırabı* kitabında düşünür Byung-Chul Han, *"Düşünce sessizliği gerektirir,"* diyor. *"Sessizlik içinde gerçekleştirilen bir keşif seferidir düşünmek."* Bugün teoride, edebiyatta ve sanatta yaşanan kriz, odaklanamamamak ve sürekli gürültüye maruz kalmakla yakından ilişkili olabilir.

Daha bitmedi. Odaklanamamamanın baş faillerinden olan ekranlar, *uykumuzu, duygu dünyamızı, sağlıklı karar alabilmemizi, beynimizi* birçok yönden olumsuz etkiliyor. Uyku eksikliği, giderek daha uzun saatler boyunca ekranlardan sızan yapay ışığa maruz kalmamızla çok bağlantılı. Uyku eksik olunca yetişkinlerde uyuşukluk, çocuklarda hiperaktiflik artıyor.[3] Beynimiz gün içinde biriken toksinleri atamıyor. Hafıza ve öğrenme zarar görüyor.

---

2 Adam Phillips'in *Öpüşme, Gıdıklanma ve Sıkılma Üzerine* kitabından.

3 J. Hari, *Stolen Focus*, New York: Crown, 2021.

Dikkat eksikliği, *idrak aşınmasına* da yol açıyor. İdrak yolları enfeksiyonundan mustarip değilsek, söylenenlerin hepsini gayet iyi anlayabiliyoruz, ama iş uygulama iradesine gelince çuvallıyoruz. Dikkatimiz bir Teoman şarkısı olsaydı, adı "*Paramparça*" olurdu. 1977'de Nobel Ödüllü ekonomist Herbert Simon, "Enformasyon zenginliği dikkat fukaralığı yaratır" diyerek epey vizyoner bir vurgu yapmış. İşte de, ilişkilerde de derinleşmeye zamanı olmayan dikkat fukaralarıyız. Hiçbir şeyi kaçırmama korkusuyla kim bilir neleri kaçırıyoruz?

Çalınan Dikkat adlı muhteşem kitabın yazarı Johann Hari, konuyu anlarsak bir çözüm getirmenin elimizde olduğunu savunuyor. O zaman konuyu anlama çabamıza devam edelim.

"Dikkat dağılması maliyeti"

Bu satırları yazarken WhatsApp'tan yine bir mesaj geldi ve tekrar metne geri dönmem yaklaşık 15 dakikamı aldı. Fena sayılmaz; California Irvine Üniversitesi ve Humboldt Üniversitesi'nin ortak araştırmasına[4] göre dikkat dağıldığında tekrar toparlamak ortalama 23 dakika sürüyor. Buna *dikkat dağılması maliyeti* diyorlar.

Araştırmadan ilginç bir bulgu şu: İnsanlar sürekli kesintiye uğradıklarında, kesinti nedeniyle zaman kaybedeceklerini bildikleri için, telafi amacıyla daha hızlı çalışıyorlar. Ancak *kesintilerle daha hızlı çalışmanın* bir bedeli var. Kesintiye uğramak *daha fazla iş yükü, daha fazla stres, daha fazla hayal kırıklığı, daha fazla zaman baskısı ve daha fazla efor* sonuçlarını getiriyor. Evet, kesintiye uğrayan işler daha hızlı yapılabilir, ancak bunun nahoş bir bedeli var.

---

4 Araştırmanın tam metni: /https://www.ics.uci.edu/~gmark/chi08-mark.pdf.

Araştırmacıların önerisi şu: Belirli miktarda kesinti tolere edilebilir, çünkü kişi daha hızlı çalışarak bunu telafi edebilir. Bununla birlikte, kesintileri takip ve kontrol etmek iyi olur, çünkü sadece 20 dakika kesintiye uğrayan performanstan sonra bile daha yüksek stres, hayal kırıklığı, iş yükü ve baskı hissi doğuyor.

Amerika'da ortalama bir üniversite öğrencisinin olağan bir günü incelenmiş. Tek bir şeye odaklı geçirdikleri sürenin ortalaması ne kadar dersiniz? Sadece 19 saniye![5] Ofiste çalışan yetişkinlerde bu süre ne kadar? Sadece 3 dakika! ABD'de ofis çalışanlarıyla yapılan bir araştırmada bir iş günü boyunca kesintisiz çalışan hiç kimse olmadığı görülmüş. Odaklanamamanın bedellerini düşünürsek, veriler ürkütücü.

Dikkati ve odaklanmayı kaybettikçe hafızamız da zayıflıyor. Size de oluyor mu bilmiyorum, bazen okuduğum bir kitabı ya da izlediğim bir filmi tamamen unutabiliyorum. Kitabı raftan aldığımda içinde çizilmiş satırlara bakınca "Ne zaman okumuşum bunu?" diye hayrete düşüyorum. Etkili öğrenmede en önemli konulardan biri, öğrendiğini hafızadan çekebilmek. Beynin, öğrendiği bilgileri bulması işlemi çok değerli. Tabii bu konudaki beceriksizliğimizden okullar da sorumlu. Maalesef okulda bilgiyi ezberlemeye o kadar odaklı bir eğitim var ki, kimse öğrendiklerimizi nasıl hatırlayacağımızı öğretmiyor. Ezberlediklerimizi de sınavın ertesi günü unutuyoruz zaten. Beynin dili olsa, "Beni en güzel yıllarımda bu kadar verimsiz kullandığınız için sizi affetmeyeceğim" diye isyan ederdi.

Ofislerdeki "dostlar alışverişte görsün" mantığı da odaklanarak çalışmaya engel olabiliyor. Ne de olsa *sürekli meş-*

---

5 L. Yeykelis, J. Cummings ve B. Reeves, "Multitasking on a Single Device: Arousal and the Frequency, Anticipation, and Prediction of Switching Between Media Content on a Computer," *Journal of Communication*, 2014, 64(1): 167-192.

gul görünmezsen verimli olmadığın düşünülebilir. *Her gelen mesaja anında yanıt vermek, sürekli toplantılar düzenlemek, bir işten diğerine atlamak* "meşgul görünmeyi" sağladığı için revaçta olabilir. Böyle bir ortamda odaklanarak anlamlı bir iş üretmek ne kadar mümkün? Belki de şirketler "meşgul olan verimlidir" algısını terk ederek çalışanlarının daha odaklı ve dolayısıyla daha anlamlı işler üzerinde çalışmasının önünü açabilir.

Odaklanamamanın bedellerini yeterince konuştuk. Biraz da nedenlerini konuşalım.

Koskoca keşişler odaklanamıyorsa biz ne yapalım?

Vicdanınızı biraz rahatlatacak bir bilgi vereyim: Dikkat dağınıklığından şikâyet bu çağa özgü bir mefhum değil. Ortaçağda bile keşişler dikkatlerini toplamakta zorlandıklarından yakınıyormuş. *Aşırı bilgi yüklemesi, unutkanlık, odaklanma eksikliği* ve *aşırı uyarılmadan* şikâyet ediyorlarmış. Keşişsin sen, kendine gel, ne uyarılması?

Şaka bir yana, o dönemde insanların sosyal medya, televizyon ve teknolojiden uzak yaşadıklarını düşünürsek bu nasıl mümkün? Konuyu araştıran Georgia Üniversitesi profesörü Jamie Kreiner,[6] *"1600 yıl önce yaşayan keşişlerin dikkatleri sürekli ve acı verici bir şekilde dağınıktı,"* diyerek bilgiyi doğruluyor:

> *Aşırı bilgi yükünden ve nihayet okuyacak bir şey bulduklarında bile sıkılıp başka bir şeye yönelmenin kolay olmasından şikâyet ediyorlardı. Pencereden dışarı bakma ya da sürekli saati kontrol etme (onların durumunda Güneş saat olarak kullanılıyordu) arzuları onları hayal kırıklığına uğratıyordu.*

---

6 https://history.uga.edu/directory/people/jamie-kreiner

Keşişler, ciddi konsantrasyon gerektiren zor fikirler bir yana, eğlenceye bile odaklanamıyorlardı. Dua ederken de, şarkı söylerken de başka bir şey düşünmekten şikâyetçiydiler. Zihinleri, okumanın orta yerindeyken gelecek planlarına ya da geçmiş pişmanlıklarına kayıp gidiyordu. Aynı benim beynim, yoksa ben keşiş miyim?!

O dönemde sosyal medya olmadığı için onlar da odaklanamama sorununu elde avuçta ne varsa ona yüklüyormuş! Bazıları "iblisleri" zihinlerini bulandırmakla suçlamış. Bazen de bedensel zevklerden uzak kalma yeminine karşın kendilerini yemek ve cinsellik düşünürken bulunca, "bedenin temel içgüdülerini" sorumlu tutmuşlar.

Demek ki dikkatin dağılması için ortada teknoloji olması bile gerekmiyor, insan olmak yeterli. Sorun, zihnin doğasıyla ilgili görünüyor. Krenier'e göre, *"keşişlerle aramızdaki fark, bizim dikkatimizin dağınık olup onların dağınık olmaması değil, onların dikkat dağınıklığıyla başa çıkmak için daha akıllıca yöntemlere sahip olmasıydı."*

Nasıl yöntemler bunlar? Mesela Aziz Benedict, *odaklı dinlemeyi* salık veriyordu: *"Kalbinizin kulağıyla eğilin ve dinleyin."*[7] Bu ilke, bugünkü tabiriyle aktif dinleme ve şiddetsiz iletişimle ilişkili. Benedict, *zihnin düşünceden düşünceye atlaması, başka biri konuşurken önyargıyla dinleme, onun argümanını nasıl çürüteceğini hesap etme*, yani söylenene kulak tıkama eğilimimizden bahsediyordu. O zaman da durum farklı değilmiş demek ki. Çoğumuz için dinlemek, kendi konuşma sıramızı beklemekten ibaret. Üstelik bunu bazen karşımızdaki konuşurken elimizdeki telefonda gezinerek yapıyoruz! Benedict'in önerdiği dinleme biçimi, başka hiçbir şey yapmadan, açık bir

---

7 https://aeon.co/ideas/how-to-reduce-digital-distractions-advice-from-medieval-monks.

tutumla ve tüm benliğinizi sürece adama taahhüdüyle hareket etmek, söyleneni duymak için alan ve zaman ayırmak; bir nevi *sessizliğe yer açma pratiğiydi.*

Keşişlerin odaklanmak için uyguladıkları başka bir yöntem, *okuma ve düşünme sırasında ayrıntılı zihinsel yapılar* oluşturmaktı. Eğittikleri insanları, okudukları materyali görselleştirmeye teşvik ediyorlardı. Bir ağaçla ilgili bir yazı mı okuyorsun? Durup dallı budaklı bir ağaç hayal et. Diyelim ki konu "doğa yasası;" konuyu zihninde bir ağaç olarak düşün. Ağacın sekiz dalı ve her dalda sekiz meyvesi olabilir; zihin sekiz büyük kavramda kümelenmiş 64 farklı fikri bu şekilde temsil eder. Görselleştirme tekniği, odaklanmayı ve fikirleri mantıksal bir yapıya oturtmayı sağlıyordu.

Bunları okurken aklıma çalışırken kullandığım *zihin haritası tekniği* geldi. Sunum veya programlara hazırlanırken konuyu görsel bir zihin haritasına ana hatlarıyla yerleştirmek daha iyi odaklanmamı ve zihnimde mantıksal ve bütünlüklü bir yapı kurmamı sağlıyor:

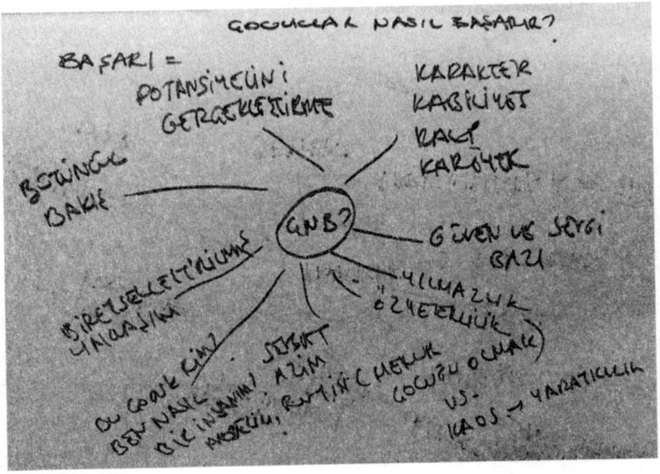

İnternette *"mind map"* ya da zihin haritası diye aradığınızda birçok farklı örneğine rastlayabilirsiniz. Ancak odaklanma araçları ve tekniklerine geçmeden önce biraz daha neden odaklanamadığımız konusuna odaklanmak istiyorum. Ortaçağa yaptığımız zaman yolculuğundan tekrar günümüze dönelim.

FOMO'dan JOMO'ya

Odaklanamamanın bir nedeni de FOMO denilen durum. FOMO, İngilizcedeki açılımıyla *"Fear of Missing Out"*, "bir şeyleri kaçırma korkusu" olarak çevrilebilir. "Başkalarından geri kalmama arzusundan kaynaklanan takıntılı durum" olarak tanımlanıyor.

FOMO'nun işaretleri arasında *telefonunu mesaj, beğeni ve statü güncellemeleri için sürekli kontrol etmek, bir şey satın alırken acaba başka yerde daha iyisini bulur muyum endişesiyle çok zor karar verebilmek, biriyle birlikte olmaya başladıktan sonra daha iyisini bulur muydum endişesi taşımak, arkadaşının gittiği tatile bakıp ben niye tatilde değilim diye sorgulamak, çocuğunu baleye gönderen komşuya bakıp kendi çocuğunu göndermediğin için eksik hissetmek, yolda telefonun ekranında kırmızıya dönen pil görüntüsüyle paniğe ve sıkıntıya gark olmak* sayılabilir.

Bir şey kaçırıyorum korkusu içindeki kişi, kendi bulunduğu yer hariç etrafta başka ne var ne yoksa ona odaklanıyor ve "Acaba benim şu anda burada olmakla yaptığım seçim bir hata mı? Acaba başkası daha iyi seçimler mi yapıyor?" tarzı kaygılar taşıyor. Komşunun tavuğunun komşuya kaz görünmesi geçmişten beri var olan bir sosyal anksiyete olsa da özellikle sosyal medyada gerçek zamanlı ve yüksek miktarda veri patlamasıyla birlikte anksiyetemiz ayyuka çıkmış görünüyor.

Eşimiz dostumuz acayip eğlenceli bir ortamda olduğunu (sözde) belgeleyen resimlerini vücutlarından çıkan sarı sıvıyı yarıştırırcasına sosyal medya ortamlarına koyunca, kendimizi *yalnız, mutsuz, eksik, yetersiz* hissedebiliyoruz. Fotoğrafın gerçeği yansıtmamasını bir kenara bırakın, paylaşanların önemli bir kısmı da kendilerini muhtemelen aynı şekilde mutsuz, eksik ve yetersiz hissediyor. *En önemlisi de, hayattaki daha önemli şeylere odaklanamıyoruz.*

Şimdi bir de YOLO çıkmış. YOLO da *"You Only Live Once"* ifadesinin kısaltması. *"Dünyaya sadece bir kez geliyorsun"* demek. *Eğlen güzelim gününü gün et, tüket tüketebildiğin kadar* anlayışına dayalı, son derece kapitalist bir arkadaşımız. Çevrimiçi ve fiziksel alışveriş merkezleri bu yaşam şekline hizmet ederek kişileri (güya) sorunlarından uzaklaştırıyor. *Sorunlardan kaçmak* daha doğru bir ifade olmaz mı? Nereye kadar bir şeyleri kaçırabilir ve sorunlardan kaçabiliriz? Özellikle ömürler giderek uzarken, anlam boşluğunda yuvarlanıp durmak, mutsuzluk ve tatminsizlik duygusu nereye kadar devam edebilir? Cevap veriyorum: JOMO'ya kadar!

JOMO da "Joy of Missing Out" ifadesinin kısaltılmış hali; yani FOMO'nun aksine "bir şeyleri kaçırmanın keyfi" demek:[8]

> ... *Dijital çağda gündelik yaşamımızda yer alan, üretken olmamızı engelleyen, gereksiz ve dikkat dağıtıcı özelliklere sahip birçok uyarıcının etkisinden kurtulduğumuz anda JOMO'yu yaşamaya ve keyif almaya başlarız. Bu bağlamda JOMO, dijital ortamın etkisinden kurtulmanın özgürlüğünü yaşamayı yansıtmakta ve esasen "bir şeyleri kaçırma mutluluğu" olarak da ifade edilmektedir. Bağımlılığın*

---

8 H. Aydın, "Fomo, Yolo ve Jomo Sosyal Medya Hastalıklarının Tüketim Bağlamında Değerlendirilmesi Üzerine Literatür Taraması," *Uluslararası İktisadi ve İdari İncelemeler Dergisi*, 2022, 37: 19-34.

olumsuz etkilerinin farkına varan tüketicilerin anlayışını yansıtan JOMO, internet teknolojilerini kullanmadan geçirilen zamanı 'keyif' olarak değerlendirmektedir.

Platon, meşhur *at arabası* metaforunda, ruhumuzu iki atı birden dizginlemeye çalışan bir sürücüye benzetir. Atlardan biri olumlu kişilik özelliklerimizi, diğeriyse kötücül dürtülerimizi temsil eder. Kontrolü dijital olana devrettikçe, kötücül dürtüleri temsil eden atı güçlendirip sürücünün işini gitgide zorlaştırıyoruz. Ruhumuzun yetkileri giderek zayıflıyor. Hari, çağımızın parolası, "Yaşamayı denedim ama dikkatim dağıldı," diyor.

"Dikkatimiz dağılırsa dağılsın, kaderimiz buysa razı olalım" deme lüksümüz yok.

Ben de bir kısaltma önereyim: GOMO. *Güzellikler Odaklanmadan Mümkün Olmuyor.*

Telefonlarımız kapalıyken de odaklanamıyoruz!

Telefonlarımız açıkken aptallaştığımız yetmiyormuş gibi kapalıyken de bizi "aptallaştırmaya" devam ediyorlar. 2017'de Texas Üniversitesi'nde 800 kişiyle bir araştırma[9] yapılmış. Katılımcıların telefon kapalıyken odaklanma ve dikkat kapasitesi ölçülmüş. Tüm telefonlar sessize alınmış. Katılımcılar rastgele üç gruba ayrılmış. Bazılarından akıllı telefonlarını masanın üzerine (yüzü aşağı bakacak şekilde) koymaları, bazılarından çantalarına ya da ceplerine koymaları ve son gruptan da telefonlarını farklı bir odaya koymaları istenmiş.

9 A.F. Ward, K. Duke, A. Gneezy ve M.W. Bos, "Brain Drain: The Mere Presence of One's Own Smartphone Reduces Available Cognitive Capacity," *Journal of the Association for Consumer Research*, 2017, 2(2): 140-154.

telefonlarını farklı bir odaya koymaları istenmiş. Telefonlarını farklı odaya koyan grup belirgin bir şekilde en iyi sonuçları elde etmiş. İkinci sırada *telefonlarını çantalarında tutanlar,* son sırada da *telefonlarını masanın üzerinde tutanlar* var.

Telefon kapalıyken bile odaklanamamamak nasıl olur? Beyin, telefona bakmamak için de ekstra enerji sarf ediyor. Beynin de bizden ayrı bir nefsi var, zavallı organ telefon sevdamız yüzünden nefsiyle mücadele ediyor! O mücadelede zaten sınırlı olan dikkat kaynakları tükeniyor. "Yok canım, ben dikkat ediyorum" diyenler çok yanılıyor. Bilincinde olmadığımız süreçler işliyor.

Yazıyı yazarken kafede olduğum için telefonumu masadan alıp çantamın içine koydum. Tabii ki sessize almadım! *Beni kimse aradı mı acaba* düşüncesi, odaklanmamın önünde daha büyük engel ey araştırmacılar! Yine de mümkünse çalışırken telefonları ortamdan yok etmek en iyisi.

Dikkat dikkat! Çağ "dikkat ekonomisi" çağı

Acilen bir şeyler yapmamız gerek, fakat bu sadece bizim elimizde olmayabilir. Hari, yaşanan dikkat krizinin bizim iradesizliğimizden öte "dikkate zararlı bir kültür"de yaşamamız olduğunu savunuyor. Dikkatimizi çeldirecek algoritmaların üreticileri, dikkatimizi dağıtmanın en yaratıcı biçimlerini bulmaya çalışıyor, çünkü *dikkat ekonomisi* denen çağda yaşıyoruz.

Dikkat ekonomisi şu demek: Dikkat çeldiricilere ne kadar teslim olursak, firmalar üzerimizden o kadar para kazanıyor. Çalınan dikkatlerimiz büyük şirketlerin kasasını dolduruyor. Simone Weil, *"Dikkat, cömertliğin en nadide ve saf halidir,"* demişti. Cömertliğimizden dikkatimizi emen teknoloji devi şirketler nemalanıyor.

Mesela YouTube'da ne kadar uzun süreyle video izlersek birileri o kadar çok para kazanıyor. "Bedavaya izliyorum ne güzel" diyoruz ancak meşhur sözü hatırlayalım: "Bir şeye para ödemiyorsan, ürün sensin." Teknoloji devleri, sabahtan akşama kadar bizi ekranda daha uzun süre tutmanın yollarını arıyor. Böyle yöntemler bulabilen çalışanlara alkışlar, övgüler, ödüller yağıyor. Biz ne kadar ekran bağımlısı olursak, dikkatimizi ne kadar ekranda harcarsak, onlar o kadar daha çok kazanıyor. Kalp ve beğeni açlığımızı kendi lehlerine kullanıyorlar. Tabiri caizse Pavlov'un köpeklerinden hiçbir farkımız yok, zaten bu firmalar da Skinner'ın davranışçı psikolojisini baz alıyor. Türkiye Instagram'da en çok vakit harcayan ülkeymiş. Elon Musk, Mark Zuckerberg ve şürekâsı bizi çok seviyor.

Uyku eksikliği sorununu ele alalım. Biz uykuda ne kadar vakit geçirirsek, firmalar o kadar daha az kazanıyor, çünkü o esnada bir şey tüketmiyoruz ya da üretmiyoruz, dikkat ekonomisi biz uykudayken neyle dönecek? Bir saat daha fazla uyursan, YouTube'da bir saat daha az geçirmiş olacaksın. Oysa o süre içinde birkaç reklam daha izleyebilir, bir alışveriş sitesinden birkaç şey daha satın alabilirdin. Uykumuzdan ödün vermeden acı gerçeklere uyanmak lehimize olur.

Ya da özellikle gençler arasında popüler olan Snapchat uygulamasındaki Snapchat seri seçeneğini düşünelim. Arkadaşınla bu uygulama üzerinden haberleştiğin her gün seri daha da uzuyor. Ergenlik dönemindeki sosyalleşme ihtiyacı ve isteğini sömürmenin harika (!) bir yolu değil mi?

Hari uyarıyor: "*Rotamızı değiştirmediğimiz takdirde, bir tarafta... dikkat becerilerinin karşı karşıya olduğu tehlikelerin gayet farkında olan... bir üst sınıfın, diğer tarafta ise toplumun geri kalanının, yani manipülasyona karşı koyma imkânları daha az olup... gitgide daha fazla manipülasyona maruz kalacak olanların bulunacağı bir dünyaya doğru*" gidiyor olabiliriz.

Algoritmaları tasarlayanlar kendi zamanlarını *meditasyonla, kitap okuyarak geçiriyor, çocuklarına kendi tasarladıkları siteleri yasaklayarak, erken çocukluk yıllarında onları teknolojiden uzak okullara göndererek* "kendilerini kendilerinden koruyorlar." Lütfen bunun üzerinde biraz düşünebilir miyiz?

Etikten uzak bir oyun bu; bizim yapabileceklerimiz de maalesef sınırlı. Her şeyin kendi elimizde olduğunu, sorunun sistemde değil sadece bizde olduğunu söyleyenler masum bir iyimserlikle konuşuyor olabilir ama bu "zalim iyimserlik"ten öteye gitmiyor. Zalimce, çünkü ne yaparsak yapalım etkimizin kısıtlı olduğunu görmek bizi öğrenilmiş çaresizlik duygusuna sürükleyebiliyor. Sorun teknolojinin kendisi değil, arkasında yatan iş modelleri.

Şirketlerin kendi inisiyatifleriyle ya da yasal önlemlerle bazı uygulamalara düzenlemeler getirilmezse bağımlılığımız giderek artacak, dikkatimiz ve idrakimiz iyice un ufak olacak gibi görünüyor. Çözüm getirilmezse kendi sonumuzu getireceğiz. Var gücüyle dikkatimizi dağıtmak için çalışan bir dünyada odaklanabilmek akıntıya karşı kürek çekmeye benziyor. Bireysel sorumluluklarımız ötesinde kolektif sorumluluk almaya ihtiyaç var.

Yine de, sevgili okur, şu aşamada kendi yapabileceklerimize odaklanmaktan başka çaremiz yok. Elimizden geldiğince, zor olduğunu bilerek mücadelemizi sürdüreceğiz. İşin içindeki bazı tehlikeleri kavramak belki bu yolda bize bir fayda sağlayabilir.

Sadece izlemiyoruz, sürekli izleniyoruz

Ekranlar sadece dikkatimizi değil, bilgilerimizi de çalıyor. Gmail kullandığımızda Google'ın otomatik sistemleri tüm özel yazışmalarımızı tarayıp bize özgü bir reklam profili oluşturuyor.

Mesela eşinize e-posta gönderip bebek bezi almanız gerektiğinden söz ederseniz Gmail bir bebeğiniz olduğunu anlıyor ve size bebek ürünlerine ilişkin reklamlar göndermeye başlıyor. Hatta bazen bir bebeğiniz olmasa da sizi yakından takip ederek potansiyel bir anne adayı olduğunuzu tespit ediyor ve ona göre tavır alıyor.

ABD'deki Target mağazasıyla ilgili hikâyeyi belki duymuşsunuzdur. Bir gün Minneapolis'te yaşayan bir adam, hışımla Target mağazasına giriyor ve elindeki zarfı havada sallayarak mağaza müdürüne ateş püskürüyor: *"Kızım lisede öğrenci, ne hakla ona bebek giysileri, beşikler, biberonlar için indirim kuponları yolluyorsunuz, onu hamile kalmaya teşvik etmeye mi çalışıyorsunuz?"*

Müdür duruma anlam veremese de zarftaki kataloğu incelediğinde hamilelik giysileri, bebek eşyaları olduğunu görüp birkaç gün sonra özür dilemek için babayı arıyor. Baba utanç dolu bir sesle yanıtlıyor telefonu: *"Size bir özür borçluyum. Kızımla konuştum. Haberim olmadan bazı haltlar karıştırmış. Ağustosta doğum yapacak."*

Target mağazası, kızın hamile olduğunu babasından önce nasıl anlıyor? Her müşteriye kredi kartına, adına veya e-posta adresine bağlı bir "Misafir Kimlik Numarası" atanıyor. Müşteriler hakkında veriler toplanıyor ve bu veriler müşterilere daha iyi ürünler önermek için kullanılıyor. Yapılan analizler sonucunda algoritma, bebek bekleyen kadınların, hamileliğin ikinci döneminde kokusuz losyon satın aldıklarını, ilk 20 hafta civarında kalsiyum, magnezyum ve çinko takviyesine yüklendiğini, genelde sabun ve pamuk satın alan kadınların kokusuz sabun ve el dezenfektanına yöneldiğini görebiliyor. Tüm bu veriler doğumun yaklaştığına delalet. Öfkeli babanın lisedeki hamile kızına da bu verileri analiz ederek bebek kuponları göndermeye başlıyorlar. Neyse ki bu olayda ölen ya da yaralanan olmamış.

İzleme işi teknolojinin ilerlemesiyle birlikte akıl almaz boyutlara ulaştı. Harvard Üniversitesi profesörü Shoshana Zuboff buna *"gözetim kapitalizmi"* diyor. Yuval Noah Harari'nin YouTube'da bir videosunu izledim. Harari ilginç bir noktaya temas etti: Bugüne kadar tek yönlü olarak kitap okuyorduk, ancak öyle bir çağda yaşıyoruz ki artık kitap da bizi okuyor. Mesela online bir yazı okuduğunuzda ya da Kindle'dan bir kitap okuduğunuzda algoritma kitabın ne kadarını okuduğunuzu, nerede bıraktığınızı, nerede hızlı nerede yavaş okuduğunuzu tespit edip size ona göre hoşunuza gidecek kitap seçenekleri sunuyor.

Bir süre sonra yüz tanıma teknolojileri sisteme entegre edildiğinde kitap duygularımızı da okumaya başlayacak. Ne zaman güldüğümüzü, ne zaman öfkelendiğimizi, ne zaman hüzünlendiğimizi tanıyarak önümüze buna paralel seçenekler düşürecek. Daha ileriki bir aşamada bizimle ilgili daha içsel bilgilere ulaşarak istatistiksel analizler yapacak ve hayatla ilgili en önemli kararlarda bile belki algoritmaya kendi sezgilerimizden daha fazla güveneceğiz. Öyle ki algoritma kendi duygularımızı bizden daha iyi bilecek. Hatta algoritmanın kendi duygularımızı bizden daha iyi bilmesinin hoşumuza gitmeyişini bile algoritma bilebilecek! Hayatta ne yöne gitmemize karar verirken bir türlü durup dinlemediğimiz, duymaya vakit bulamadığımız iç sesimiz yerine algoritmaya danışacağız. Algoritma o güne kadar bizimle ilgili topladığı tüm bilgiler ışığında hangi yola gitmenizin daha mantıklı olacağını bize söyleyecek.

Nereden baktığımıza bağlı olarak endişe veya memnuniyete yol açacak bu düşünceleri de zihnimizin bir kenarına not ederek, odaklanamama sorunumuzun suç ortaklarından bir diğeriyle, "çoklu görev" (*multi-tasking*) konusuyla devam edelim.

Daldan dala: Görev geçişi beynimizi nasıl etkiliyor?

Multi-tasking (çoklu görev ya da görev geçişi), en basit tanımıyla, *aynı anda birden fazla iş yapmak* demek. *Farklı ekranları, ses kaynakları ve içerikleri olan birden fazla cihazın aynı anda kullanılması* olarak tanımlanıyor. Mesela bir gencin odağının kitap, TV ekranı, oyun konsolu ve müzik videosu arasında hızla değişmesi çoklu göreve örnek. TDK'da görevli olsaydım ve kelimeye Türkçe karşılık önermem istenseydi muhtemelen "daldan dala" derdim.

Birden fazla seçenek arasından bir girdinin seçilmesi kısmen bizim kişisel seçimimiz, kısmen de buna maruz kalıyoruz. Yanıp sönen pop-up görseller, önümüze düşen renkli reklamlar, etraftan yükselen sesler dikkatimizi çalabiliyor.

Bazen de aynı anda birden fazla işi yapmakla "övünüyoruz." Bilgisayarımızda bir sekmeden öbürüne sekerek ilerlerken her şeye başarıyla odaklanabildiğimizi düşünüyoruz. Külliyen yalan! Beynimiz aynı anda sadece bir tek iş yapmaya programlı. İnsanlar olarak makinelerden farkımız, birden fazla işe odaklanmamızın mümkün olmaması. Beyindeki frontal korteks, düşünme, planlama ve odaklanmadan sorumlu bölge. Sadece bir tek işe odaklandığımızda, frontal korteks beynin diğer bölümleriyle uyum halinde çalışıyor. Aynı anda birçok iş yapmaya çalışınca işler karışıyor, önemli işleri tamamlamak daha uzun sürüyor, verim düşüyor.

Hari, kitabında, çoklu görevin bedellerini dört başlık altında incelemişti. Kendi yorum ve deneyimlerimi katarak, söz konusu bedelleri şöyle özetleyebilirim:

1. *Geçiş maliyeti etkisi*: Yazı yazarken telefona mesaj geldi, ona cevap yazdınız, sadece beş saniye kaybettiğinizi düşünüyorsunuz. Yanılıyorsunuz. Mesajdan yazıya geri dönüş için

beynin yeniden şekillenmesi gerekiyor. Öncesinde ne yaptığınızı, ne düşündüğünüzü hatırlamanız gerekiyor, ki bu bir miktar zaman alıyor. Ayrıca bilimsel çalışmalar geçiş sırasında performansın da düştüğünü gösteriyor. Yavaşlıyorsunuz. Yani günde belki 4 saatinizi ekrana bakarak geçirdiğinizi sanıyorsunuz ama görevden göreve geçişleri hesaba katarsak bu süre daha da fazla.

2. *Batırma etkisi*: Görevler arasında gidip gelirken başka zaman yapmayacağınız hatalar yapıyorsunuz, çünkü geçişler dikkat becerisini zayıflatıyor. Sadece e-posta gelmesi ve telefonun çalması gibi teknolojik dikkat dağılması, IQ'da 10 puanlık düşüş getiriyormuş.

3. *Yaratıcılığın azalması etkisi*: Sizce neden duşta daha yaratıcıyız? Saçımızı şampuanlarken sosyal medyada gezinemediğimiz için olabilir mi? *Düş gücümüz artık duş gücümüze bağlı*! İnternetin, en azından şimdilik, bize erişemediği tek yer orası. Yeni düşünceler beynin öğrendikleri arasında yeni bağlantılar kurmasıyla mümkün. Dikkatin dağılmadığı boş zamanlarda zihin, özümsediği bilgiler arasında yeni bağlantılar kuruyor. Bu bağlantılar bilinç düzeyinin altında gerçekleşiyor. Ancak beyin sürekli görevler arası geçiş yaptığında, çağrışım yoluyla yeni, özgün ve yaratıcı fikirler oluşturma fırsatı azalıyor.

4. *Hafızanın zayıflaması etkisi*: Aynı anda tek işe odaklanan insanlara kıyasla birden fazla iş yapmaya çalışanlar sonrasında ne yaptıklarını pek hatırlamıyorlar. Deneyimlerin hatıralara dönüşmesi için zihinsel alan ve enerji gerekiyor. Bu enerji çok hızlı geçişlere harcandığında hatırlama ve öğrenme azalıyor.

Özetle, bir kerede tek işe odaklanmak, kafamızdaki diğer sekmeleri kapatmak gerekiyor. Öbür türlü yaptığımız işten hayır gelmiyor. Özellikle beyin-yoğun bir işse kesinlikle sadece ona odaklanmak gerekiyor, çünkü deyim yerindeyse beş tavşanı aynı anda kovalayınca hiçbirini yakalayamıyoruz.

Odaklanmak için ne yapacağız?

Aristoteles MÖ 4. yüzyılda yazdığı *Nikomakhos'a Etik* eserinde çok önemli bir soruya değinir: İyi bir hayat nasıl yaşanır? Aristoteles için en iyi ve en güzel yaşam, "aklın yaşamı"dır. Aristoteles kendine yeter mutluluğun ancak derin düşüncelere dalmakla, "*theoria*"yla elde edebileceğini ileri sürer. Yunanca teori, "bakma, seyretme" demektir. Eski Yunanlılara göre bir şeyi bilmek, o şeyi zihinle görmektir.

Aristoteles'in *mutluluk ile derin düşünme* arasında ilişki olduğu savını doğru kabul edersek, çağa hâkim mutsuzluğun, çağa hâkim *sığ düşünce ve yüzeysellikle* (de) yakından ilişkili olduğunu söyleyebilir miyiz? Bilginin yüzeysel bir biçimde geçildiği, dolayısıyla *bilgeliğe* varamadığı, hiçbir şeye dikkatimizi veremediğimiz bir ortamda mutsuz hissetmek de olağan değil mi?

Özetle, odaklanamamamak, *mutsuzluk, tatminsizlik, verimsizlik* gibi sonuçlar doğuruyor. Odaklanmak ise *mutluluk, verimlilik, sağlıklı ilişkiler, yaratıcılık, tatmin* getiriyor. Kahvaltı gibi, odaklanmanın da mutlulukla ilişkisi var.

O halde dört koldan dikkat dağıtıcı bir çağda odaklanmayı nasıl başaracağız? Sorunu yeterince ayrıntılı olarak ele aldığımıza inanarak, yazının bundan sonraki bölümünde çözüm için neler yapabileceğimize dair birkaç fikir paylaşmak istiyorum.

Derin okuma, odaklanmayı güçlendirir

The Gutenberg Elegies kitabında yazar Sven Birkerts derin okumayı "bir kitabı yavaş ve meditatif bir şekilde ele geçirme" şeklinde tanımlamış. Birkerts'e göre derin okuma kelimelere değil, *okuduğumuz kelimeler aracılığıyla hayatlarımızı nasıl hayal ettiğimize* odaklanan bir süreç. Kitabı çok daha derin bir düzeyde deneyimlememize yardımcı olan bir farkındalık hali. Derin okumak sadece öğrenmek ya da keyifli vakit geçirmek için değil, *beyni korumak, dünyanın karmaşıklığını anlayabilecek analiz ve sentez kabiliyetini arttırmak ve odaklanma kapasitemizi güçlendirmek* için bugün her zamankinden daha önemli.

İnternet üzerinden bir metin okurken bir anda beliriveren reklamlardan ve videolardan muaf olan basılı kitaplar, derinleşebilme namına elimizde kalan son kalelerden. Bununla birlikte basılı bir metni okurken bile zamanın %20-40'ında odağımız dağılıyor.[10] Odaklanmayı güçlendirmek için okumak gerekiyor, ancak ironik bir biçimde okumaya odaklanamıyoruz! Odağımız ne kadar dağılırsa, kavrayışımız o kadar azalıyor. Okumuyoruz, okuyormuş gibi yapıyoruz.

Ne kadar zorlanırsak zorlanalım, odaklı kitap okumak çok değerli. İşinde büyük başarılar yakalayan insanların bir numaralı faaliyeti olan kitap okumak, yüzyıllardan beri değişmedi. Elon Musk büyürken günde iki kitap okuyormuş. Bill Gates yılda elli kitap okuyor. Mark Zuckerberg iki haftada bir en az bir kitap okuyor. Dikkatimizi dağıtacak teknolojiler geliştirmek için gece gündüz çalışan teknoloji gurularının bu kadar çok kitap okuması üzerinde düşünmeye değer bir durum değil mi?

Geçen aylarda becerilerle ilgili bir eğitime katılmıştım. Eğitimi veren kişi büyük bir firmanın insan kaynakları müdürüydü. "*Çocuğunuza test çözdürmek yerine kitap okutun,*" demişti. Bugün çok popüler olan kodlama becerisi için analiz-sentez gerektiğini, kitap okumanın bunu güçlendirdiğini özellikle vurguladı.

---

[10] D. Goleman, *Odak*, Varlık Yayınları, 2017, s. 23.

Derin okuyamadıkça derin düşünemiyoruz, özellikle gün boyunca sosyal medyada maruz kaldığımız *kısa, aforizmik, atomik, bağlamdan kopuk* metin parçaları bizi giderek sığlaştırıyor. Popüler sosyal mecralar *az sayıda karakterle çok işler başarabileceğimiz* algısını yaratıyor. Yüzeyselliğin yücelttiği bu mecralarda paylaşımın zeki, çevik ve "ahlaksız"ı makbul!

Peki nasıl kitap okuyalım?

Kitap okurken kendimize soracağımız bir soru, *"Amacım ne?" sorusu olabilir.* Filozof Mortimer Adler, 1940'ta kaleme aldığı *Kitapları Nasıl Okumalı* kitabında *"bir kitabı okumak kolaysa, dil alışkanlıklarınıza ve düşünce biçimlerinize güzelce uyuyorsa, o kitap sizi muhtemelen pek geliştirmez."* diyor. *"Eğlenceli olabilir ama anlayışınızı ilerletmez. Esaslı olan, zor okunan kitaptır. Tırmık kullanmak kolaydır ama sonuçta elinde kalan yapraklardır. Kazmak ise zordur ama sonunda elmas bulabilirsin."*

Bir kitabı hangi amaçla okuduğumuz önemli. Tatilde deniz kıyısında eğlence için okuduğum bir kitabın zor ilerlemesi şart değil ama amacım kendi alanımda gelişmekse, o zaman daha derin bir okuma yapmam gerekir. Sadece yeni kelimeler öğrenmek için kitap okuyorsam, anlama çok odaklanmadan kelimelere odaklanarak ilerlemem yetebilir. Bazen de yabancı dilde bir kitap beni çok sarmadıysa, hedef değiştirip salt kelime öğrenmek amacıyla okumaya devam edebilirim. Bu sefer beynim bambaşka bir dikkat biçimine geçer. Bazen yazarın üslubunu analiz etmek ve yazarkenki zihinsel sürecini anlamak için okuyabilirim, o zaman da başka bir boyuta odaklanırım.

Okurken notlar almak da bir diğer yöntem. Özellikle son zamanlarda daha iyi odaklanmak için kitabı okurken durup kenarlarına notlar alıyorum. Kalemle yazarak not almanın okuduğumu anlama seviyemi arttırdığını görüyorum. Bazen notları telefona ya da başka bir deftere kaydediyorum. Kâğıda yazarak not almak bilgiyi daha iyi akılda tutmamı sağlıyor. Kant boşuna *"El aklın uzantısıdır"* dememiş. Kâğıt üzerinde kayan, sevdiğim bir kalem kullanmak küçük bir detay gibi görünse de epey fark yaratıyor.

Okurken bazen durup okuduğum konuyla ilgili *kendime sorular soruyorum.* Bazen bu soruları Google'a soruyorum; evet, kitap okurken çevrimiçi ortama erişim bazen işe yarıyor. Maksat oraya girdikten sonra *"bir arkadaşa bakıp hemen çıkmak,"* fazla oyalanmamak. Bu şekilde *kendi kendime sohbetle,* okuduğum daha çok aklımda kalıyor.

Okuduklarım üzerinde düşünmenin bir yolu da, *başka biriyle kitap hakkında sohbet etmek.* Kendi gözlem ve çıkarımlarımı paylaşmak, karşı tarafın yorumlarını dinlemek, bilgiyi daha kalıcı hale getiriyor.

Okuma bitince, *temel mesajları özetleyip yazmak* da hatırlamayı güçlendiriyor. Bazı kişiler kitabın arkasına, bilgisayara ya da başka bir deftere kitapla ilgili düşüncelerini yazmayı faydalı buluyor. Bir dahaki sefer kitap bitince hatırladığınız her şeyi not alabilirsiniz. Atladığınız önemli mesajlar olduğunu düşünüyorsanız, metne geri dönüp eksik kısımları özete ekleyebilirsiniz. Bu şekilde çok daha iyi hatırlayabildiğinizi göreceksiniz.

Feynman tekniğini duydunuz mu? Araştırmalara göre bir şey öğrenirken bir başkasına öğrettiğimizde veya bilgiyi hemen kullandığımızda öğrendiğimizin %90'ı aklımızda kalıyor. Daha güçlü bir hafıza için de en güvenilir yöntemlerden biri. Aynı zamanda bir konuyu bir başkasına basit bir biçimde ifade edebilmek, bilgimizdeki eksik noktaları hızlıca görmemizi sağlıyor. Bu konuda ünlü fizikçi Richard Feynman çok iyi bir örnek, dolayısıyla yönteme Feynman Tekniği de deniliyor. Feynman çok iyi bir anlatıcı. Öyle ki kuantum fiziği gibi ağır konuları bile herkese net bir biçimde anlatabilmesiyle ünlü.

Bilginin nihai sınavı onu bir başkasına aktarabilme kapasiten. Bu nedenle öğrenirken en etkili yöntemlerden biri zamanının %50'sini öğrenmeye, diğer %50'sini öğrendiklerini paylaşmaya harcamak. Mesela *bir kitabın önce yarısını okumak, devam etmeden önce temel fikirleri not etmek, üzerinde düşünmek veya başkasıyla paylaşmak* iyi bir öğrenme yöntemi.

Peki basılı kitaplar mı, dijital kitaplar mı daha iyi? Bu da zihni kurcalayan bir diğer önemli soru. Basılı kitaptan okuduğumuzda, dijital kitaba göre, okuduklarımız daha çok aklımızda kalıyor. Buna *"ekran dezavantajı"* deniliyor. Konuyla ilgili ellinin üzerinde çalışma yapılmış, yani bilimsel kanıt çok.

Basılı kitap okuduğumuz zaman *çizgisel bir şekilde, bir süre tek bir şeye odaklanarak* okuyoruz. Ekrandan okurken ise bir yerden başka bir yere atlayıp zıplayarak okuyoruz. Yeterince uzun süre bu şekilde okuduğumuzda kâğıt üzerinde yazılanları okumak zorlaşıyor. Kendimizi metindeki dünyanın kollarına bırakamıyoruz, hızla girip çıkıyoruz ve kitap okumanın bazı hazları da yok oluyor.

Bu arada *podcast dinlerken ya da videolar üzerinden edindiğimiz bilgiler de kitaplardaki kadar hafızamızda kalmıyor.* Yolda yürürken podcast dinlemek bir taşla iki kuş vurma hissi yaratsa da, çoğu zaman aklımız ister istemez başka yere kayıyor ve söylenenlerin çoğunu kaçırıyoruz. Bu bilgiyi yolda yürürken dinlediğim bir podcast'ten öğrendim! *Fularsız Entellik*'in iki bölümlük *Kitap Nasıl Okunur* podcast'i harika öneriler içeriyor. Unutmamak için yolun kenarına geçip telefonumun "notlar" bölümüne kaydettim.

Şimdilerde çok sık duyduğum bir argüman, "Ama çocuklar artık kitap okumuyor, ekranı tercih ediyorlar." Katılmıyorum.

Dijital cihazların kullanımı artmış olabilir ama kitap okuma alışkanlığını hâlâ çok güzel bir biçimde yerleştiren, tutkuyla okuyan çocuklar var. Teknolojiyi kullanmak kitap okumamak anlamına gelmiyor. "Basılı kitap da okuyabilen" konumda olmak birçok yönden çok daha avantajlı, o yüzden kitaplara özellikle dijital çağda daha da sıkı sarılmakta fayda var.

Eklemeden geçemeyeceğim; okumanın bir diğer önemli faydası da ömrü uzatması. 2016'da *Social Science & Medicine* dergisinde yayımlanan araştırmaya[11] göre kitap okumak mortaliteyi %20'ye kadar azaltıyormuş. Üstelik herhangi bir düzeyde kitap okuma, anlamlı ölçüde sağkalım avantajı sağlıyor. Özellikle de 65 yaş üzeri kişilerde boş zamanda televizyon izlemek yerine kitap okumaya yönelmek böyle bir avantaj getiriyormuş.

Araştırmaya göre sadece "okumak" değil, "kitap okumak" bu farkı yaratıyor. Gazete, sosyal medya gönderisi, WhatsApp arkadaş grubundan gelen paragrafları okumak aynı sonucu getirmiyor. Daha uzun yaşamak isteyenlere duyurulur!

Odaklanma ve motivasyon ilişkisi: Ait olduğunuz yerde misiniz?

"Yazmanın amacı para kazanmak, ünlü olmak, sevgili bulmak, sevişmek ya da arkadaş edinmek değildir. Sonuçta amaç, eserinizi okuyacak insanların hayatlarını ve kendi hayatınızı zenginleştirmektir. Amaç; uyanmak, iyileşmek ve başa çıkmaktır.

Mutlu olmaktır, tamam mı? Mutlu olmak."

Stephen King

---

[11] A. Bavishi, M.D. Slade ve B.R. Levy, "A chapter a day: Association of book reading with longevity," *Social Science & Medicine*, Eylül 2016, 164: 44-48.

2010 tarihli ve 2.250 katılımcılı bir anket sonucuna göre[12] insanlar en çok ne zaman odaklanıyorlarmış dersiniz? Cevap, *sevıştikleri sırada.* İkinci sırada *egzersiz*, sonra *sohbet* ve ardından *oyun oynamak* geliyor. Peki en az ne zaman odaklanıyorlar? İşyerinde çalışırken ve bilgisayarda iş başındayken!

İşyeri araştırmaları, çok sayıda kişinin çalışırken hayal kurduğunu, internette ya da YouTube'da dolaşarak saatlerini boşa harcadığını, gerekenin asgarisini yaptığını, dikkatlerinin dağıldığını gösteriyor. Bu ilgisizlik, özellikle de *tekrara dayalı, rutin, yaratıcılık içermeyen* işlerde çok yaygın.[13] Bazen de *aralıksız stres* bitkinliğe, duygusal bitkinlik tükenmişliğe ve odaklanamamaya yol açabiliyor. Sinir sistemi aşırı kortizol ve adrenalinle yüklenince, kişinin dikkati işine değil endişesine yoğunlaşıyor.

Odaklanamamak, *yaptığımız işin bize uygun olmaması, kapasitemizin altında ya da çok üstünde olması, anlamdan uzak olması, kontrolün bizde olmamasıyla* da ilişkili olabilir. Kişi, *kalbine, kabiliyetlerine, kapasitesine, karakterine* hitap eden işlerde daha odaklı çalışır. Bir seminerimde katılımcı olan bir hanımefendi yaptığı işe odaklanamadığını, işiyle ilgili motivasyon duymadığını, bunun neden kaynaklanabileceğini ve nasıl aşabileceğini sormuştu. Açıklama, paragrafın ilk cümlesinde sıraladığım maddelerle ilişkili olabilir. İsteksizliğin altında yatan nedenler çeşitli olabilir, incelemek gerekir. Ömrün önemli bir bölümünü (ortalama 80.000 saatini) çalışarak geçirdiğimizi düşünürsek, her gün işe ayaklarının geri geri gitmesi çekilmez olur. Üstelik kendini işe verememek başkasına da zarar verebilir. Yaptığımız işi yarım yamalak yaparsak birilerini zor durumda bırakabiliriz.

---

12 M. Killingsworh ve D. Gilbert, "A Wandering Minds is an Unhappy Mind," *Science*, 2010, s. 932.

13 Daniel Goleman, *Odak*, s. 29.

Çok sevdiğimiz, kapasitemizi biraz zorlayan bir işi yaparken zaman ve mekânı unutup odaklanıyoruz. Mihaly Csikszentmihalyi'nin başka kitaplarımda ayrıntılı olarak ele aldığım "akış" teorisi, dünyayı unutturan bir odaklanma halini tasvir ediyor. O düzeyde odaklanma tatmin duygusunu da arttırıyor. Bir görüşe göre tehlikeli sporlara rağbetin bir nedeni, kendini unutmayla gelen huzur ve tatmin duygusu. "Kendini unutma" vurgusu önemli, çünkü en güçlü dikkat dağıtıcı bir türlü susmayan iç sesimiz. İşimize odaklanabilmek için içimizdeki gevezeyi susturmak gerekiyor.

Csikszentmihalyi, araştırmalarında şunu görmüş: İster harika bir şiir yazmak, ister güzel bir mobilya yapmak, ister bir çocuğu daha mutlu etmeye çalışmak olsun, kişi faydalı bir amaç için çalışırken kendini kaptırdığında korku ve kaygıları da azalıyor. Bir işi en başta *unvan veya para* için yapanlar bir noktadan sonra ileri gidemiyor. Csikszentmihalyi, "*Ressam yaptığı resmi ne kadara satacağının ya da eleştirmenlerin ne diyeceğinin hesabına başlarsa orijinal bir eser ortaya koyamaz*" sonucuna varmış.

Çalışanların ne kadarı çalışmaktan bu denli haz duyuyor? İşyerlerinde günde en az bir kez akış yaşayanların oranı yalnızca %20'ymiş. Yaklaşık %15'i tipik bir gün içinde hiç akışa girmiyor. "Hayalimdeki işi yapıyorum" diyenlerin oranı ise sadece %6.

O halde eksik olan ne? Rodin'i tuvalinden, Stephen King'i daktilosunun başından, Marie Curie'yi laboratuvarından, Fazıl Say'ı piyanosunun tuşlarından bir türlü koparamayan o yoğun haz niye çok az insanın yaşadığı bir duygu? Olası üç eksik; *anlam, kapasiteye uygunluk, kontrol duygusu.*

İşe odaklanabilmek için *bizim için anlamlı* olması önemli bir faktör. Sigaranın sağlığa zararlarını kınadığınız halde sigara imal eden bir firmada çalışıyorsanız, *değerlerinize ters düşen bir yerde olmak* sizi rahatsız ediyor olabilir. Belki başka bir işe geçiş yapmanız gerekiyordur. Belki de bir süre daha bu işte kalıp, birikim yapıp başka bir alana geçiş yapmak mümkün olabilir.

İşi değiştirme imkânı yoksa yapılan işin çerçevesinde anlam ve akış yaratmanın yolları aranabilir. Bir tıbbi cihaz firmasında, mühendislerden satış elemanlarına kadar şirketin her yerinden çalışanlar, yaptıkları işin hastalara fayda sağladığını görmek için hastaneleri ziyaret ediyor. Ayrıca tüm şirket çalışanları için her yıl bir parti düzenliyorlar ve bu partiye davetli altı hasta, şirketin ürünlerinin hayatlarını nasıl değiştirdiğine dair hikâyelerini paylaşıyor. Yaptıkları işin ne kadar önemli olduğunu ilk kez gördüklerinde birçok çalışan gözyaşlarına boğuluyor.[14] Anlam yaratmak böyle bir şey.

Kişinin yaptığı işin *yetkinlik seviyesinin çok üzerinde ya da çok altında olması* da odaklanmaya engel olabilir. Yaptığınız iş sizin için çok mu kolay, çok mu zor sorusunu sorabilirsiniz. Yöneticiniz varsa onunla bu durumu konuşabilirsiniz. "Akış" hali, sıkılma ile gerginlik arasında kalan alanda, yapılan iş kişinin yetkinliğini biraz aştığında gerçekleşir.

Yazar Cal Newport'un araştırmalarına[15] göre, *işlerine tutku duyan insanlar, öncesinde belli bir yetkinlik ya da uzmanlık inşa etmiş oluyor.* Newport, "Tutkularının peşinden git tehlikeli bir tavsiyedir," diyor. *Görmezden Gelemeyecekleri Kadar İyi Ol* kitabında verdiği bir araştırmaya göre, en mutlu ve tutkulu çalışanlar, tutkularının peşinden gidenler değil, yaptıkları işte iyi olacak kadar uzun süredir bu işte çalışanlarmış.

"Sevdiğin işi yap" sloganını çok sık duysak da, 142 ülkeyi içeren bir Gallup anketinde, dünyada çalışanların sadece %13'ü

---

14 A. Grant, *Give and Take: A Revolutionary Approach to Success,* New York: Viking, 2013.

15 Cal Newport'un *Görmezden Gelemeyecekleri Kadar İyi Ol* kitabından bir bilgi.

işine angaje olduğunu belirtmiş. Angaje olmaktan kastedilen, işine adanmış olmak, heyecan duymak ve anlamlı bir katkıda bulunduğunu hissetmek demek. Ankete katılanların %63'ü ise böyle hissetmediğini belirtmiş. Günü uyurgezer gibi geçirdiğini, herhangi bir istek duymadan sadece orada zaman geçirdiklerini söylemişler. Katılanların %23ü ise aktif bir ilgisizlik içinde. İşyerinde mutsuz olmasına mutsuz, bunun da ötesinde dünyayı etrafındaki çalışma arkadaşlarına da dar ediyor. Bu kişiler bırakın katkı sağlamayı, neredeyse şirketlerine zarar verme noktasındalar. Özetle, *yaptığı işten nefret eden insanların sayısı, yaptığı işi seven insanlardan iki kat daha fazla*. Bu durum çalışanlarda depresif bir hal yaratıyor.

Newport'un savunduğu, *"Belli bir alanda yetkinliğini geliştir ve seni görmezden gelemeyecekleri kadar iyi ol"* ilkesi. Buna "zanaatkârlık zihniyeti" diyor. Zanaatkârlık zihniyeti senin dünyaya neler sunabileceğine odaklanırken, tutku zihniyeti dünyanın sana neler sunacağına odaklanıyor. "Önce zanaatkâr zihniyeti benimsersen, işini layıkıyla yaparsan, ardından tutku gelir," diyor yazar. Üzerinde durup düşünmekte fayda olabilir.

"Tutku zihniyeti"nin de çoğu zaman yanlış yorumlandığını düşünüyorum. Leonardo da Vinci efsane tablosu *Son Akşam Yemeği*'ni çizmeden önce insan anatomisini ayrıntılı bir biçimde inceliyor, üzerinde çalışabileceği kadavralar getirmeleri için mezar hırsızlarına ve doktorlara para veriyordu! Michelangelo da derinin altındaki yapıları, kemiklerin ayrıntılarını anlamak için geceleri gizlice kiliseye giriyordu. Tutku, neyi çok istediğin değil, istediğin uğruna nelere katlandığın ya da nelerden vazgeçtiğinle ilgili. Bazen vazgeçtiğin şey sıcak yatağındaki rahat uyku, bazen YouTube'da geçireceğin eğlenceli saatler olabilir. Kişinin hayali uğrunda gösterdiği çabanın, tutkunun asıl ölçütü olduğunu düşünüyorum.

Motivasyon düşüklüğünde bir olası sorun, *ait olduğun yerde olmamak* dedik. Bir diğer sorun, *kontrolün bizde olmaması* olabilir. Kontrol tamamen başkasının elindeyse, yaptığımız iş üzerinde hiçbir kontrolümüz yoksa, odağımız dağılıyor olabilir. *Drive* adlı kitabında yazar Daniel Pink, hayatımız üzerinde daha fazla kontrol sahibi olmanın okulda daha iyi notlara, sporda daha iyi performansa, iş hayatında daha verimli sonuçlara ve genel olarak daha fazla mutluluğa olanak sağladığını araştırmalarıyla ortaya koyuyor.

Pink, kitabında Cornell Üniversitesi'nden 300 küçük işletmeyi inceleyen bir araştırmaya yer veriyor. Bu işletmelerin yarısında çalışanlar yaptıkları iş üzerinde herhangi bir kontrol sahibi değil. Diğer yarısında ise şirketler çalışanlarına belli bir düzeyde kontrol olanağı sunuyor. Kontrol olanağı sunan şirketlerin, emsallerine göre *dört kat daha büyüdüğü* görülüyor.

Aynı şekilde öğretmenler sınıfta nasıl öğretecekleri konusunda daha fazla kontrole sahip olduklarında, motivasyonlarının daha yüksek olduğu ve öğrencilerinin de daha yüksek performansa ulaştığı görülüyor.

Odaklanamama sorunumuza bu pencereden bakmak da zihnimizde farklı kapılar açabilir.

Ön-taahhüt yöntemi

Etrafımızı kuşatan baştan çıkarıcılara karşı irademizi devreye sokmaya çalışsak da irade rezervimiz sınırlı. Gün içinde aldığımız her kararla birlikte pili zayıflıyor. Kırılgan i019lademiz özellikle de duygularımıza yenik düşebiliyor. Rejim yaparken arkadaşınız en sevdiğiniz tatlıyla kapınızda belirdiğinde iradenizi devreye sokabiliyorsanız "insan" değilsiniz!

Şaka bir yana, iradeyi devreye sokmak gerçekten de insanüstü bir çaba gerektirebiliyor. Bunun yerine "ön-taahhüt" gibi alternatif stratejiler öneriliyor. Ön-taahhüt, *baştan çıkarıcılara erişimi gönüllü olarak engelleme girişimi* olarak tanımlanabilir. *Sağlıksız gıdaları eve aldıktan sonra direnmeye çalışmak yerine hiç satın almamak, abur cuburu toplu miktarda almak daha ucuza mal olacağı halde küçük miktarlarda satın almak, telefondaki uygulamalardan silebildiğimiz kadarını silmek ve geri kalanlarında ne kadar süreyle kalacağımıza önceden karar vermek, her gün ne olursa olsun belli bir süreyle derin okuma yapmak* ön-taahhüt örnekleri. fMRI gibi beyin görüntüleme teknikleriyle yapılan araştırmalar, ön-taahhüdün, *özellikle dürtüsel kişilerde ödülü ertelemeyi kolaylaştırdığını* ortaya koymuş.

Bunu yapabilen kişiler potansiyel baştan çıkarıcıların farkında; ön-taahhüt sayesinde daha maliyetli olacak sonuçlardan korunacak kararlar alabiliyorlar. Bazen ön-taahhüt, ortamı düzenlemek şeklinde olabilir. Araştırmacı Dan Ariely, Google ofisinde yaptığı çalışmada benzer sonuçlar elde etmiş. Ofisteki şekerleri ortalık yere koymak yerine kavanozlara kaldırmışlar. Sadece bir ay içinde yenilen şeker sayısı 3 milyon adet azalmış![16]

Yale Üniversitesi'nden Psikoloji Profesörü Molly Crockett, 2013 yılında bir grup erkek katılımcıyla bir araştırma yürütmüş.[17] Erkekleri bir laboratuvara alıp iki gruba ayırmışlar. İsterlerse *hemen biraz seksi bir fotoğraf* görebilecekleri, hiçbir şey yapmadan *bir süre bekleyebilirlerse daha da seksi bir fotoğraf* görebilecekleri söylenmiş (ne kadar da ulvi hedefler!). İlk gruba iradelerini kullanmaları, ikinci gruba ise önceden ön-taahhüt stratejisini devreye sokmaları tembihlenmiş.

---

16 Eric Barker, *Bir de Bu Açıdan Bak* kitabından.

17 M.J. Crockett, B.R. Braams, L. Clark *ve diğerleri*, "Restricting temptations: neural mechanisms of precommitment," *Neuron*, 24 Temmuz 2013, 79(2): 391-401.

Sonuç ne olmuş dersiniz? Ön-taahhüt stratejisi zafiyetlerine galip gelebilmiş midir?

Evet. Önceden bir konuda açık bir karar vermek ve bu karara bağlı kalacağına taahhütte bulunmak, kendilerini kontrol edebilmelerini sağlamış. İlerleyen başka çalışmalarda da aynı sonuç tekrarlanmış. Ben bu ilkeyi nasıl uygulamaya koyabilirim? Mesela "Sabah kalkar kalkmaz sosyal medyaya bakmak yerine beynimin en berrak olduğu o saatlerde bir sayfa kitap okuyacağım" ön-taahhüdünde bulunmayı deneyebilirim.

En azından deneyebiliriz, öyle değil mi? Denemek, başarmanın yarısıdır.

Benjamin Franklin'den Jerry Seinfeld'e: "Zinciri kırma!"

Bir işe odaklanmayı belli bir süreye de yayabiliriz. Benjamin Franklin gençliğinde iyi bir insan olmayı kafaya koymuş. Bunun için gerekli olduğunu düşündüğü erdemler konusunda kaydettiği ilerlemeyi takip etmek için bir çizelge yapmış. Her hafta geliştirmek için bir erdem seçiyor, ardından erdeme yakışır davranışı yerine getirdiği her gün çizelgesine siyah kalemle bir işaret koyuyormuş. İlerlemesine ilişkin bu görsel geri bildirim onu cesaretlendiriyor, bir sonraki hafta farklı bir erdeme geçmesini sağlıyormuş. Böylece alışkanlık kazanacağını umuyormuş ki alışkanlık iradeden çok daha güçlü bir mekanizma.[18]

Franklin'in yöntemi, komedyen Jerry Seinfeld'in geliştirdiği *zinciri kırmama* yöntemini de çağrıştırıyor. Hatta belki o da Franklin'den etkilenmiştir. Bir röportajda Seinfeld'e genç ko-

---

18 *Senin Yolun Hangisi* kitabımda alışkanlığın mekanizmasını anlatmıştım.

medyenlere tavsiyeleri sorulduğunda, daha iyi bir komedyen olmanın yolunun daha iyi espriler yapmaktan geçtiğini, daha iyi espriler yapmanın yolunun da her gün espri yazmaktan geçtiğini söylüyor. Tek sayfada bütün yılı gösteren bir duvar takvimi almalarını, görebilecekleri bir yere asmalarını, sonraki adımda bir keçeli kalemle, espri yazma görevini yerine getirdikleri her gün için o günün üzerine büyük bir X işareti koymalarını söylüyor:

> *Birkaç gün sonra bir zincirin olacak. Sadece devam et; zincir her gün daha da uzayacak. Bu zinciri görmek hoşuna gidecek, özellikle de birkaç haftayı geride bıraktığında. Tek görevin zinciri kırmamak.*

Seinfeld *mükemmel* espriler yazmaktan söz etmiyor, sadece *her gün* espri yazmaktan söz ediyor. Kendisi yıllarca sadece "zinciri kırmamaya" odaklanmış. Görsel olarak şöyle bir şeyden bahsediyoruz:

Atomik Alışkanlıklar adlı muhteşem kitabın yazarı James Clear, Seinfeld Stratejisi'yle ilgili önemli bir noktayı atlamamak gerektiğini belirtiyor: *Hayatınızda bir fark yaratacak kadar anlamlı, ancak yapabileceğiniz kadar basit bir görev seçmek gerektiğini.*

Dolayısıyla birinci adım, *sürdürülebilir olacak kadar basit bir görev* seçmek. Mesela günde 10 sayfa yazı yazabilmek benim için anlamlı bir hedef ama gerçekçi değil. Ulaşamayacağım bir hedef belirlersem zincir kırılır. Hedefimi "her gün bir kelime bile olsa yazmak" şeklinde belirledim. Onu da yapmıyorsam dükkânı kapatıp gideyim zaten! Bir kelime de yazamıyorsam (çok geçerli bir sebebim olmadığı sürece) yazma isteğimde ne kadar samimi olduğumu sorgulamam gerekebilir. Clear, işler *"küçük dozlarda yapıldığında bile gerçekten anlamlı bir sonuç üretilebilir,"* diyor.

Küçük dozların büyük gücünü yabana atmamak gerek. İnanın damlaya damlaya kitap oluyor! Küçük ama düzenli adımlar, dışarıdan bakanların mucize sandığı sonuçlar doğuruyor.

Çift modlu yaklaşım

Yazar Cal Newport, odaklanmak için *çift modlu yaklaşım* adını verdiği bir sistem öneriyor:

> *Zamanınızı ikiye bölün ve bir bölümünü yalnızca pürdikkat çalışmaya ayırın. Geri kalan zamanda da ne istiyorsanız onu yapın. Çift modlu yaklaşımı benimseyen kişi, derinleşmeye ayırdığı vakti tıpkı bir keşiş gibi yoğun ve kesintisiz odaklanmayla geçirmeye çalışır. Yüzeysel işlere ayırdığı zaman dilimindeyse böyle bir odaklanma çabası yoktur.*[19]

Yazı yazarken uyguladığım ve çok faydasını gördüğüm bir çalışma yöntemi. Sabahları kahvaltı sonrası bir saat kitap okuyorum, ardından üç-dört saat odaklı çalışıyorum. Öğleden sonra da ne istersem onu yapıyorum. Akşamları arka-

---

[19] *Pür-Dikkat,* s. 96.

daşlarımla buluşuyor, sevdiğim filmleri izliyor, çoğunlukla da yine kitap okuyorum. "Oh, ne âlâ memleket" diyenler haklı olabilir, herkesin koşulları farklı. Ben de zaten simultane çeviri ve etkinlik sezonu olmadığında yazmaya bu denli yoğunlaşabiliyorum. Yoğun dönemlerde de her gün mutlaka bir cümle de olsa yazıyorum ama elbette uzun süreyle yazmak zorlaşıyor.

Böyle bir şansınız varsa, günü *odaklı ve serbest modlara bölebilirsiniz.* Bunu gün değil hafta bazında düşünmek de mümkün. Haftanın dört günü kesintisiz olarak odaklı bir biçimde çalışıp geri kalan üç günü serbest zaman olarak geçirebilirsiniz. Dünyanın farklı ülkelerinde *haftada 4 gün çalışma* modeline geçildi. Bu tür esnek çalışma modelleri yaygınlaştığında (ki giderek yaygınlaşıyor), çift modlu yaklaşımı uygulamak daha kolay olabilir.

Odaklanma ve meditasyon

Yazar Robert Greene, odaklanmak için her sabah 40 dakika *zazen* denilen Zen meditasyonunu yapıyormuş. Meditasyonun adı Shikantaza. Amaç zihni boşaltmak, odaklanmanın güçlerini geliştirmek ve daha sezgisel düşünce biçimlerine erişmek. Bu sayede okurken ve not alırken yoğunlaşma yeteneği çok gelişmiş. Onu rahatsız eden ne varsa artık göz ardı edebiliyor ya da unutabiliyormuş. Çalışmanın tatsız yönlerine karşı daha sabırlı, önemsiz eleştiriler karşısında daha dayanıklı hale gelmiş. *"Küçük şeylerden sinirleniyor, huzursuz hissediyor ya da bir şekilde yaşama amacınızdan uzaklaştığınızı hissediyorsanız meditasyon bunu aşmanın etkili yöntemlerinden biri olabilir,"* diyor.

Oregon Üniversitesi'nden Michael Posner ve ekibi, 2007'den itibaren odaklanma, dikkat, duygusal sağlık ve meditasyon arasındaki ilişkiyi inceleyen araştırmalar yürütüyor.[20] Beş gün boyunca *günde sadece 20 dakika meditasyon* yapan katılımcıların *dikkat, duygusal sağlık ve stresle* ilgili ölçümlerinde önemli iyileşme sağladığını ortaya koymuşlar.

Meditasyon ve odaklanma ilişkisiyle ilgili en kapsamlı boylamsal araştırmada,[21] *meditasyon yapan kişinin yaşam boyu bilişsel durumunun gidişatını değiştirme potansiyeli* olduğu rapor edilmiş. Yedi yıl süren araştırma, yoğun ve düzenli meditasyon uygulamasının dikkatte kalıcı iyileşmelerle ilişkili olduğuna dair kanıt sunan ilk çalışma.

Araştırma 2011 yılında, 22-69 yaş arası katılımcılarla Colorado'daki Shambhala Dağ Merkezi'nde başlamış. Katılımcılar üç aylık bir inzivaya katılmadan önce ve sonra değerlendirilmiş. *Nesnelere odaklanmayı sürdürme, nefes teknikleri uygulama, şefkat, nezaket, empatik neşeyi çoğaltma* gibi farklı meditasyon eğitimlerinden geçmişler. İnzivadan sonra yayımlanan ilk bulgular, eğitim sonunda katılımcıların duygusal refahının arttığını, odaklanma ve dikkati sürdürme görevlerinde daha iyi performans gösterdiklerini ortaya koymuş. Yedi yıl sonra tüm katılımcılar meditasyona devam ettiklerini bildirmiş ve değerlendirmeler zihinsel gelişmelerinin çoğunlukla devam ettiğini göstermiş. Daha çok meditasyon yapanlar, yedi yıl önceki eğitimin faydalarını çok iyi korumuş. Bu durum özellikle yaşlı katılımcılar için geçerli.

---

20 Y.Y. Tang, Y. Ma, J. Wang, Y. Fan *ve diğerleri*, "Short-term meditation training improves attention and self-regulation," *Proceedings of the National Academy of Sciences of the United States of America*, 23 Ekim 2007, 104(43): 17152-6.

21 A.P. Zanesco, B.G. King, K.A. MacLean *ve diğerleri*, "Cognitive Aging and Long-Term Maintenance of Attentional Improvements Following Meditation Training," *Journal of Cognitive Enhancement*, 2018, 2: 259-275.

2016 tarihli başka bir araştırmaya göre[22] *sadece üç günlük* dikkatli meditasyon bile beyinde odaklanmayla ilgili alanlar ile strese karşı tepkileri işleyen alanlar arasındaki bağlantıyı güçlendiriyor.

Araştırma verileriyle ilgili çok önemli bir bilgi vereyim: Uygulamaya koymadığınızda hiçbir işe yaramıyorlar! Google, Target ve Intel gibi şirketler bunun farkına varmış olmalı ki araştırmaların sonuçlarını dikkate alarak, çalışanların stresle başa çıkmaları ve üretkenliği artırmaları için meditasyon ve farkındalık eğitimleri vermeye başlamışlar. Google, çalışanlarına sayısız mindfulness kursu sunuyor. En popülerlerinden biri "*Search Inside Yourself*" (Kendi İçinde Ara). Google, bu programların duygusal zekâyı öğrettiğini, işyerinde iletişimi güçlendirdiğini, strese karşı dayanıklılığı arttırdığını ve odaklanmayı geliştirdiğini düşünüyor. Programa katılanlar daha sakin, daha sabırlı ve daha iyi dinleyebilen kişiler olduklarını belirtiyor. Aetna şirketi de 2010 yılında Duke Üniversitesi'yle benzer bir program yürütüp verim alınca, müşterilerine de mindfulness programları sunmaya başlamış. Ayrıca programların yüz yüze veya çevrimiçi olarak sunulmasından bağımsız olarak bu iyileştirmeler sağlanmış. General Mills şirketinde bu programların yanında, haftalık meditasyon seansları ve yoga dersleri sunuyorlar. Ayrıca her binada özel bir meditasyon odası var.

Odaklanmak için başka neler yapabiliriz?

1. *Odaklanma süresini aşamalı arttırmak* bir çözüm olabilir. Bir kitabı aralıksız on dakika boyunca okuyorsanız,

---

22 J.D. Creswell, A.A. Taren, E.K. Lindsay *ve diğerleri*, "Alterations in Resting-State Functional Connectivity Link Mindfulness Meditation With Reduced Interleukin-6: A Randomized Controlled Trial," *Biological Psychiatry*, 2016, 80(1): 53-61.

bir sonraki sefer on bir dakika okumaya çalışın. Başardıkça süreyi aşamalı olarak arttırabilirsiniz.

2. Her gelen mesajda bilgisayar ya da telefona uyarı sesi geliyorsa, ayarlara gidip *bildirimleri kapatabilirsiniz*. Mesajlarınıza "şu kadar süre sonra cevap vereceğim" gibi bir otomatik yanıt ekleyebilirsiniz.
3. Odaklanmak için *ortamı düzenlemek* çok önemli. Masanızda, mobil cihazlar da dahil, gereksiz ne varsa yok etmeniz iyi olur. Aynı anda tek bilgisayar ekranı açık olsun ki beyniniz beş ekrana bölünmesin. Yazı yazmanızı gerektiren bir iş yapıyorsanız, internete bağlı olmayan bir bilgisayarda yazabilirsiniz.
4. Mümkünse *mobil cihazları yatak odamızdan da defetmek* en iyisi. Gece yayılan mavi ışık ve yatmadan önce biraz daha telefonda takılma isteğimiz uyku kalitemizi ve akabinde hayat kalitemizi olumsuz etkiliyor. Yetersiz uyku, dikkat eksikliğine, verimsizliğe ve hatta nezaketsizliğe sebep olabiliyor!
5. Uyumadan önce cep telefonu ekranına uzun süre bakmanın, sabah kalkınca dikkat zayıflığına neden olduğu da araştırmalarda ortaya çıkmış. Uyumadan önce fikir kitabı okumak ise tersine beyni daha yüksek mantık kalitesinde düşünmeye hazırlıyor.
6. Bizi yoran neyse tersini yaparak dinleniyoruz. Zihinsel olarak yorucu bir iş yaptıktan sonra ekranda boş boş dolaşarak maalesef dinlenmiş olmuyoruz. Beynimiz aptalın teki, o sırada çalışmaması gerektiğini anlamıyor, çalışmaya ve yorulmaya devam ediyor. O yüzden molada ekrana bakmamak, mümkünse azıcık hava almak, doğal bir ortama çıkmak, biraz yürümek, en azından pencereyi açıp hava almak daha iyi.
7. *Odaklanma ve beslenme* ilişkisinin de altını çizelim. 2009'da Hollanda'da yapılan bir araştırmaya katılan 27 çocuktan bir kısmı koruyucu madde ve boyalardan

arındırılmış gıdalarla beslenince %70'inin dikkat becerisi artmış. Sonuçlar heyecan verince araştırma kapsamı genişletilmiş ve yine benzer sonuçlar elde edilmiş. Çerçöp, işlenmiş gıdalar, boyalı gıdalar, koruyucu içeren gıdalar, katkı maddeli içecekler... Dikkatimizin katilleri arasında onlar da önemli bir yere sahip. Sebze, meyve, et, balık gibi işlenmemiş gıdalara ne kadar ağırlık verir ve denge içinde tüketirsek o kadar iyi.

8. Stresin birazı iyidir. Kendimizi korumaya motive eder, hayat kurtarır. Ama çoğu toksiktir, zarar verir. Aşırı stresli olunca kontrol duygusunu kaybederiz. Öğrenme sekteye uğrar. Odaklanmakta güçlük çekeriz. Sürekli tetikte olan beynin odaklanma kapasitesi zayıflar. Yetişkinlerde de kronik stresin hafıza sorunlarına yol açtığı biliniyor. Ayrıca stres, yönetsel işlevleri de zayıflatıyor, yani problem çözme ve özkontrol zayıflıyor.
9. Ergenlikte madde kullanımı da çok sıkıntılı bir konu. Bu dönemde beyin her zamankinden daha hassas ve bazı hasarlar kalıcı hale gelebiliyor. Mesela uyuşturucu kullanan ergenlerin IQ puanlarında düşüş olmuş ve uyuşturucu kullanımı sona erdikten yıllar sonra bile puanlar tekrar yükselmemiş. Beyin hasarları maalesef kalıcı hale gelmiş. Beyin yapısının bozulması, öğrenme, mantık yürütme, odaklanma ve dikkat sürdürme işlevlerini de bozuyor.
10. Midemizin yeşilliğe maruz kalması ne kadar önemliyse, bedenimizin ve ruhumuzun yeşile maruz kalması da odaklanma için o kadar önemli. Hava kirliliği odaklanmayı zayıflatıyor. Hatta kirlilik nedeniyle beyinde lezyonlar bile oluşabiliyor. Çocukken kurşuna maruz kalmanın DEHB riskini iki buçuk kat arttırdığı görülmüş.
11. Araştırmalar, en verimli çalışma ortamının sessiz ortam olduğunu söylüyor. Mesela sessiz sınıflara göre gürültülü sınıflarda öğrenim gören çocukların dikkat becerileri daha düşük bulunmuş.

12. Doğal ortamda yapılan bol hareket, odaklanmayı güçlendiriyor. Gelişmiş ülkelerde hareketsiz hayata karşı savaş açılmış durumda. "Hareketsizlik yeni sigaradır" diye kampanyalar yapılıyor. Beton bina içine sıkışmış hareketsiz hayat, hiperaktifliğe davetiye çıkarıyor. Dikkat kısıtlı bir kaynak ve kalabalık şehir ortamları bu kaynağı daha hızlı bir biçimde tüketiyor.[23] Oysa doğada yürümek odaklanma mekanizmalarını tazeliyor. Denemek için bir gün kalabalık bir caddede, bir gün doğada bir saat yürüyebilirsiniz.

Daniel Goleman, "*... parkta veya gün batımında bulutların pastel renkleri ya da bir kelebeğin kanat çırpışı gibi büyüleyici şeylerle dolu bir ortamda birkaç dakika dolaşarak dikkatimizi yenileyebiliriz,*" diyor. "*Hatta bir doğa manzarasını içeren bir duvar resminin yanında oturmak –hele içinde su da varsa– bir kafe köşesinde oturmaktan iyidir.*" Ekran koruyucumun yemyeşil çimen görseli olduğunu belirtmeden geçmeyeyim. Bu satırları da ağustos sıcağında Beyoğlu'nun orta yerinde bulmayı başardığım dev bir meşe ağacının gölgesinde yazıyorum. Mutlu bir an.

Ağaç demişken, Herman Hesse'yi anarak edebi bir kapanış yapalım:

> *Ağaçlar hep en etkileyici vaizler olmuştur benim için. Ormanlar ve korularda halklar ve aileler halinde yaşayan ağaçlara hayranım ben. Tek başına duran ağaçlara daha da hayran. Yalnız insanlar gibidir onlar. Şu ya da bu*

---

[23] 1980'lerde Dikkat Yenileme Kuramı'nı ortaya atan psikologlar Rachel Kaplan ve Stephen Kaplan, kuramlarını doğada geçen zamanın odaklanmayı arttırdığına dair sayısız araştırma sonucunda geliştirmişler. Kurama göre, odaklanma güdümlü dikkati gerektiriyor.

zaaftan ötürü sıvışıp giden münzeviler gibi değil, yalnızlaşmış büyük insanlar gibi, Beethoven ve Nietzsche gibidirler. Tepelerinde uğuldar dünya, kökleri sonsuzluğa uzanır ama sonsuzlukta kaybolup gitmez, var güçleriyle tek bir şey için, onlara özgü, onlarda içkin yasayı yerine getirmek, büyüyüp serpilmek, varlıklarını ortaya koymak için çabalarlar. Hiçbir şey daha kutsal, hiçbir şey daha mükemmel değildir güzel, güçlü bir ağaçtan.

"KUŞ GAGASINA BAKIP TREN HAYAL ETME BECERİSİ:" YARATICILIK

"İlk başlarda dehşet verici, hatta gülünç ya da fazla aşırı olduğu düşünülen fikirler, zamanla, insanların ezelden beri inandıklarını düşündüğü şeylere dönüşür."

Rebecca Solnit, *Karanlıktaki Umut*

"İnsanları çaresiz bırak, iç organlarından roket yaparlar!"

Hakan Günday, *Daha*

Okumaya devam etmeden önce küçük bir oyun oynayalım. Fotoğraftaki kuşun cinsini ve hangi buluşa ilham verdiğini biliyor musunuz?

Japonya, trenlerinin hızı ve verimliliğiyle ünlü bir ülke. Ancak hızı saatte 300 kilometreyi aşan trenler, bir dönem tünelden her çıkışlarında çekilmez bir gürültüye yol açıyordu. Gürültünün kaynağı, değişen hava basıncıydı. Çevrede oturan halkı rahatsız eden sorunu çözmek için kollar sıvandı.

Kafa kafaya verince kafaları daha iyi çalışan mühendisler çözümü başka bir kafada buldular: Yalıçapkınının kafasında! Avını çok hızlı yakaladığı için *hırsız kuş* diye de bilinen yalıçapkını, balık avlayacağı zaman denize birkaç metre kala kanatlarını çırpıp havada asılı kalıyor. Bu arada etrafa bakınıyor, gelen giden var mı, asayiş berkemal mi diye gözlüyor.

Sonra birden zıpkın gibi denize dalıyor ve avını yakalayarak su yüzüne çıkıyor. Konuyu çok dağıtmadan ek bir bilgi de vereyim; hikâyeye göre, bakışı yalı sahiplerinin ilgisini çekmiş ve kuşun yalıları gözetlediği düşünülerek ona Türkçede yalıçapkını denmiş.

Kuşun zeki, çevik ve çapkınını seven Japon mühendisler de Shinkansen hızlı treninin sorununu çözmek için yalıçapkınından ilham almışlar. Zaten trenin fikir babalarından Eiji Nakatsu bir kuş gözlemcisiymiş. Yalıçapkınının suya dalması ile trenin tünele girmesi çok benzer mekanizmalar. Yalıçapkını avlanmak için düşük dirençli havadan yüksek dirençli suya dalıyor. Tünelin içi ve dışındaki basınç da böyle.

Sonuç olarak mühendisler, hızlı treni çapkın kuşun gagasına benzeyen uzun bir burunla donatmışlar. Gürültü sorunu çözülmüş. Üstelik %15 elektrik tasarrufu sağlanmış ve eskiye göre trenin hızı %10 artmış. Küçük bir kuş büyük buluşlara ilham olabilir; yeter ki doğayı katletmek yerine ondan ilham almayı akıl edelim. Doğadan ilham alan buluşları inceleyen alana *biyomimikri* denir, bunu daha sonra ayrıntılı olarak ele alacağız.

Yaratıcılık, tren örneğinde olduğu gibi, temelinde bir yeniden birleştirme, eski ya da var olan çözümleri yeni durumlara uygulama durumu. Farklı fikirler arasında yeni bağlantılar kurma kapasitesi. Buluşlar tarihini okursak, buluşların genellikle bir birleştirme veya yerini değiştirme sonucu olduğunu görürüz.

Cırt cırtlı ayakkabılarınız varsa, fikrin bir köpeğin tüylerine yapışan pıtraklardan doğduğu bilgisi ilginizi çekebilir. Bize sıradan görünen fermuar, sineğin ağzından esinlenilerek icat edilmiştir. Dalgıçların kullandığı paletler, balinaların yüzgeçlerinden yola çıkarak tasarlanmıştır. Verdiğim örneklerin özünde, sıfırdan bir şey ortaya koymaktan çok var olan düzeni değiştirme, ilham alma, eski çözümleri yeni durumlara uygulama becerisi yatar.

Burada biraz duralım. Yaratıcılık demek sadece büyük buluşlar demek değil. Oysa bizim toplumumuzda da gözlemlediğim kadarıyla, genel eğilim yaratıcılığı büyük buluşlarla eşleştirmek. Sadece bilim alanında değil, diğer alanlar için de böyle. Yaratıcılık denince resimde Picasso, müzikte Beethoven, bilimde Einstein gibi büyük isimler akla gelse de, yaratıcılık bundan ibaret değil.

Bazı yabancı kaynaklarda güzel bir ayrım var. Yaratıcılığın İngilizcesi "*creativity*." "Büyük" ve "küçük" yaratıcılık anlamında "Big C" ve "Little C" diye bir ayrım yapılıyor. Büyük yaratıcılık, az önce saydığımız buluşları ortaya koyanların, çoğunlukla dâhilerin işleri. Picasso'nun *Guernica*'sı, Beethoven'ın "5. Senfonisi," Einstein'ın izafiyet teorisi büyük yaratıcılık örnekleri.

Küçük yaratıcılık ise hepimizin içinde olan bir potansiyel. Pandemi döneminde sutyen kupundan maske yapmak, anneannelerimizin yaptığı gibi eski yağ tenekelerini saksıya dönüştürmek, günlük hayattaki sayısız probleme farklı açıdan bakarak çözümler üretmek küçük yaratıcılık örnekleri. PISA 2021'de yaratıcı düşünme şöyle tanımlandı: "*Orijinal ve etkili çözümlere, bilgide ilerlemeye, hayal gücünün etkili ifadesine götürecek fikirleri oluşturma, değerlendirme ve geliştirme sürecine üretken bir biçimde katılma yetkinliği.*" Yani yaratıcılık doğal bir yetenek olarak değil, herkesin içindeki bir kapasite olarak tanımlanıyor.

Şunu da belirtmek gerekir ki, yaratıcılık için sadece hayal gücü yetmez, bilgi de önemlidir. Çocuklarda bilgi eksiktir, yetişkinlerde de hayal gücü azalmış durumdadır. Mesele ikisini birleştirmektir. Diğer bir deyişle, yaratıcılık, edinilen deneyimleri bir çocuğun taze gözleriyle buluşturmakta gizli olabilir.

Yapay zekâ çağında yaratıcılık neden önemli?

Einstein bir keresinde "*Sezgisel akıl kutsal bir armağandır, rasyonel akıl ise sadık bir hizmetkârdır. Biz hizmetkârı onurlandırıp armağanı unutan bir toplum yarattık,*" demiş. Yapay zekâ çağında Einstein daha da haklı. Çağ, makinelerin, robotların kolay çözemeyeceği karmaşık problemlere yaratıcı çözümler getirebilenlerin çağı.

İçinde yaşadığımız döneme ekonomi bağlamında "yaratıcılık ekonomisi" de deniliyor. Özellikle hayal gücü, empati, yaratıcılık, sosyallik gerektiren eğlence ve tasarım sektöründeki işlerde bir artış bekleniyor. Verimlilik artışları sayesinde işgücüne olan ihtiyaç önemli ölçüde azaldı, ancak Beethoven'ın senfonisini dokuz dakika boyunca çalmak için hâlâ 19. yüzyıldaki gibi dört müzisyen gerekiyor. Bir sanatçının plağını dijital ortamda dinleyebilirsiniz ama konserine gitmekle aynı şey olmaz.

Artık verilen reçeteleri uygulamak değil, daha iyilerini bulmak gerekiyor. Kendini tekrarlayan işleri yapanların hükmü bitecek. Bu tür işler robotlar tarafından çok daha verimli ve çok ucuza yapılabilecek. Ne de olsa robot iş başındayken çıkışta arkadaşlarla nereye gideceğini, Sevgililer Günü'nde kız arkadaşına ne hediye alacağını, akşam evde ne pişireceğini düşünmüyor. Eli de, gözü de işte.

Hatta uzmanlık gerektiren bazı işler ortadan kalkabilir. Bir simultane çevirmen olarak İspanya'da yıllardır çok severek gittiğim bir konferans var. Bir yandan para kazanırken, bir yandan da gezdiğim "cillop" işlerden. Bu yıl ilk kez işi yapay zekâya kaptırdım! Çeviriyi ilk kez bizim yerimize makine yaptı. Ne kadar iyi bir çeviri yapabildiği konusunda şüphelerim var; oradaki insanlar yabancı dil bilmediği için doğru bir çeviri olup olmadığı konusunda da yorum yapamazlar. Hatta şu anda içimden "Aptal robot yanlış çevirmiştir inşallah da kıymetimizi anlarsınız" diyorum; *robot kıskançlığı* diye bir terim de olur mu acaba yakında? *"Robotlara bu şekilde hitap etmeniz hiç hoş değil"* diyecek politik doğrucular türer mi? *"Onların da duyguları vaaar, sizi takipten çıkıyorum!"*

Şaka bir yana, teknolojinin giderek birçok işi gereksiz hale getirecek hızda geliştiği aşikâr. Tek tesellim, yapay zekânın gereken durumlarda diplomatik olmayı beceremeyeceğini düşünmem. Bir simultane çevirmenin birincil görevi mesajı doğru iletmek olsa da, bazen bunu usulünce yapmazsanız, yaratıcı ve duygusal zekânızı devreye sokmazsanız, krizler çıkabilir.

En önemli becerilerin listelerini yapan kuruluşların "karmaşık problem çözme" becerisini listenin tepesine koymalarından bunu anlıyorum. Kendi mesleğim bağlamında düşününce, dil bilmek ve kabul edilebilir düzeyde çeviri yapmak yeterli değil. İşin derinine inmek, ince ayrıntılara hâkim olmak, bağlama göre akıllıca seçimler yapmak, metaforları yerli yerinde kullanmak daha karmaşık bir düşünme biçimini gerektiriyor. Robotlar *bilgili* olabilir, ancak henüz *bilge* değiller. Henüz kelimesini bilinçli olarak ekliyorum, çünkü bunları da yapabilecekleri bir zaman gelirse bir robottan *"Bizimle ilgili vaktiyle ileri geri konuşmuşsun"* diye azar işitmek istemiyorum!

Yaşadıklarımı sosyal medyada paylaştığımda bir hanımefendi *"Demek o zaman çocuklar yabancı dil öğrensin diye çırpınmamıza gerek yok"* yazmıştı. Konuyu fazla dağıtmadan kısacık bir yorum eklemek istiyorum. Yabancı dil öğrenmenin tek amacı, mesleki açıdan işe yaraması değildir. Bir dil öğrenmek farklı bir kültürü öğrenmek de demektir. Empatiyi arttırır. Kaynakları orijinalinden okumanızı sağlar. Size gönderilen bilgileri orijinalinden teyit etmenizi sağlar. Ayrıca dünyanın herhangi bir yerinde yaşayıp çalışabilme imkânı sunar. Yurtdışında burs almamı sağlayan en önemli unsurlardan biri de yabancı dili akıcı konuşabilmemdi. Anadolu Lisesi mezunuyum. Bizim zamanımızda Anadolu Liseleri çok güzel yabancı dil eğitimi verirdi. Ancak o zamanlar okul dışında bu kadar eğitim fırsatı yoktu. Şimdi isteyen herkes makul ücretlere, hatta bazen ücretsiz olarak yabancı dil öğrenme şansına sahip.

Konumuza dönecek olursak, MIT Ekonomi Profesörü David Autor'a göre,[1] sorulması gereken asıl soru şu: Yapay zekâ *hangi işin yerini alacak, hangi iş için tamamlayıcı olacak*? Otomasyon bir uzmanlığın yerini alıp tamamen ücretsiz olarak aynı sonucu veriyorsa, bu (uzman için) iyi bir haber değil. Mesela yazılı çeviri için durum böyle görünüyor. Öte yandan yapay zekâ hâlâ tam güvenilir olmadığından, bazen abuk subuk çeviriler yaptığından (şimdilik) editörlük mesleğinin yükseleceğini düşünüyorum. *Son ütücü* gibi, çevirinin son kontrolünü yapmak önemli olacak.

Geleceğin becerileri ve meslekleriyle ilgili bir seminere yakın dönemde dinleyici olarak katıldım. Konuşmacı mesleklerin geleceği konusunda uzman bir insan kaynakları yöneticisiydi. Yapay zekâ uygulaması Chat GPT4'ün tıpta ve hukukta insana üstün performans gösterdiğini anlattı. Bu çağda asıl önemli olanın *düşünmek, soru sormak, yaratıcılık, duygusal beceriler* olduğunu ifade etti. Ayrıca gelecekte ağırlıklı iş modeli esnek, sözleşmeli işler şeklinde olacak. Güvenceli, maaşlı iş fikri yavaş yavaş ortadan kalkıyor.

Sevdikleri konuda derinlemesine bilgi ve yetkinlik sahibi olan, teknolojiyi etkin kullanabilen, kendi ürün ve hizmetlerini

---

[1] *Financial Times*'ta Delphine Strauss'la yaptığı 10 Ağustos 2023 tarihli röportajdan. https://www.ft.com/content/9c087da3-63d2-4d73-97dc-023025b5 29aa.

tasarlayan insanların çağı bu. Bu nedenle ilgi ve tutku alanlarımızı keşfetmek, yaratıcılığı desteklemek, karakter becerilerine odaklanmak önemli.

İster istemez aklımdan şu soru geçiyor: *Okullarda çocuklara ne yapıyoruz?* Çoktan seçmeli sınavlar, gerçeği tek şıkka indirgeyip onun doğru olduğunu empoze ediyor. Farklı bir düşünce süreci izleyen ve farklı bir sonuca ulaşan çocuk, yaratıcı fakat yanlış cevaptan dolayı zayıf not aldığında yaratıcı düşünmemesi gerektiğini öğreniyor. Bir robotun saniyeler içinde ulaşıp verdiği bilgiyi çocuklara ezberletip sınavlarda "geri tükürmelerini" istiyoruz. Gri madde ziyanından başka bir şey değil yaptığımız. Eğitimci John Dewey'nin dediği gibi, *"bugünün çocuklarına dünün yöntemleriyle öğreterek yarınlarından çalıyoruz."*

Hal böyleyken, arkaik bir eğitim sistemine mahkûm olmamak adına, kitaplar, sanat, felsefe ve doğa gibi soru sorduran, düşündüren, problem çözdüren, yaratıcılığı besleyen buluşmaların aktif olarak peşinden gitmek gerekiyor.

Dahası, okullarda ya da evlerde bağımsız düşünceye ne kadar izin veriliyor? Öğrenci anne-babasını ya da öğretmenini ne kadar eleştirebiliyor? Fikrini korkmadan söyleyebiliyor mu? "Büyüğünün" fikrine ne kadar itiraz edebiliyor? Kültürümüzde itiraz saygısızlıkla eşdeğer görülebiliyor, oysa aklına yatmayan fikre itiraz etmek ayrı, *saygısızca itiraz etmek* ayrı bir şey. Yaratıcılık cesaretle, inisiyatifle, bağımsız düşünebilmekle çok yakından ilişkilidir. Sorgusuz sualsiz itaat kültüründe yaratıcı düşüncenin filizlenmesi güçleşir. *Yaratıcılığın temelinde özgünlük, özgünlüğün temelinde özgürlük vardır.*

Saygı konusundaki kültürel algı ayarlarımızı değiştirmezsek, yaratıcı fikirlerin başı bebekken ezilebilir. Sorgulayan, soru soran, itiraz eden, haklarını savunan, yanlışa yanlış diyen insan *saygısız* insan değildir, *düşünen* insandır. İtaat ve saygı eşdeğer tutulduğunda, aklına yatmayana karşı çıkan çocuk saygısız ilan edildiğinde, ayıplandığında, cezalandırıldığında, duygu ve düşüncelerini içine atma yoluna gidebilir. İçe atma, çocuk için de, içinde yaşadığı toplum için de sağlıklı bir durum değildir.

Düşünceleri ifade etmenin de bir yolu yordamı vardır elbette. Nasıl ki itiraz etmek saygısızlık değilse, fikirlerini ifade ederken hakarete başvurmak da bağımsızlıkla eşdeğer değildir. Özgürlük sınırsızlık değildir. Özgüven hadsizlik değildir. Birey olmak saygısız olmak değildir. Çocuk kendini ifade etme biçimini en başta çevredeki yetişkinlerle olan etkileşimlerinden öğrenir.

Atatürk'ün vizyoner dehasıyla öngördüğü, dönemin Milli Eğitim Bakanı Hasan Âli Yücel ile İlköğretim Genel Müdürü İsmail Hakkı Tonguç'un hayata geçirdiği, sonradan siyasi nedenlerle kapatılan Köy Enstitüleri örneğini hatırlayalım. Köy enstitüleri, alıştığımız anlamda *hiyerarşik saygı* kavramını değiştiren, öğrencilerin yönetimde söz sahibi olduğu, herhangi bir kurumda ilerleme için izlenebilecek değerli bir model. Enstitülerde cumartesi günleri eleştiriye ayrılırmış. O gün öğrenciler, öğretmenler ve müdürler haftanın değerlendirmesini yapıyor, gördükleri yanlış uygulamaları eleştiriyormuş. İşini iyi yapmayan her kimse (öğretmense öğretmen, görevliyse görevli, öğrenciyse öğrenci, müdürse müdür) eleştiriye maruz kalıyormuş. Herkes savunmasını herkesin önünde yapıyormuş.

İlerleme ve taze fikirler ancak gerçek anlamda demokratik ortamlarda mümkün olabilir. Yaratıcı düşünme cesaret, özgüven, eleştiri ve bağımsızlık ekosisteminde yeşerebilir. Otoritesinin sarsılmasını istemeyenler, iktidarını kaybetmekten korkanlar böyle ortamlara da tahammül göstermeyecektir. Köy enstitüleri de güçlerinin tehdit altında olduğunu anlayan çıkar sahiplerinin asılsız karalamaları sonucunda kapatılmak zorunda kalmıştı.

Yıkım olmadan gerçek yaratıcılık mümkün mü?

1995'te Çinli sanatçı Ai Weiwei, Han Hanedanı'na ait bir milyon dolarlık vazoyu yere fırlatıp tuzla buz etti. Sanatçı bu hareketiyle ne anlatmaya çalışıyordu? *"Yeni sanat yaratabilmek için eski geleneklerin, alışkanlıkların ve kültürlerin imha edilmesi gerekir."* Harvard'lı ekonomist Joseph Schumpeter de teknoloji bağlamında "yaratıcı yıkım" (*creative destruction*) kavramından söz ediyor: *"Hiçbir teknoloji bir önceki imha edilmeden gerçekleşemez."*

Bir milyon dolarlık vazoyu kırmak uç bir örnek olabilir, ancak uç örnekler bazen arkada yatan felsefeyi görmeyi kolaylaştırabiliyor. Yaratıcı düşünebilmek için eski düşünme biçimlerini tamamen geride bırakmak gerekir. Biz yine de felsefemizi dünyaya yaymak amacıyla milyon dolarlık vazolar kırmayalım; sonuç Ai Wei Wei değil Ah Vay Vay olur. Bu iğrenç espriyi yapmasaydım ölürdüm, evet.

Yaratıcı olmak için bir düzeyde yıkıcı olmak, risk iştahına sahip olmak gerekir. Yine bir okul örneği üzerinden anlatmaya çalışayım. New York'taki Juilliard School, olağanüstü yetenekli çocukların gittiği bir müzik okuludur. Buraya kabul edilen çocuklar teknik olarak çok yeteneklidir. Öte yandan kayda değer eser besteleyebilenlerin sayısı çok azdır. Neden? Garantici ve mükemmeliyetçi olmak, yaratıcılığın önünde engel olabiliyor. Yazar Darrell Hamm'in ifadesiyle, *bugünün steril, riskten arınmış, pürüzsüz, acıya ve mutsuzluğa geçit vermeyen, fazla yapılandırılmış ortamlarından özgün sanatçılar, öncüler, girişimciler çıkması zor.*

Şu anki eğitim sisteminde, *kuralları takip edebilen, saatlerce ekran önünde oturabilen ve sınavda kutucuklar işaretleyen* insanlar yetişiyor. Bir insan akademik olarak başarılıysa ama hiç kendi başına hareket etmemişse, sürekli kontrol altında yaşamışsa, ebeveynleri aşırı kontrolcü, aşırı müdahaleci, aşırı mükemmeliyetçi ya da aşırı eleştirel bir tutum izlemişse, yaratıcılık zor olabilir. Vurgulamaya çalıştığım üzere sorun, kontrol ya da müdahalenin *aşırı ve sürekli* oluşunda.

2-10 yaş arasında çocuklar 6-9 dakikada bir anne-babaları tarafından davranışları için uyarı alıyormuş. Günde 50, yılda 15.000 uyarı demek! Kurallar gerekli olabilir ama *aşırı ve açıklamasız kuralcılık* yaratıcılığa engeldir. Anne-babalar kural koyduğunda, bu kuralları çocuklara ne şekilde açıkladıkları büyük fark yaratır. Neden-sonuç ilişkisi kurulduğunda, yani çocuk kuralın mantığını anladığında, kurala uyması daha olası hale gelir, çünkü bunu içselleştirir.

Kendimden örnek vereyim. Küçükken anneannem meyve sebzeyi buzdolabının en alt rafına koymak gerektiğini söylerdi, ancak nedenini açıklamazdı. İşin mantığını anlamadığım için çoğu zaman dediğini yapmazdım, bir nevi güç çatışması yaşardık. Bir gün babam, "Meyve sebzeyi en alta koyunca daha uzun süre taze kalıyor," dedi. O anda bir aydınlanma yaşadım. Beynimde yepyeni bağlantılar kuruldu. İşin mantığını anlayınca o günden sonra sebzeleri en alta koymaya başladım. *Kuralların bir mantığı olmadığında, gereklilikleri de sorgulamaya açık hale gelir.*

Yaratıcılık konusunda çalışmalar yürüten Teresa Amabile anne-babalar ve çocuklarını incelemiş. Herhangi bir çocuğa ortalama 6 kural konulurken *yüksek düzeyde yaratıcı çocukların* ailelerinin ortalamada 1 kural koyduğunu görmüş. Yaratıcı düşünmeyi besleyen aileler, *kurallardan* çok *değerleri* vurguluyormuş.

Başka bir çalışmada, Amerika'nın *en yaratıcı* mimarları, *başarılı olan ama yaratıcı olmayan* başka mimarlarla kıyaslanmış. Yaratıcı gruptakilerin ebeveynlerinin çocuklukta kural koyarken açıklamalar da yaptığı görülmüş. Neyin yanlış neyin doğru olduğuna dair ilkeleri netlikle ortaya koymuşlar; saygı, merak, sebat ve özü sözü bir olmak gibi değerlere vurguda bulunmuşlar. Bu değerleri vurgulamakla birlikte temelde çocuklarının kendi etik değerler setini geliştirmesine izin vermişler. Çocuklara *kendi değerlerini seçme özgürlüğü* verilmiş. Özellikle davranışlarının başkalarının hayatı üzerindeki sonuçlarını açıklamak daha etkili olmuş. Bu tutum *empati* duygusunu da tetiklemiş.

Yaratıcı potansiyeli bir bitki gibi düşünebiliriz. Coşması için doğru yerde olması, doğru şekilde beslenmesi, doğru dozda ve stilde ilgi görmesi lazım. İnsanın doğasında var olan potansiyel içinde bulunduğu ortamda yeşerebilir de, kösteklenebilir de. Sizinki yaratıcılığın yeşermesine izin veren bir ortam mı? Çalışan, yönetici, öğrenci, ebeveyn... Herkes bu soruyu kendine sorabilir.

Ebeveyn tutumlarının yaratıcılık üzerindeki etkilerinden söz ettik, biraz da öğretmen tutumlarına bakalım. Hepimiz öğrenci olduk, belki bir kısmımız hâlâ öğrenci. Yaratıcı fikirleri olan öğrencinin sınıf ortamında neler yaşadığıyla devam edelim.

Başarılı girişimcilerin kulak asmadığı 5 çocukluk kuralı nedir?

Yaratıcılık denince akla gelen kelimelerden biri de girişimcilik. Yaratıcı fikirlere sahip olmanın ve cesaretle hareket edebilmenin girişimcilikte önemli olduğunu düşünürsek çocukluk etkilerini gözden geçirmek ilginç olabilir. Başarılı girişimciler çocukken annelerinin hangi sözünü dinlememiş dersiniz?

"Yabancılarla konuşma!": Yabancılarla konuşmak girişimciler için yeni fırsatlar demek. Uçakta, sokakta, restoranda, sosyal medyada yabancı birileriyle konuşmak yepyeni kapılar açabilir. Amaçları kendilerini övmek değil, yeni iş ilişkileri kurabilmektir.

"Bekle!": Mark Zuckerberg Facebook'u kurmadan önce MySpace'in çökmesini beklemedi. Bill Gates Microsoft'u kurmak için okulun bitmesini beklemedi. Başarılı girişimciler hızla değişen dünyada aktif olarak harekete geçer. Onlar şimdinin sunduğu fırsatlara odaklıdır.

"Çizgi içinde kalan alanı boya": Başarılı girişimciler, kutunun dışında düşünebilenlerdir. Onlar verilen resmin içini boyamaz, boş kâğıda kendileri resim çizerler. Okullarda da yaratıcılık adı altında çocuklara boyama kitapları boyatmanın yaratıcılıkla bir ilgisi yoktur.

"Senden bir şey olmaz": Beatles'a senden bir şey olmaz demişlerdi, Einstein'a da, Edison'a da. Başarılı girişimciler hayır cevabını kabul etmez. Hedefleri uğrunda mücadeleye devam ederler. Çaresiz hissetmezler, çözüm odaklıdırlar. Onlar kendi kendilerine öğrenme ve gelişme uzmanlarıdır.

"Aklını başına topla!": Başarılı girişimcilerin fikirlerine en başta herkes saçma gözüyle bakar. Ancak onlar, vizyonlarını gerçeğe dönüştürmek için, uyumsuz görünmek pahasına da olsa yollarına devam ederler. Sevgili Aziz Nesin'in "Çocuklarıma" şiirinden şu dörtlüğü hatırlayalım: *Dünyada yapılmamış işler çoktur çocuğum / Derlerse ki bu işler bişeye yaramaz / De ki bütün işe yarayanlar / İşe yaramaz sanılanlardan çıkar.*

Shakespeare öğrenciniz olsaydı ne hissederdiniz?

Eğitimci Ken Robinson'ın "Okullar Yaratıcılığı Nasıl Öldürüyor?" başlıklı konuşması, an itibariyle dünyanın en çok izlenen TED konuşması. Robinson, *"Benim iddiam, tüm çocukların muazzam yeteneklere sahip olduğu. Ve biz onları acımasızca harcıyoruz,"* diyor: *"Benim iddiam, yaratıcılığın artık eğitimde okuryazarlık kadar önemli olduğu ve ona aynı statüde davranmamız gerektiği."*

Maalesef yaratıcı düşünen öğrenciler bugünün sınıf ortamında pek rağbet görmüyor. Genellikle sınavlarda düşük puan alıyorlar. Sırf bu yüzden bir kenara itilebiliyorlar, hevesleri kırılabiliyor. Tarihte birçok yaratıcı dâhinin belli bir noktadan sonra okulu bırakması şaşırtıcı değil. Okuldayken aptal olduğu, uyumsuz olduğu, dikkatini toplayamadığı, umutsuz olduğu düşünülen çok. Bir kısmı okuldan atılmış, bir kısmı kendi isteğiyle bırakmış.

Apple'ın kurucusu Steve Jobs Reed College'da bir dönem okuduktan sonra okulu bıraktı. Bill Gates Harvard Üniversitesi'nde okurken okulu bırakarak Microsoft'u kurdu. Facebook'un kurucusu Mark Zuckerberg de Harvard Üniversitesi'ni yarıda bırakanlardan. Dislektik işadamı, milyarder Richard Branson 16 yaşında okulu bıraktı. Walt Disney, birkaç farklı okulda okusa da hiçbirini tamamlayamadı. Liste uzun. Yanlış olmasın, bu kişiler okulu bırakmıştır, eğitimi değil. Bir önemli ayrıntıyı daha atlamamak gerekir; Harvard'dan atılabilmek için önce Harvard'a girecek kadar iyi olman gerekir. Bu insanlar çalışmaya ve öğrenmeye âşıktır, çoğu otodidakttır, kendi alanlarında tutkuyla çalışırlar. Ödevli, kurallı okul ortamı çoğuna uygun değildir.

Peki öğretmenler böyle öğrencileri sınıflarında istiyorlar mı? İlkokul öğretmenleriyle bir araştırma yapılarak aynı soru sorulmuş. Öğretmenlerin hepsi ne cevap vermiş? "Evet, isteriz." Aynı öğretmenlerden çeşitli kişilik ölçütlerine puan vermeleri istenmiş. Yaratıcı düşünceyle en ilişkili olan özellikler (mesela kendini özgürce ifade etme, itiraz etme, risk alma gibi) öğretmenlerin "iflah olmaz" dedikleri öğrencileriyle ilişkilendiren özellikler. Meali şu: *öğretmenler yaratıcı düşünen öğrenciye kâğıt üzerinde hayran, uygulamada şikâyetçiler.* Sınavlardan yüksek not alan, uyumlu, davranış sorunu olmayan "gözde öğrenci" ise yaratıcılıkla düşük düzeyde ilişkili.

Düşününce çok mantıksız değil. Hayaller kuran, doğaçlamacı, sorgulayan birine onu ilgilendirmeyen bir şeyi öğretmek zor olabilir. Üstelik yaratıcı bir öğrenci, öğretmenin sınıf içindeki otoritesini de sarsabilir. Ken Robinson konuşmasında "*Öğretmen olduğunuzu ve Shakespeare'in öğrenciniz olduğunu düşünün*" diyor:

> *Shakespeare'in çocuk halini hiç düşünmüyorsunuz, değil mi? Shakespeare'in yedi yaşında olduğunu?.. Bir noktada yedi yaşındaydı. Birinin İngilizce sınıfındaydı, değil mi? Bu ne kadar can sıkıcı olurdu!*

Okullar çoğunlukla kişinin kendisini özgürce ifade etmesine uygun şekilde tasarlanmış yerler olmadığından, farklı olan, deyim yerindeyse "sivrilen" sevilmiyor. Elbette yaratıcı olmak saygısız olmak değil, ancak daha önce de ifade ettiğimiz gibi, farklı düşünmek ve sorgulamak da saygısızlık değil. İkisi arasındaki incelikli ayrımı yapabilmek ve öğretebilmek de öğretmenlik becerisi gerektiriyor.

Bir diğer sorun da, yaratma sürecinin genel itibariyle "başarısızlık" olarak görülmesi. Deneme, yanılma, hatalar yapma okulda da, toplum genelinde de hor görülüyor. Oysa *hüsran*, yaratma sürecinin olmazsa olmaz bir parçası. Ressam Celia Paul'ın *Otoportre* kitabında çok hoşuma giden bir içgörü vardı:

Resim, kaybetmenin dilidir. Boyanın katmanlarını tekrar tekrar sıyırmak ve yeniden yapmak, yeniden kaybetmek, ümit etmek, sonra hüsrana kapılmak, sonra ümitlenmek. Resmin bu süreciyle, temelde kayıplarla yapılanan bu süreçle, kaybetmenin doğurduğu duygularınızı kontrol edebilir misiniz?

Kaybetmenin doğurduğu duyguları kontrol edebilmek çok değerli bir yaşam becerisidir, ancak bu beceriyi inşa edebilmek için öncelikle kayıplara izin vermek gerekir. Kayıpla baş edebilmek sadece yaratım sürecinin bir parçası olmakla kalmayıp psikolojik sağlamlığı da besler. *"Hüsran olmadan tatmine ulaşılmaz"* der psikoterapist Adam Phillips.

Hüsranın öğrettiği çok şey vardır, ancak mükemmeliyetçilik takıntımızla bundan mahrum kalırız. Çocuklar yolun başındayken hata yapmaktan korkmazlar; biz onlara hata yapmanın korkunç bir şey olduğunu öğreterek *deneme, yanılma, öğrenme ve yeni bir şey ortaya koyma* kapasitelerini sekteye uğratırız. Hata yapan kişi belki bir arayıştadır, belki yaratıcı bir süreçtedir, belki yaratıcılığını üretime dönüştürmek için desteğe ihtiyacı vardır. Duruma anında olumsuz etiketler yapıştırmadan önce durup bu açıdan bakmakta yarar vardır. Burada yine Robinson'a dönüyorum:

Hatalı olmanın yaratıcı olmakla aynı şey olduğunu söylemiyorum. Bildiğimiz şey, yanılmaya hazır değilseniz, asla orijinal bir şey bulamayacağınızdır... Ve yetişkinlikte çoğu çocuk bu kapasitesini kaybetmiş oluyor. Yanılmaktan korkar hale gelmiş oluyorlar. Bu arada şirketlerimizi de böyle yönetiyoruz. Hataları damgalıyoruz... Picasso bir keresinde şöyle demişti: Bütün çocuklar sanatçı doğar. Sorun büyüyünce sanatçı kalabilmektir.

"Her çocuk sanatçı doğar, sorun büyüyünce de sanatçı kalabilmektir"

Picasso'nun sözü akla bir diğer soruyu getiriyor: Yaratıcılığın bir yaşı var mı? Hem var hem yok. Beyinde en son olgunlaşan bölge, mantık ve düşünmeden sorumlu olan prefrontal kortekstir. İlginçtir ki beynimizin mantıktan sorumlu bu bölümü, bir taraftan da yaratıcılığımızı baskılıyor. Mesela bir görüşe göre, uykuya dalınca prefrontal korteks kendini kapattığı için düş görüyoruz. Sansürcümüz susuyor ve sahne rüyalara kalıyor.

Çocuklukta sansürcü prefrontal korteksimiz henüz gelişmemiş olduğundan daha yaratıcı düşünüyoruz. Beynimizin RTÜK departmanı henüz faaliyette değil! Yavaş yavaş beyin olgunlaşmaya başlıyor. Kendimizin farkına varmaya, etrafın tepkileriyle "yanlış şeyi" söylemekten korkmaya başlıyoruz. Diğer bir deyişle, biz büyüdükçe bizimle birlikte kaygılarımız da büyüyor. Yaratıcılık kapasitemiz, kaygılarımızdan olumsuz etkileniyor. Yavaş yavaş yaratıcı üretim hevesinden vazgeçmeye başlıyoruz.

Yaşla birlikte artan bilgi de yaratıcılığı gölgelemeye başlıyor. Gençlik dönemi yaratıcılık açısından muazzam; ne çocukluktaki gibi tamamen bilgiden yoksun, ne de daha olgun ve deneyimli uzman bilgiyle körleşmiş durumda. Gençler *daha az bildikleri ve daha yeni bir yerden bakabildikleri* için gençlik döneminde daha çok buluş çıkıyor. Kişi yaşadığı kültürün henüz tam olarak etkisi altında değil. Geleneksel bilgiye kafa tutması daha muhtemel. Bu yüzden radikal fikirlere daha açık. Mesela fizikçiler en önemli keşiflerini kariyerlerinin başında yapmıştır. Genellikle buluşları 30 yaş öncesine denk gelir. Fizikten önce zirve yapılan tek alan, şiir sanatıdır. Genç fizikçiler ve şairler daha yaratıcıdır, çünkü hayal gücü 30 yaşlarına gelince biraz sönmeye başlar.

Bununla birlikte yaratıcılığı yavaş yavaş kaybetmek kader değildir. Durumun bilincinde olur ve olaylara dışarıdan bakma perspektifini korumaya çalışırsak hayat boyu bu kapasiteyi sürdürebiliriz. Ömürlerin artık 100 yıla vardığını düşündüğümüzde bu kapasiteyi erkenden kaybetmek anlamlı değil.

Yeni zorluklar bulmayı sürdürerek yaşlanana kadar genç bir yerden düşünebiliriz. Gelmiş geçmiş en üretken bilim insanlarından biri, matematikçi Paul Erdős, kendi disiplininde daldan dala atlamış. Karşılaştığı her problemde farklı insanlarla çalışmış. Her seferinde farklı konuların içine dalmış. Sıkılmaya başladığını hissettiği anda yeni bir zorluğun üzerine gidip temiz bir sayfa açmış. Böylelikle yaratıcı üretimi ömür boyu azalmamış.

Zaman içinde kaybettiğimiz yaratıcılığı geri kazanabiliriz, yeter ki bir çocuk gibi düşünelim. Hayata bir çocuğun taze gözleriyle bakmaya çalışmak zor olsa da deneyebiliriz. Küçük bir çocuk sahneye çıktığında henüz onun için korku ya da utanma gibi kavramlar yoktur. Sadece haz almak için oraya çıkar. O sesi çıkarmak, o şarkıyı söylemek, dans etmek onu mutlu ettiği için oraya çıkar. Asıl mesele, erken çocukluğun utançtan uzak ruhuna geri dönebilmektir.

Yaratıcılık yaralarınızın farkında mısınız?

Brené Brown utanç konusunda araştırmalar yapan bir profesör. Bir araştırmada görüştüğü erkek ve kadınların %85'i çocukluklarında okulda yaşadıkları utanç verici bir olay hatırlıyor. Onlara iyi yazamadıkları, iyi resim yapamadıkları, iyi şarkı söyleyemedikleri, iyi dans edemedikleri ve buna benzer şeyler söylenmiş. Brown buna "yaratıcılık yaraları" diyor ve ekliyor: *"Sırf birinin yaratabildiklerimizde değer görmemiş olması bunların ya da bizim değerimizi değiştirmez."*

"Yapamazsın"ı slogan gibi etrafa saçan insanlar az sayıda değil. Anne-babadan öğretmene, yan komşudan sosyal medya yargıçlarına, kişiyi aşağı çekecek yorumları, açacağı yaraları hesaba katmadan söyleyenler hep vardı, olmaya da devam edecek. Yıkıcı yorumları engelleyemeyiz, ancak yorumların bizde yara açmasına izin vermemek bizim seçimiz.

Yaralayıcı yorumlarda bulunan insanlar, Stanford Üniversitesi profesörü Carol Dweck'in ifadesiyle, "sabit zihniyet"ten mustaripler. Dweck iki tip zihniyetten söz eder: sabit zihniyet ve gelişim odaklı zihniyet. Bebekler *gelişim odaklıdır* mesela, hata yapmaktan ya da kendilerini küçük düşürmekten korkmazlar. Yürümeye çalışır, düşer, tekrar kalkar ve denemeye devam ederler. Biraz büyüyüp kendilerini değerlendirmeye başladıklarında, bazıları zorluklardan, becerikli ya da zeki görünmemekten korkar, yani *sabit zihniyete* geçiş yaparlar.

"Yapamazsın", "İyi değilsin", "Ne yapsan boş" gibi cümlelerin altında sabit fikirlilik yatar. Özellikle de çocuklara böyle şeyler söylemek sakıncalı ve yanlıştır. Gelişimlerinin ve kendilerini özgürce ifade etmelerinin önünü tıkama ihtimalinden öteye gitmez. Sabit zihniyetin karşısında yer alan gelişim odaklı tutum ise çocuğun kendine, kapasitesine inanmasını sağlar. Joachim Trier'in *Oslo, 31 Ağustos* adlı filmde karakter "*Annem ne istersem yapabileceğimi söylerdi*" *der.* "*Ne istersem olabileceğimi, kimi istersem sevebileceğimi, nerede istersem yaşayabileceğimi. Hep arkamda olacaklarını.*" Gelişim odaklı yetişkinin genel yaklaşımı böyledir.

Etrafımızdaki kişilerin gelişim odaklı mı, sabit zihniyette mi olduğunun farkına varıp söylenenlerden etkilenmemeyi seçmek elimizde. Çok sevdiğim yazar Maya Angelou'nun sözleriyle bitireyim:

Başınıza gelen bütün olayları kontrol edemeyebilirsiniz, ancak bunların sizden bir şeyler almasına engel olmayı seçebilirsiniz. Şikâyet etmeyin. Hoşlanmadığınız şeyleri değiştirmek için her türlü çabayı gösterin. Eğer bir değişiklik olmuyorsa, düşünce şeklinizi değiştirin. Yeni bir çözüm bulabilirsiniz.

Odaklanabilmek için alınan ilaçlar yaratıcılığı nasıl etkiliyor?

"Her parıldayan altın değildir. Her gezinen kaybolmuş değildir."

Tolkien

Gelmiş geçmiş en büyük dâhilerden kabul edilen Leonardo da Vinci, yeterince pişmesine rağmen neden 10 yıl daha ustası Verrocchio'nun yanında kaldı? Bir görüşe göre Leonardo kendi başına kalsaydı muhtemelen açlıktan ölürdü. Kötü bir iş adamıydı, iş almayı bilmiyordu, alsa da bitirmeyi bilmiyordu, çünkü daldan dala atlıyor, bir türlü odaklanamıyordu. Atölye ona bir yapı ve disiplin sağlıyordu.

Deyim yerindeyse Leonardo, *"Rönesans Dönemi Dikkat Dağınıklığı"*ndan mustaripti. Öte yandan onu tarihe damgasını vuran Leonardo da Vinci yapan da tam olarak bu olabilir mi? O dönemde dikkatini odaklayabilmesi için ilaçlar kullansaydı, bugün onu tanır mıydık?

Odaklanma ve dikkatten övgüyle söz ederken madalyonun öbür yüzünü de es geçmemek gerek. Genellikle zor bir problemi çözmenin en iyi yolunun usanmadan odaklanmak olduğunu düşünüyoruz, ancak böyle bir odaklanma gerçek anlamda gelişim getiren orijinal bağlantılara ket vurabiliyor. Yoğun odaklanma, hayal gücünü baltalayabiliyor.

Farklı düşünme ya da *ıraksak düşünme,* yaratıcı düşünmenin kritik bir parçası. Bazen alakasız bilgilere dalıp gitmek, beynin uzak yerlerinde dolaşan başıboş çağrışımlara kulak kabartmak inovatif sonuçlar doğurabiliyor. Tolkien'in dediği gibi, *her gezinen kaybolmuş değildir*.

Dikkat Eksikliği Hiperaktivite Bozukluğu'nu (DEHB) ele alalım. DEHB'nin akademik başarı, iş performansı ya da sosyal ilişkiler üzerinde olumsuz etkileri olabilir. Ancak DEHB, yaratıcı düşünme avantajını da beraberinde getirebilir. Michigan Üniversitesi'nden öğrencilerle yapılan bir deneyde,[2] Dikkat Eksikliği Hiperaktivite Bozukluğu (DEHB) tanısı konmuş olan öğrenciler yaratıcılık testlerinde daha yüksek puan alıyor.

Ardından gerçek dünyada yaratıcı başarı düzeyleri ölçülüyor. Öğrencilere hakemli sanat yarışmalarında ödül kazanıp kazanmadıkları, bilim fuarlarında dereceye girip girmedikleri soruluyor. Tiyatrodan mühendisliğe kadar her alanda, dikkat eksikliği olan öğrencilerin daha başarılı oldukları görülüyor. *Yani okul dışında, yaratıcılık gerektiren alanlarda çok başarılılar.*

Harvard ve Toronto Üniversitelerinden başka bir araştırmada,[3] öğrencilere duyu testi yapılıyor. Arkada çalışan klima sesi ya da dışarıdaki trafik gürültüsü gibi dış uyaranları ne kadar göz ardı edebildiklerine bakılıyor. Uyaranları dışlayamayanların üstün yaratıcı olma ihtimali 7 kat daha fazla bulunuyor. Uyaranları filtreleyemeyip odaklanamayınca bilinçte daha zengin bir düşünce kokteyli oluşuyor.

Durum böyleyken, 60 ülkeden 1.400 katılımcıyla yürütülen bir ankete göre, bilim insanları ve araştırmacıların %20'si zi-

---

2 H.A. White ve P. Shah, "Creative style and achievement in adults with attention-deficit/hyperactivity disorder," *Personality and Individual Differences*, 2011, 50 (5): 673-677.

3 S. Carson, J, Peterson ve D. Higgins, "Decreased Latent Inhibition Is Associated With Increased Creative Achievement in High-Functioning Individuals," *Journal of Personality and Social Psychology*, 2003, 85(3): 499-506.

hinsel performanslarını artırmak için düzenli olarak reçeteli ilaç kullanıyor.[4] Başlıca kullanıcılar ise gençler ve öğrenciler. En sık öne sürdükleri gerekçe, *konsantrasyonu artırmak.* İlaçlar odaklanma için avantaj sağlasa da yaratıcı düşünme için dezavantaj, çünkü *çözümü sağlayacak yaratıcı modu arka plana itiyorlar.* İlaç alarak aralıksız 8 saat çalışabilirsiniz ama önemli bir içgörü ortaya koyamayabilirsiniz.

Yoğun odaklanma ormanda bizi kovalayan kaplandan kaçarken ya da muhasebe hesaplarını yaparken işe yarasa da şarkı bestelerken ya da roman yazarken pek işe yaramayabilir. Yaratıcılık için gereken, *yayılmış dikkat* (*diffused attention*) haline geçiş yapmaktır. Çözümler, rahatlayıp dikkatimizin dağılmasına izin verdiğimizde geliyor. Einstein zor problemleri çözmeye çalışırken ara verip keman çalardı. *İçgörü ancak biz onu aramayı bıraktığımızda gelir.* İlaçlar bu durumu baskılayabiliyor.

Benzer biçimde, *migren atakları öncesinde* de insan birkaç saat boyunca enerjiyle ve yaratıcılıkla dolabiliyor. Oliver Sacks'ın *Bilinç Nehri* kitabında ciddi migrenden mustarip bir matematikçinin hikâyesi vardı. Adam her migren atağı geçirdiğinde yaratıcılık patlaması yaşıyordu. Şayet migreni ilaçla tedavi edilirse yaratıcılık da "tedavi edilmiş" olacaktı. Hasta, yaratıcılığından olmamak için migreni seçiyordu.

Dikkat ve odaklanma bölümünde aldığımız notları hışımla çöp kutusuna atmaya karar vermeden önce unutmayalım ki yaratıcı düşünmeyle ilgili anlattıklarımız, odaklanma ve planlama gibi amaca ulaşmayı mümkün kılan yürütücü işlevleri önemsiz kılmıyor. Yaratıcı üretim yan gelip yatma yeri değildir! Kişi yaratıcı düşünme ile odaklı çalışma arasında bir

---

[4] B. Maher, "Poll results: look who's doping," *Nature,* 10 Nisan 2008, 452(7188): 674-675.

köprü kurup sonuca ulaşabilir. Bazen de bunu tek başına başarması mümkün olmaz. Dikkati dağınık Leonardo ve odaklanma ustası Verrochio bir takımdı. Bugün de takım çalışması devrindeyiz ve farklı beyin yapılarının buluşmalarına alan açmak gerekiyor.

Çocuklar Nasıl Başarır? kitabında, aynı anda çok sayıda işe girişip hiçbirine layıkıyla konsantre olamayanlara "tilki beyinli" dendiğinden söz etmiştik. Leonardo tam bir tilki beyinliydi. Öte yandan her defasında sadece bir işe odaklanan, o işi bitirdikten sonra diğerine geçenlere "kirpi beyinli" deniliyor, çünkü bir şeye odaklanmışken ona bulaşırsanız size oklarını atabilir! Her iki beyin tipinin de avantajlı olduğu alanlar var. Tilkilerin dikkat dağınıklığını "tedavi etmek" ya da kirpilerin "yaratıcılığını arttırmak" gibi endişelerin ötesinde tilkilerin ve kirpilerin güçlerini birleştiren bir dünya mümkün.

Artık dünyada *nöroçeşitlilik* diye bir kavramdan söz ediliyor. Nöroçeşitlilik, farklı zihinsel yapıları kucaklamak demek. *Otizm, disleksi, hiperaktivite, dikkat dağınıklığı* gibi durumları salt "güçlük" üzerinden tanımlayıp dışlamak yerine, doğada var olan, teknolojinin ve kültürün ilerlemesine katkıda bulunan "zenginleştirici zihinsel farklılıklar" olarak görmeye dayalı, kapsayıcı ve zekice bir yaklaşım. Her bireyin yapılan işe katacağı ayrı bir değer ve yetkinlikler bir araya getirildiğinde ortaya çıkan sonuçlar çok daha tatmin edici olur.

Bir insanda her şeyi bulmaya çalışmak yerine her insanda bir şey bulmak, farklı beyin yapılarını bir araya getirerek çözümlere gitmek daha insanca ve yaratıcı bir bakış açısı değil mi?

Yaratıcı düşünmeyi nasıl besleriz?

Yaratıcılık konusunda epey konuştuk. Sıra işin "*nasıl*"ında. Yaratıcı düşünmeyi nasıl destekleyebiliriz?

Sanatla düzenli bir ilişki kurmak

"İnsan her gün bir parça müzik dinlemeli, iyi bir şiir okumalı, güzel bir tablo görmeli ve mümkünse birkaç mantıklı cümle söylemeli."

Goethe

Sanat kendi içinde değerli olmanın ötesinde zihnimizin serbestçe çalışmasına izin veren bir disiplin. Düzenli bir biçimde hayata entegre edildiğinde yaratıcılığı çok besliyor. Michigan Devlet Üniversitesi'nde 2013'te bir araştırma[5] yürütülmüş. Çocukken sanatla ilgilenenlerin *inovasyon yapma, patent alma* ve *iş kurma* oranlarına bakılmış. Bu oran genel nüfusa göre 8 kat daha yüksek çıkmış! Hatta araştırmanın yer aldığı bir blog yazısının başlığı şöyleydi: *"Genç bir Picasso ya da Beethoven, bir sonraki Edison Olabilir."*[6]

Nobel ödülü alan bilim insanları da almayanlara kıyasla sanatla daha ilgili. Araştırmacılar en önemli noktanın *sanat faaliyetlerine uzun süre devam etmek* olduğunu belirtiyor. STEM programlarının içerisine sanat (Art) entegre edilmesi suretiyle STEAM'e geçiş yapmak da bilinçli bir seçim. Problemlere yaratıcı çözümler getirmek sanattan bağımsız düşünülemez.

Eğitimi sanatla birleştirmek neden bu kadar yararlı? Netflix'te *Yaratıcı Beyin* diye bir belgesel izlemiştim. ABD Vermont'ta kapatılmak üzere olan bir okulla ilgiliydi. Başarı düzeyi çok düşük olan okulu kurtarma planı olarak yaratıcılık ve sanatı bütün derslerin temeline koymuşlardı. Öğrenciler

---

5 R. LaMore, R. Root-Bernstein, J.H. Schweitzer *ve diğerleri*, "Arts and Crafts: Critical to Economic Innovation," *Economic Development Quarterly*, 2013, 27(3): 221-229.

6 https://msutoday.msu.edu/news/2013/a-young-picasso-or-beethoven-could-be-the-next-edison.

geometriyi soyut sanat üzerinden öğreniyorlardı, çünkü farklı öğrenme biçimlerinin hepsini böylece kullanmış oluyorlardı.

Bazı çocuklarda görsel, bazılarında uzamsal, bazılarında akademik düşünme daha baskın olabilir. Sanat, bilgiye farklı yollardan ulaşmayı sağlıyor. Söz konusu okulda da sanatın müfredata eklenmesiyle birlikte çocukların başarıları yükseliyordu. Matematik başarıları iki kat artıyordu. Normalde kapanacak olan okula kayıt için herkes sıraya girmeye başlıyordu. *Tabiri caizse, sanat kafayı çalıştırır, kafayı çalıştıran sanatla uğraşır.*

Bilim insanı Galileo'yu ele alalım. Ay'da dağlar olduğuna dair muazzam bir buluşu var. Bu buluşu yaptığı sırada teleskobu, buluşunu destekleyecek büyütme gücüne sahip değildi. Keşfetmesini sağlayan şey, ayın aydınlık ve karanlık kısımlarını birbirinden ayıran zikzak örüntü oldu. Başka astronomlar teleskop kullansa da açık ve koyu bölgelerin ne anlama geldiğini anlayabilen bir tek o olmuştu. Neden? Çizim deneyimi de olduğu için. Özel bir sanatsal teknik olan *chiaroscuro* tekniğiyle, ışık ve gölgeye odaklanmayı öğrenmişti. Başkaları göremediği halde, sanata olan özel ilgisi sayesinde Ay'daki dağları o görebilmişti.

Başarının da ötesinde, sanatın *sağaltıcı etkisinden* söz etmek gerekir. İçinde yaşadığımız çağda ruhsal sorunlar zirvede. Sanatın sağlık ve iyileşme üzerindeki etkisine dair metaanaliz çalışmaları, kronik hastalıkla mücadele eden hastaların müzikten yazı yazmaya, danstan görsel sanatlara farklı sanatsal etkinliklerden fayda sağladığını ortaya koyuyor. *Dikkatleri hastalıktan başka yere kaydığı için* olumsuz duyguları azalıp olumlu duyguları artıyor. *Depresyon, stres, kaygı* azalıyor.

Ressam Van Gogh'u düşünelim. Onun için halüsinasyonlar korkutucuydu. Korkusunu aşmak için resme sarılmıştı. Kardeşi Theo'ya yazdığı mektuplarda çalışmanın tek ilaç olduğunu, o da olmasa yıkılacağını söylüyordu. Resim için "hastalığımın paratoneri" ifadesini kullanmıştı. Virginia Woolf'un iyileşme yöntemi ise bir terapistle konuşmak yerine yazmaktı. Bazen övgüler yağdırdığımız, bazen de acımasızca eleştirdiğimiz o eserler, kimi zaman bunalımdaki insanların içlerini dökmek için kaleme, fırçaya, enstrümana sarılışıydı. Onlar için sanata sarılmak, bir hayatta kalma aracıydı. Kendilerini iyileştirmeye çabalarken ruhumuzu da zenginleştirdiler.

Kısacası, sanat bizi her anlamda iyileştiriyor.

Da Vinci gibi düşünmek

Yaratıcılık sadece büyük buluşlarla ilgili olmasa da büyük buluşlara imza atanların düşünme sürecini irdelemek anlamlı olur. Yaratıcı düşünce deyince akla gelen başlıca isimlerden Leonardo Da Vinci gibi düşünmek, günlük hayatta yaratıcılığı devreye sokabilmek için işe yarayabilir. Yazar Michael Gelb, *Leonardo Da Vinci Gibi Düşünmek* kitabında, Leonardo gibi yaratıcı düşünmenin temellerini 7 madde halinde ortaya koyar:[7]

1. Curiosità: Hayata karşı asla tatmin olmayan bir merak ve asla sona ermeyen bir öğrenme arayışı.

Steve Jobs'un okula gitmediği aylaklık döneminde sırf meraktan girdiği kaligrafi dersi, estetik algısını yükseltmiş. Dünya dengelerini değiştiren telefon tasarımında bu dersten öğrendiklerini uygulamış. Gönlümüzde yatan aslana giden yolda merak edip yaşadığımız deneyimleri kayıp olarak değil, bir gün işimize yarayacak dersler olarak cebimize koyabiliriz.

---

7 Bu ilkelerden daha önce *Her Çocuk Üstün Yeteneklidir* kitabımda da söz etmiştim, ancak burada yer alan ayrıntılara o kitapta yer vermemiştim.

2. Dimonstratzione: Deneme, sebat etme ve hatalardan öğrenme isteğiyle bilgiyi sürekli test etme arzusu.

Leonardo, boyayı çok ince katmanlar halinde üst üste, incelikle, sebatla uygulardı. Prof. Brené Brown'a göre, sebat kapasitesi, çocuklukta karşı karşıya geldiğimiz tutumlarla yakından ilişkili: "*Çocukken hiçbir zaman düşmemize ya da zorluklarla yüzleşmemize izin verilmezse umutlu olmak için gereken sebatı geliştirme fırsatı elimizden alınmış olur.*"

3. Sensazione: Duyuların, özellikle görme duyusunun, deneyimi canlı tutmak için sürekli olarak rafine edilmesi.

Leonardo sürekli sorguluyor, duyularıyla dünyayı keşfediyordu. Şu bilgiyi de eklemeden geçmeyelim: Görme duyusu diğer duyularımızdan daha güçlü. Bir araştırmada katılımcılara 10 saniye boyunca 2.500 görsel gösterilmiş. Birkaç gün sonra görselleri neredeyse %90 eksiksiz hatırlayabilmişler. Bir yıl sonra oran %63'müş, yani hâlâ epey yüksekmiş. Oysa sadece sözel olan bilginin 3 gün içinde yaklaşık %10'unu hatırlıyoruz. İşin içinde görseller olduğunda aynı süre içinde %65'ini hatırlayabiliyoruz. Buna "*görsel üstünlük etkisi*" deniliyor. Talimata görsellik eklemek bu nedenle etkiyi arttırıyor.

Hatta aynı anda farklı duyulardan alınan bilgi daha kalıcı. Psikolog Richard Meyer, öğrenme ile multimedya arasındaki ilişkiye bakmış. Katılımcıları üç gruba ayırmış. Birinci grup bilgiyi sadece *görmüş*. İkinci grup sadece *duymuş*. Üçüncü grup hem görmüş hem duymuş. Kim daha iyi hatırlamış? Tahmin ettiğiniz üzere, üçüncü grup.

4. Sfumato: Belirsizlik ve paradoksu kucaklama isteği, bir şeyleri sürekli olarak sorgulayarak belirsizliği artırmak ve belirsizlikle dost olmak.

Eskiden belirsizlik toleransı Leonardo gibi büyük dehaların sahip olduğu bir özellikti. Şimdi belirsizlik her yerde. Belirsizlik arttıkça metaneti korumak giderek güçleşiyor. *Sfumato* ilkesi var oluşumuzun temelini oluşturuyor. Nasıl ki gündüzün ardından gece, gecenin ardından gündüz geliyorsa, neşe kapasitemiz de üzüntüden doğuyor. Belirsizlik ve zorluklardaki *yaşamsallığı* görebilmek önemli. 1980'lerde en başarılı yöneticilerin *belirsizliğe karşı en yüksek toleransı olanlar* olduğuna dair bir araştırma yayımlandı. Paradoksun karşısında dik durabilmek, değişen dünyada akıl sağlığımızı korumak için önemli.

5. Arte/Scienza: Bilim ve sanat, mantık ile hayal gücü arasındaki dengenin gelişimi; sağ ve sol beyni dengeli kullanma, "tüm beyin"le düşünme.

Bilim ve sanatın bir araya gelmesi, buluşların temelini oluşturur. Olağanüstü sanat eserlerine imza atan Da Vinci, aynı zamanda çok önemli bir bilim insanıydı. Bir yazıda Da Vinci'nin yapılacak işler listesine rastlamıştım: *Bulutların nasıl oluştuğunu ve çözüldüğünü göster, buharın yeryüzünden havaya nasıl yükseldiğini açıkla, sisin nasıl oluştuğunu ve havanın nasıl kalınlaştığını açıkla, suyun nasıl yoğunlaştığını ve buza dönüştüğünü açıkla, ağaçlarda nasıl yapraklar oluştuğunu göster, soğuk yerlerdeki taşların üzerinde buzulların nasıl oluştuğunu göster.* Yazıyı okuduktan sonra kendi yapılacak işler listeme bakmış ve kendimle çok eğlenmiştim: *Çiçekleri sula, tıkalı musluk için pompa al, köfteleri buzluktan indir, kargoya uğra.*

6. Corporalita: Zarafet, iki elini de beceriyle kullanabilme, formda olma, dik ve dengeli duruş, zihin ve beden dengesi.

Da Vinci, sadece zihnimiz değil bedenimiz üzerinde de çalışılması gerektiğine inanıyordu. Zihin gelişimi ile beden gelişimi arasındaki ilişkinin farkındaydı. "Sağlam kafa sağlam vücutta bulunur" ilkesi çağdan bağımsız olarak geçerliliğini koruyor. Fiziksel sınırlarımızı test ettikçe yaratıcılığımızı geliştirmek de daha olası hale gelir.

7. Connessione: Her şeyin, tüm olguların birbiriyle bağlantılı olduğunu kabul etme ve takdir etme, sistem düşüncesi.

Başta da bahsettiğimiz *ubuntu* felsefesi, bu ilkeye güzel bir örnek. Bireyciliğin, kapitalizmin ve benmerkezciliğin ön planda olduğu bir çağda, dünyadaki her şeyle nasıl bağlı olduğumuz üzerine düşünmek önemli. En basitinden soframıza gelen yemeği düşünelim. Tükettiğimiz her bir malzemeyi, her birini üretmek için ortaya konan emeği, çalışan insanları, o yemeğin soframıza ulaşana kadar katettiği yolculuğu düşünelim. Takım çalışması bağlamında, her bireyin içinde bulunduğu ortama neler kattığını düşünelim. Birbirimize bağlı olmamız, yaratıcı çözümlerin de kaynağı.

Bahsedilen yedi ilkeyi izlemek, her insanın sonunda Leonardo gibi bir deha olacağı anlamına gelmez. Ancak buradaki düşünme ve çalışma ilkelerini izleyerek yaratıcı potansiyelimizi açığa çıkarmak mümkün olabilir. Belki burada kendimiz de bazı sorular sorabiliriz:

Öğrenmeyi seviyor ve sürdürüyor muyum? Merak duyduğum ne var? Hatalardan öğreniyor muyum? Denemeye ve yanılmaya açık mıyım? Beş duyumun ne kadarını aktif olarak kullanıyorum? Hangi duyularım nadiren devreye giriyor? Belirsizliğe karşı bakış açım nasıl? Belirsizliği bir potansiyel olarak mı, tehdit olarak mı görüyorum? Bilim ve sanat hayatımın neresinde? Bedenimle ilişkim nasıl? Zihin ve beden dengemi korumak için ne yapıyorum? Olaylara bütüncül perspektiften bakabiliyor muyum?

Yaşam boyu anaokulu ruhunu korumak

Anaokulu dönemini önemsiz görenler, gaflet ve dalalet ve hatta hıyanet içinde! Okul öncesi ortamlar en yaratıcı eğitim ortamları demek abartı olmaz. Bugünkü dünyanın ihtiyaçlarını düşününce anaokulu neden *her yaştan insan için* iyi bir öğrenme modeli?

Bir anaokulu sınıfı hayal edelim: Bir grup çocuk yerde tahta bloklarla oynuyor. Çocuklardan ikisi öğretmenin okuduğu bir masaldan esinlenerek bir gözetleme kulesi inşa ediyorlar. Daha fazla blok ekledikçe kule yükseliyor, en sonunda yıkılıp yere düşüyor. Çocuklar kuleyi bu kez daha sağlam yapmak için tekrar işe koyuluyor. Bu arada başka bir çocuk kulede yaşayan aileyle ilgili bir hikâye anlatmaya başlıyor. Arkadaşı hikâyeyi geliştirip yeni bir karakter ekliyor. Kule yükseldikçe hikâye de ilerliyor. Çocuklar oyuna devam ettikçe yeni şeyler öğreniyorlar. Kuleyi inşa ettikçe biçimler ve dayanıklılık üzerine algıları gelişiyor. Hikâyeler anlattıkça plan ve karakterler üzerine anlayışları gelişiyor. En önemlisi, yaratıcı süreç hakkında bilgi sahibi oluyor ve *yaratıcı düşünürler* olarak gelişmeye başlıyorlar.

Yaşam Boyu Anaokulu kitabının yazarı Mitchel Resnick, buna "yaratıcı öğrenme spirali" diyor. Yaratıcı öğrenme döngüsünü şöyle özetliyor: *Hayal et, yarat, oyna, paylaş, ifade et, hayal et.* Bizim örneğimizdeki çocuklara uygulayalım:

1. Bir kule ve içinde yaşayan aileyi hayal ederek başlıyorlar. (Hayal et)
2. Sadece hayal etmek yeterli değil; fikirlerini eyleme dönüştürerek gerçek bir kule ve bir hikâye oluşturuyorlar. (Yarat)
3. Kreasyonlarını kurcalıyor ve üzerinde deneyler yapıyorlar. (Oyna)
4. Bir grup çocuk kule inşasında işbirliği yaparken, başka bir grup hikâye yaratmak için işbirliği yapıyor. İki grup fikirlerini birbirleriyle paylaşıyor. (Paylaş)
5. Kule çöktüğünde öğretmen yanlarına geliyor, çocuklara kulenin neden çöktüğünü soruyor. Çocuklar neden-

leri açıklıyor. Nasıl daha dayanıklı bir kule inşa edebilirlerdi? Bunu sorguluyorlar. (İfade Et)

6. Öğretmen onlara gökdelenlere ait fotoğraflar gösteriyor. Binaların alt kısımlarının üstüne kıyasla daha geniş olduğu çocukların dikkatini çekiyor. Daha geniş bir tabanla yeniden inşa etme kararı alıyorlar. Edindikleri deneyimlere dayanarak yeniden hayal kurmaya başlıyorlar. Yeni fikirler ve yeni bakış açıları doğuyor. Kulenin etrafında bir köy yaratalım mı? Köydeki yaşam hakkında bir kukla şovu yapalım mı? (Hayal Et)

Yaratıcı öğrenmesi döngüsü, anaokulunda sürekli tekrar ediliyor. Malzemeleri değişiyor, kreasyonlar değişiyor, ama temel süreç aynı.

Resnick, yaratıcı öğrenmede 4P'den söz ediyor: *Project, Passions, Peers and Play.* Sırasıyla *Proje, Oyun, Tutku, Akranlar* anlamına gelen bu kavramları POTA diye bir kısaltmayla Türkçeleştirebiliriz: Akranlarla birlikte, oyun ruhuyla, tutkular üzerinden projeler üretmek.

Yaratıcı düşünme, sorgulama, takım çalışması, iletişim, hatalardan öğrenme; yani çağın becerilerine dair ne varsa anaokulu ortamında mevcut. Ne yazık ki anaokulundan sonra çoğu öğrenci böyle bir ortamdan uzaklaşıyor ve kuru kuru bilgi ezberleme dönemi başlıyor. Oysa bu süreci herhangi bir ortamda yinelemek neden mümkün olmasın? Güzel ve eğlenceli başlayan okulun devamının böylesine yavan olması şart mı? İşyeri ortamında da benzer süreçler işleyemez mi?

Problemleri hikâyeleştirmek

Yaratıcı düşünmeyi tetiklemenin bir diğer yolu da problemleri hikâyeleştirmek. Jonah Lehrer'in *Hayal Gücü* kitabında harika bir örnek okumuştum. Diyelim ki doktorsunuz. Boğazında kötü huylu tümör olan bir hastayı muayene ediyorsunuz. Hastayı ameliyat etme imkânı yok. Ancak tümör yok edilmezse hasta ölecek.

Tümörü yok etmek için kullanılabileceğiniz bir röntgen cihazı var. Işın tümüyle bir defada yüksek yoğunlukta tümöre ulaşırsa tümör yok olur. Öte yandan ışın tümöre bu yoğunlukta giderse sağlıklı dokuyu da yok eder. Düşük yoğunluklu ışın verseniz, bu sefer de sağlıklı dokuya zarar vermezsiniz ama tümörü de yok edemezsiniz. Ne yapmalısınız? Sağlıklı dokuya dokunmadan tümörü yok etmek için bir fikriniz var mı?

Cevabı bulamıyorsanız endişelenmeyin. Sorunun sorulduğu insanların %97'si çözümün imkânsız olduğunu, hastanın kurtarılamayacağını düşünüyor. Halbuki yaratıcı bir cevap gerektiren böyle bir bulmacanın çözümündeki başarı oranını artırmanın basit bir yolu var: problemi hikâyeleştirmek. Nasıl mı? Gelin sıkıcı problemden eğlenceli bir hikâyeye ışınlanalım.

> *Ülkenin tam göbeğinde bir kale var. Kaleye giden birçok yol var. Bir gün bir komutan, ordusuyla kaleyi fethetmeye karar veriyor. Gelin görün ki yollarda mayınlar döşeli. Komutan, mayınların ordusunu ve komşu köyleri yok etmesini istemiyor. Tüm ordunun tek bir yoldan kaleye saldırması mümkün değil, fakat kaleyi ele geçirmek için tüm orduya ihtiyaç var. Küçük bir grubun taarruzu yeterli değil. Komutan düşünüp taşınıp bir çözüm buluyor. Ordusunu küçük bölümlere ayırıyor ve farklı yollardan kaleye eşit uzaklıkta konumlandırıyor. Küçük gruplar aynı anda kaleye yaklaşıyor. Bu yolla ordu kaleyi ele geçiriyor.*

Aradaki bağlantıyı gördünüz mü bilemiyorum ama tümör sorusu sorulmadan önce bu hikâye anlatıldığında, deneklerin neredeyse %70'i çözüme ulaşmış! Problemi hayali bir senaryoya uyarlamak ne çok şeyi değiştiriyor! İki senaryonun ortak özelliğini görebildiklerinde katılımcılar benzerlik üzerinden cevaba ulaşabilmiş.

Bu arada sorunun cevabını hâlâ merak ediyor olabilirsiniz: Çözüm, hastaya on ışını aynı anda vermek ve her birini gerekli radyasyonu %10 verecek şekilde ayarlamak. Böylelikle tümörü yok etmek için gerekli radyasyon sağlanırken etraftaki sağlıklı doku da zarar görmüyor. Bulmacayı iki psikolog tasarlamış.

Kilit nokta şu: Çözüm için, sorunun ayrıntılarına odaklanmak yerine, zihnimizi serbest bırakıp bulmacanın özüne odaklanmalıyız. Peki biz ne yapıyoruz? Hikâye olmadan soru sorulduğunda sadece tümöre, ışına odaklanıyoruz ve çözümden uzaklaşıyoruz.

Bir görüşe göre, hayattaki herhangi bir problemi, hatta bir matematik problemini bile çözerken bu tarz askeri stratejilere kafa yormak yaratıcılığı arttırabiliyormuş. Fikir cephanemizde bulunsun!

Rotasyonu devreye sokmak

Problemlerin ancak uzmanlığı olan insanlar tarafından çözülebileceğini düşünürüz. Cevabı bulması en muhtemel olan kişi, sorunun içini dışını en iyi bilen kişidir, öyle değil mi? Oysa bu varsayım yanlıştır. Bir alana fazla dalmış bir insan, çoğu zaman zihinsel bir handikap yaşar. Çözümü bulabilmek için *konuya ilgi duyan fakat başka alanlarda uzmanlaşmış* kişileri devreye sokmak gerekir. İnterdisipliner çalışma ve takım çalışması bu nedenle de önemli.

Google'ın *Crazy Search Ideas* [Çılgın Arama Fikirleri] diye bir konferansı var. Büyük bir bilim fuarı gibi. Akla gelebilecek her alanda yüzlerce masa kuruluyor. Nanoteknolojiyle ilgilenenler zamk yapanlarla sohbet ediyor. IT departmanındakiler kendileriyle hiç ilgisi olmayan başka bir masayla etkileşime geçiyor. Müthiş bir çapraz tozlaşma süreci. Bu tür yatay ilişkiler, kişinin kendi alanından ötesine geçmesini sağlıyor. Yaratıcılık için muazzam bir fırsat.

Söz konusu öneriyi sadece farklı kişileri devreye sokmak şeklinde düşünmek gerekmiyor. Eğitimci olarak sadece eğitim alanından kitaplar okumamamın temelinde de benzer bir düşünce yatıyor. Edebiyat, şiir, sanat, felsefe, psikoloji, psikoterapi gibi alanlardan kitaplar okumanın, zihnimde eğitim alanına transfer edebileceğim yaratıcı bağlantıları tetiklediğini düşünüyorum.

Beynin normal işleyişinde fikirleri nasıl kullanılabileceklerine göre kategorilere ayırıyoruz. Mesela bir zımpara kâğıdı firması için çalışıyorsanız gününüz zımpara kâğıdının aşındırıcı niteliğini düşünerek geçiyor. "İyi de ürünün amacı bu zaten, başka ne düşünecektik" diyebilirsiniz. Doğru, ancak yaratıcılığın birbirine uzak kavramlar arasında bağlantılar kurmak olduğunu hatırlarsak, bu şekilde yaratıcılık baltalanıyor. Daha önce dikkat dağınıklığı, odaklanma ve yaratıcılık arasındaki ilişkiden söz etmiştik. Ürünün kendi işlevine odaklanınca yaratıcı olabilecek bağlantılardan mahrum kalıyoruz.

Bu nedenle, 3M gibi yenilikçi firmalar *kavramsal kaynaştırmayı* çok ciddiye alıyor. Şirketteki mühendisler rotasyonla çalışıyor, yani bölümden bölüme geçiyorlar. Yapışkanları inceleyen bilimci, optik film bölümüne naklediliyor. Astım üzerine çalışan araştırmacı klima bölümüne gönderiliyor. Rotasyonlar aniden bir buluşu tetikleyebiliyor. Bir ürün hattında yeni fikir sıkıntısı yaşanıyorsa genellikle şirketin başka birimlerinden devşirilen tamamen yeni bir mühendis ekibi devreye sokuluyor. İnsanların her dört ya da altı yılda bir problemi değiştirmeleri hedefleniyor. İyi fikirlerin her zaman dolaşımda olması sağlanıyor. Bu şekilde can sıkıcı sorunlara yeni bir perspektiften bakma imkânı doğuyor.

Eski ve yeni arkadaşları kaynaştırmak

Grup çalışması yaparken eskiden birlikte çalışmış yakın arkadaşların mı bir arada olması daha iyi, yoksa birbirini tanımayan kişilerden mi bir ekip oluşturmalı? Yaratıcı işbirliğinin ideal biçimi nedir?

Bir araştırmaya göre, insanlar birbirini tanımadığında birlikte çalışma ve fikir alışverişi konusunda zorlanıyorlar. Şaşırtıcı değil. Hiç tanışmamış bir grup insanı bir odaya koyup büyük bir buluş ortaya koymalarını bekleyemezsiniz. Ne var ki çok yakın arkadaşlar bir arada olunca da sonuç değişmiyor. O zaman da çalışma zarar görüyor. İdeal olan, bir grubun içerisinde *hem eski hem yeni arkadaşlar* olması. Bu sayede verimli etkileşimler yaşanabiliyor. Birbirinin yanında rahat olacaksın ama çok da rahat olmayacaksın.

Ayrıca hiçbir şey yüz yüze olmanın yerini tutmuyor. Bir araştırmada,[8] bir grup insanı bir araya getirip zor bir işbirliği oyunu oynatmışlar. Ardından farklı gruplara aynı görevleri vermişler ama bir farkla: Bu kişilerden ekran aracılığıyla iletişim kurmaları istenmiş. Yüz yüze olan gruplar problemi çabucak çözmüş. İşbirliği yapmanın akıllı yollarını bulmuşlar. Elektronik ortamda haberleşen gruplarsa iletişimde zorlanmış. Kabaca aynı miktarda bilgi alışverişinde bulunmuşlar ama canlı buluşmadaki gibi sonuçlar elde edilememiş. Problem çözülememiş.

İnsanlar birlikte verimli bir şekilde çalışacaklarsa fiziksel buluşma daha etkili. Kıymetli, inovatif fikirler çoğunlukla ekrana bakarak çıkmıyor. Tabii ki elektronik ortamdan kaçış yok, faydası da çok, ancak her şeyin oradan aynı verimlilikle yürütülebileceği düşüncesi gerçekçi değil.

---

8 M. Warkentin, L. Sayeed ve R. Hightower, "Virtual teams versus face-to-face teams," *Emerging Information Technologies: Improving Decisions, Cooperation, and Infrastructure* içinde, 1997, s. 241-262.

Seyahat etmek

Yaratıcılık, açık görüşlülükle, açık görüşlü olmak da farklı yaşam stillerine maruz kalmakla yakından ilgilidir. Mesela çocuklar ve hayvanlarla zaman geçirmek, insan beyninde düşünme esnekliği ve farklı açılardan bakma yeteneğini geliştirir.

Bir şeyin farklı kültürel anlamlarını en iyi öğrendiğimiz yerlerden biri de seyahattir. Mesela Çin'de tabakta yemek bırakmak iltifattır, "Sen bana yiyeceğimden fazlasını koydun" demektir. Oysa bazı Türk annelerine göre tabakta yemek bırakmak günahtır ve yemeğin "arkandan ağlayabilir." Unutmayın, Çin'de tabakta yemek bırakırsanız yemek değil Çinliler ağlar!

2009 tarihli bir araştırmaya göre, evden uzun süre ayrı kalan öğrenciler, yurtdışı deneyimi olan insanlar, doğduğu ülkenin dışına çıkmamış olanlardan daha yaratıcı. [9]

Farklı kültürel açılımlar çok boyutlu düşünmeyi, çok boyutlu düşünebilmek de yaratıcılığı besler. *Fiziksel olarak problemin kaynağına yakın olunca düşünceler otomatik olarak kısıtlanır.* Daha sınırlı sayıda çağrışım olur. Seyahat esnasında, bastırdığımız aykırı fikirler su yüzüne çıkar. Ama burada *problemden kaçmak için değil, kafandaki problemi çözmek için uzağa gitmek* önemli bir ayrımdır.

Öte yandan herkesin yurtdışına gitme imkânı olmayabilir. Her ne kadar sevgili İlber Ortaylı gençlere "*Mektebi bitirir bitirmez mobilyacı gezeceğinize dünyayı gezin*" dese de, birçok

---

[9] C.S. Lee, D.J. Therriault ve T. Linderholm, "On the cognitive benefits of cultural experience: Exploring the relationship between studying abroad and creative thinking," *Applied Cognitive Psychology*, 2012, 26(5): 768-778. Araştırmanın ayrıntılarına *Çocuklar Nasıl Başarır?* kitabımda yer vermiştim.

genç için dünyayı gezme hayalini gerçekleştirmek her gün yükselen döviz kuru karşısında giderek güçleşiyor. Hatta mevcut ekonomik manzarada mobilyacı gezmek bile güç hale geldi. Bu durumda mümkün olduğunca farklı ortamlara girip çıkmaya, yeni kitaplar okumaya, yeni insanlarla tanışmaya çalışabiliriz.

Yaratıcılık hareketle de bağlantılıdır. J.K. Rowling *Harry Potter*'ı trende hayal etmiş. *Alice Harikalar Diyarında'nın* yazarı Lewis Carroll, Alice'i ilk hayal ettiğinde bir gölde kayığın içinde gidiyormuş. Mozart hep at arabasının yan cebinde boş kâğıtlar tutarmış, "Çünkü fikirlerim en iyi ve en çok o anlarda akardı," diyor. Araştırmalara göre yaratıcılığı körüklemek için kısa bir yürüyüş bile yeterli olabilir. Keşiflerin tarihine bakarsak da, genellikle *yürüyüş, banyo, seyahat, araba yolculuğu, tatil* gibi kelimelerin sıkça geçtiğini görürüz.

Sıkılmaktan sıkılmamak

Güney Koreliler her yıl "hiçbir şey yapmadan oturma" yarışmaları düzenliyorlarmış. Performans sanatçısı Woops Yang'ın geliştirdiği yarışmada, 90 dakika boyunca yarışmacıların boşluğa bakmak dışında herhangi bir şey yapması yasak. Telefon kullanan diskalifiye oluyor. Yarışmacıların nabzı her 15 dakikada bir kontrol ediliyor ve en sabit kalp atışına sahip olan kazanıyor. Amaç, *boş zamanın önemine dikkat çekme*. Sınıflarınızda, evde ya da işyerinde benzer bir yarışma düzenlemeyi düşünür müsünüz? Yoksa boş zamanın önemi üzerinde düşünecek zaman yok mu?

Norveçli kâşif Erling Kagge'nin *Gürültü Çağında Sessizlik* kitabını okumuştum. Bir başına yaşamış insanlar, dağlardaki keşişler, münzeviler, denizciler, evlerine dönen kâşifler binlerce yıldır aynı şeyi söylüyor: *Hayatın gizemlerinin cevabı ses-*

sizlikte. Peygamberler nasıl yaşamaları gerektiğini anlamak için hep sessizliğe çekilmişler. Hz. Muhammed dağa çıkmış, Hz. İsa çölde yürümüş, Buda nehir kenarına gitmiş. İnsanlar bir noktaya binlerce yıldır kafa yoruyorsa ciddiye almak gerekir. Düşünmek, anlamak, yaratmak için doğal bir sessizlik gerekir. Hiçbir şeyle meşgul olmadan boş kalmak gerekir. Sıkılmaya göğüs germek gerekir.

Sıkılma kapasitesi, çocuklukta gelişmeye başlar. *Öpüşme, Gıdıklanma ve Sıkılma Üzerine* kitabında psikoterapist Adam Phillips, "*... yetişkinler adeta çocuğun hayatının mutlaka devamlı ilginç kılınması gerektiğine karar vermiş gibidirler*," diyor:

> *Çocuğun ilgileneceği bir şeyi bulmak için kendisine zaman tanıması yerine ille de her an bir şeylerle ilgilenmesi gerektiği yönündeki talep, yetişkinlerin en baskıcı taleplerinden biridir. Sıkıntı, kişinin kendisine zaman tanıması sürecinin bir parçasıdır. Çocuğun sıkıntısı, beceriksizlik olarak algılanırken genellikle bir fırsat olarak kabul edilmez.*

Bir keresinde kendisine 11 yaşında bir oğlan çocuğu getiriliyor. Annesi çocuğun "kendini yanlış bir biçimde tanıtması" yüzünden hiç arkadaşı olmadığı gerekçesiyle onu terapiye getiriyor. Çocuk, geniş ilgi alanları konusunda gayet mutlu. Görüşmede söylediği olumsuz olabilecek tek cümle, *bir gün terapiye gelemeyecek kadar meşgul olabileceği*. Terapist bir aşamada ona hiç sıkılıp sıkılmadığını soruyor:

> *Soruma şaşırdı ve bu acımasızca neşeli olan çocukta daha önce hiç görmediğim bir karamsarlıkla, "Sıkılmama izin verilmiyor," diye cevapladı.*

Terapist bunun üzerine "sahte benlik" kavramı üzerinde düşünmeye başlıyor. Çocuk, annesinin gözünde iyi ve saygın olmasını sağlayan pek çok ilgiye sahip; "*utandırıcı olmayan, ona kendini tuhaf ve güçlü hissettirmeyecek türden ilgiler."* Terapist bir gün çocuğa, bu şekilde "iyi" olma çabasının insanların onu tanımasına engel olduğunu söylüyor. Çocuk kabul ediyor ama "Sıkıldığımda kendimi tanımıyorum," diye de ekliyor. Sonrasında yavaş yavaş sıkılma kapasitesi geliştirmeye başlıyor. Phillips sıkılma kapasitesinin bir çocuk için *gelişim başarısı* anlamına gelebileceğini vurguluyor. Okuduğumda çok etkilendiğim, üzerinde epey düşündüğüm tespitlerdi.

Oysa boş zamanımızda bile meşgulüz bugünlerde. Elimizden telefonumuzu alsalar bebekler gibi ağlayabiliriz. Virginia ve Harvard Üniversitelerinden bilim insanları elimizden telefonu alınca ne yapacağımızı gerçekten merak edip 11 araştırma yapmışlar.[10]

Katılımcıların çoğu bir odada 6 ila 15 dakika boyunca müzik, okuyacak malzeme, yazma veya akıllı telefona erişim imkânı olmadan yalnız kalmış. Yalnızca kendi düşünceleriyle baş başa bırakılmışlar. Yaşları 18 ile 77 arasında değişen, farklı hayat tecrübeleri olan kişiler olsalar da araştırma sonuçları yaştan bağımsız şekilde aynı çıkmış: Çok zorlanmışlar. Bilim insanları katılımcıların sessizlik içinde tek başına oturmak yerine elektrik şoku almak gibi rahatsız edici bir şey yapıp yapmayacaklarını görmek istemiş. Katılımcılar neyi seçmiş dersiniz? Siz neyi seçerdiniz?

Elektrik şokunun ne kadar acılı olacağını bilseler de yarısı sessizlik içinde oturmak yerine elektrik şoku düğmesine basmış. Hatta bir katılımcı sıkıntıdan tam 190 defa elektrik şoku düğmesine basmış! İç sesimizle baş başa kalmak daha büyük işkence gibi görünüyor. Filozof Blaise Pascal daha 1600'lerde

---

[10] T.D. Wilson, D.A. Reinhard, E.C. Westgate *ve diğerleri*, "Just think: the challenges of the disengaged mind," *Science*, 4 Temmuz 2014, 345(6192): 75-77.

şöyle söylemiş: "*İnsanlığın mutsuzluğunun bütün kaynağı bir odada kendi kendine, sakin bir şekilde oturmayı becerememesidir.*" Pascal'a göre kendi kendimizden sürekli kaçışımız o kadar acı bir gerçekliktir ki, biz insanlar bunun üzerine düşünmekten de kaçınırız. Anlaşılan o ki, insan kendinden kaçmaya meyilli bir varlık; yüzyıllar içinde değişen tek şey, kaçışın araçları. Bahsettiğim araştırmada da katılımcılar düşünceleriyle baş başa kaldıklarında kendi eksikliklerine odaklanıp kaygılı düşünce döngülerine kapılmışlardı.

Sıkılmaya tahammülümüz yok. Sıkılamamak, anlamlı ve yaratıcı bir şey ortaya koyamamak, bizi biraz zorlayacak bir beceri edinememek, iç dünyamıza yolculuk yapamamak gibi pek çok sıkıntılı durumu beraberinde getiriyor.

Sık molalar vermek

3M gibi firmalarda her çalışanın günde 8 saat işine odaklanmasını gerektiren sürekli konsantrasyon yerine insanları ilk bakışta üretken görülmeyen faaliyetlere zaman ayırmaya teşvik ediyorlar.[11] Teknik açıdan zor bir sorunla mı boğuşuyorsun? Şirketin dışında bir yürüyüşe çık. Çözümü imkânsız bir zorlukla mı karşı karşıyasın? Güneş alan bir pencerenin önünde bir kanepeye uzanıp hayallere dal. 3M yüksek düzeyde üretkenlik talep etse de çalışanlarını düzenli aralar vermeye teşvik ediyor.

Bu yaklaşımın önemli sonuçlarından biri "%15 kuralı"nın getirilmesi. Bir çalışan günlük çalışma süresinin %15'ini varsayıma dayalı fikirlerini test etmeye ayırabiliyor. Tek şart, fikirlerini meslektaşlarıyla paylaşması. Uygulama ilk kez 3M'de çıkmış, diğer şirketler taklit etmiş. Google'daki programın adı İcat

[11] Ayrıntılı bilgi Jonah Lehrer'in *Hayal Gücü* kitabında mevcut.

Molası, *Innovation Time Out.* Gmail veya Adsense gibi buluşlar da bu şekilde ortaya çıkmış. Bir yönetici şöyle anlatıyor:

> *Biz bunu hep yapıyorduk. İlk başta deli olduğumuzu düşündüler. Çalışanların yönetilmeye ihtiyacı var dediler. Bilim insanlarının boş zamanlarını boşa harcayacak paramızı çarçur ettiğimizi söylediler. Ama o %15 kuralının sırrı şu: İşe yarıyor. İçgörü bilimi 3M dikkat politikasını destekliyor.*

Bu durum beyinde, içgörü açısından büyük önem taşıyan alfa dalgası ritmiyle ilgili. Alfa dalgalarının kesin işlevi gizemini korumakla birlikte, duş almak gibi rahatlatıcı faaliyetlerle yakından ilişkili. Suyla temas beyni rahatlatıp yaratıcılığı tetikliyor. Suyun kaldırma gücünü bulan Arşimed'in bu aydınlanmayı hamamda yaşaması da buna kanıt. Buna "suyun buldurma gücü" de diyebiliriz. Kafa köpüklüyken havada ilham baloncukları uçuşabilir, yakalayın! Elbette her hamamdan fırlayan Arşimed değil, ayrıca hamamdan çırılçıplak sokağa fırlayacaksan muhteşem bir buluşun olsa iyi olur; dâhi mi, deli mi olduğuna buna göre karar verilecektir.

Sabah ilk uyandığımız anlar da yaratıcı ilham açısından çok kıymetlidir. Henüz beynin düşünen kısmı uyanmamıştır, alfa dalgaları devrededir. Bir soruna yaratıcı bir çözüm bulmak istersem, geceden problemimi düşünerek yatıyorum. Sabah uyandığımda henüz yataktan kalkmadan önce yarı uyanık halde birkaç dakika boyunca soruyu düşünüyorum. Bazen çok işe yarıyor. Saati beş dakika erkene kurup yönteme bir şans tanıyın derim. "Düşten sonra-duştan önceki" bu zaman çok değerli!

Son olarak, zihinsel bir iş yaparken mola verince zihinsel olmayan bir iş yapmak gerek. Daha önce bahsettiğimiz gibi, Einstein zor bir problem üzerinde çalışırken mola verip keman çalıyormuş. Bu şekilde aydınlanmalar yaşıyormuş. Her mutfağa giden Einstein değil tabii; ben de zor bir problem karşısında mutfağa gidiyorum ama buzdolabında yiyecek bir şeyler aramak için. Yine de mola verince telefonda gezinmekten daha iyi; midem yorulsa da zihnim dinleniyor.

Özetle, sürekli beyin işleri yapıyorsak mola verince zihinsel olmayan bir iş yapmak, yine tablete telefona gömülmemek gerek. Bunun yerine dans etmek, mümkünse boya badana yapmak, bahçe işleriyle uğraşmak, örgü örmek, hamur açmak, çamurdan heykel yapmak, bulaşık yıkamak daha iyi. Kaldı ki yaratıcılık için sadece beynini değil, bütün bedenini çalıştırmak önemli.

Sebat etmek

> *"Büyük yaratıcı zihinler sanatçı gibi düşünür ama muhasebeci gibi çalışır."*
>
> David Brooks

Sebat etmek, yaratıcı başarının en önemli habercilerinden biri. Bu konuda epey araştırma yapan Stanford Üniversitesi profesörü Angela Duckworth, *"Çok başarılı olup da sebat özelliği olmayan tek bir insan olmadığına bahse girerim,"* diyor. *"Hiç kimse sıkı çalışmak zorunda kalmayacak kadar yetenekli değil. En akıllı, en yetenekli insanlar bile yine de buna ihtiyaç duyuyor."*

Enstrüman çalıyorsan eğlenceli olmasa da seni pratik yapmaya itecek olan şey sebat. Romancıysan romanını bitirmeni sağlayan şey sebat. Metin üzerinde iyi bir sonuç elde edene kadar çalışmanı sağlayan, sebat. Bir hedefe kilitlenmeyi, bir amaç uğruna fedakârlık yapmayı öğrenmek gerekiyor.

Sebatı öğretmenin yolu, çocuklara "sebat önemlidir" diye vaaz vermekten geçmiyor. Anlamak faaliyetten doğar. Mükemmel sonuçlar beklemek, hataya tahammül gösterememek, her şeyi hazır sunmak, çocukların isteklerini anında yerine getirmek, kendi kendilerine problem çözmeleri için alan açmamak, bir şey üzerinde uğraşırlarken bir an önce bitmesi için müdahale etmek sebatın gelişimini baltalıyor.

Yurtdışında NOCCA diye bir okuldan örnek vereyim. Bu okul, özellikle yaratıcılık etrafında kurgulanmış bir müfredat izliyor. Öğrenciler her gün beş saatlerini kendi yarattıkları ürünleri geliştirmeye ayırıyor. Bir konuda iyi hale gelmenin *zorlanma, başarısız olup tekrar deneme* anlamına geldiğini biliyorlar. Kendi zamanlarını nasıl yöneteceklerini, zor problemlerle nasıl başa çıkılacağını, eleştiri karşısında ne yapmak gerektiğini öğreniyorlar. Birbirlerinin çalışmalarını yapıcı bir şekilde eleştiriyorlar. Aynı köy enstitülerindeki gibi geri bildirime özel bir oturum ayrılıyor.

Mesela bir öğretmen resim dersinde öğrencisinin resmini inceliyor. Çocuk parlak renklerle bir resim yapmış. Öğretmen, "İlginç bir fikir ama becerememişsin, biraz acele etmişsin, fırça darbeleri her yere yayılmış," diyor. "Bu resim çok iyi olabilirdi. Daha çok çalışman gerekiyor." Ne oldu şimdi? On beş yaşındaki çocuk sebat dersi almış oldu. Kendisine işin kolay olmadığı öğretilmiş oldu. Eleştiri karşısında dağılmak yerine kendini geliştirme fırsatı elde etti. Anne-babası "Çocuğun psikolojisini bozdunuz" diye öğretmeni CİMER'e şikâyet etmediği için şanslı! Yoksa çok önemli bir gelişim fırsatını kaçırmış olacaktı.

Reggio Emilia olarak bilinen eğitim modelinde de çocuklar hayatın anlamıyla ilgili cevaplar arar. Onlara cevabı vermek için acele etmemeye, cevabı kendilerinin bulması için teşvik etmeye odaklanılır. Eğitimde bu tür yaklaşımlar, yaratıcılığın özünde yer alan sebatı destekler.

Hüsran yaşamak ve acı çekmek

Her yaratıcılık yolculuğu bir problemle başlar. Bir hüsran hissiyle, cevap bulamıyor olmanın sıkıcı acısıyla başlar. Çok uğraşmışsındır ama duvara toslamışsındır. Ne yapacağına dair bir fikrin yoktur. Genellikle yaratıcılıkla ilgili hikâyeler anlatırken, sürecin bu aşaması es geçilir. Bırakıp gitmeyi istediğimiz, sorunların çözümünün imkânsız olduğuna inandığımız günlerden bahsetmeyiz. Bu tür başarısızlıklar hikâyenin romantik versiyonuyla çelişir. O yüzden başarısızlık kısmı atlanarak hemen atılımlara, dönüm noktalarına, mutlu sonlara geçilir.

Hikâyeyi hüsranı dışarıda bırakarak anlatmanın tehlikeli yanı şudur: *Tıkanmışlık, tükenmişlik duygusu, başarısızlıklar,* yaratıcı sürecin vazgeçilmez parçasıdır. Cevabı bulamadan önce hayal kırıklığına uğramamız şarttır. Uğramamışsak, bulduğumuz cevabın yeniliği ve yaratıcılığı şüphelidir.

Hüsran kadar acı da yaratıcılık sürecinde önemli bir katalizör işlevi üstlenebilir. "Belki de acı çekmek iyidir," diyor Aldous Huxley. *"Bir sanatçı mutluyken bir şey yapabilir mi? Bir şey yapmak ister mi? Sanat dediğin hayatın korkunç güçlüklerine karşı bir protesto değil de nedir?"*

Huxley'in *Cesur Yeni Dünya* kitabını okumuş muydunuz? Bize lisede İngilizce dersinde zorunlu okumaydı (bazı zorunluluklar ne güzel!). Güney Koreli düşünür Byung-Chul Han, o kitapta tasvir edilen dünyanın bugünün dünyasına çok yakın olduğunu söylüyor. Acı orada ayıp sayılıyor. Her istek ve ihtiyaç anında tatmin ediliyor, bekleme yok. İnsanlar haz ve tüketimle sersemliyor. Mutlu olma baskısı hayata hâkim. Devlet, halkın mutluluğunu artırmak için Soma diye uyuşturucu bir hap dağıtıyor.

Belki bugün o hap televizyon ya da sosyal medya gibi düşünülebilir. Byung-Chul Han'ın deyimiyle, "ölümüne eğleniyoruz." Bilme ve algılama çabasının yerini "oyalanma" alıyor. Sürekli bir şeyle oyalanma, muhakemeye alan bırakmıyor.

Acıya kucak açmak (ki bunu bir amaçta sebat etme bağlamında da düşünebiliriz), düşünmeye de imkân tanır. Hayata sürekli mutluluk, eğlence ve pürüzsüzlük odaklı bir yerden bakmamak, beklentiyi gerçekçi bir yere taşıyarak hayata karşı sağlamlığımızı ve yaratıcı kapasitemizi arttırır.

Her acının içinden yaratıcılık çıkmaz elbette; bazıları sadece acı çeker. Bazıları acı çekerken dünyayı kendine ve etrafındakilere zindan eder. Sanatçı, kayıpla yüzleşerek içindeki yaratıcılık potansiyeline ulaşan, acıyı işleyip simyacı gibi ona değer katandır. Nazi zulmünden sağ kalan yazar Viktor Frankl'ın deyimiyle, "acı bir anlam bulduğunda acı olmaktan çıkar."

Tarih "acıyı bal eyleyenlerle" doludur. Van Gogh muhteşem tablolarını ağır depresyonla savaşırken çizdi. John Milton *Kayıp Cennet*'i yazdığında eşini, kızını ve görme yetisini kaybetmişti. Ressam Paul Klee, ellerini sakat bırakan ölümcül bir hastalık tanısı aldıktan sonra 1200'ün üzerinde eser üretti. "*Ağlamamak için resim yapıyorum,*" demişti.

Yani mesele acı çekmek değil, acının nasıl bir ruhla buluştuğudur. Yaratıcı kişi, acıyı işleyip dönüştürendir. "Tutku, insanı acıdan değişime taşıyan köprüdür," demişti Frida Kahlo. İlginçtir ki, İngilizcede tutku anlamına gelen *passion* kelimesinin Latince kökü *passio*, "acı çekmek" demektir.

Kayıp algımızı yeniden çerçevelemek

"*Her duvar bir kapıdır,*" der Ralph Waldo Emerson. Yaratıcılığın hayata bakış açısıyla ve mantaliteyle yakın bir ilişkisi var. Buna dair okuduğum en iyi örneklerden biri, ünlü heykeltıraş Rodin.[12]

Rodin'in gençlik hayali, resim eğitimi almaktı, ancak yoksulluğu buna engel oldu. Boya ve tuval pahalıydı. Vazgeçmek yerine okulda kâğıt ve kurşunkalemle idare edebileceği çizim derslerine girdi. Hayat adil değildi belki ama beklenmedik güzel gelişmelere de gebeydi. Yoksulluktan mecburen girdiği çizim dersi, Rodin'i yeteneğini ve miyop olduğunu keşfeden bir hocayla buluşturdu. Profesör Boisbaudran önce öğrencisinin gözlerini düzeltti, sonra da yeteneğini işledi.

Rodin bir dönem canlı modellere verecek parası kalmadığından ümitsiz amatörlerle çalıştı. Bibi adlı yaşlı ve çirkin bir tamirci ona içki parası karşılığında modellik ediyordu. Heykeltıraş, adamın büstüyle o dönemin prestijli Paris Salonu galerisine başvurmaya karar verdi. Ancak başvurmaya fırsat bulamadan talihsizlik kapıyı çaldı. Stüdyosunun sıcaklığı donma derecesinin altına düşünce, eserin baş kısmının arkası çatlayıp yerlere saçıldı.

Böyle bir durumda ne yapardınız? Üzerinde o kadar çalıştığınız, günlerinizi verdiğiniz, umutlarınızı bağladığınız eseriniz bir darbede tuzla buz olsaydı ne yapardınız? Sizce Rodin ne yapıyor?

Rodin büst gibi dağılmıyor ve o anda soğukkanlılıkla bir karar veriyor: "Kesinlikle böyle daha iyi. Geriye kalan maske, yaşlı adamın gerçeğini daha iyi yansıtıyor." Elinde kalan parçayla galeriye başvuru yapıyor. Başvurusu reddediliyor.

Rodin'in içi rahat. Yeni bir buluşa imza attığını biliyor. Duruma, *"Güzellik mükemmellikte değil, hakikattedir. Sanatta çir-*

---

[12] Bu hikâyeyi Rachel Corbett'in YKY'den çıkan *Hayatını Değiştirmelisin: Rainer Maria Rilke ve Auguste Rodin'in Hikâyesi* kitabında okumuştum. Kitabı kesinlikle tavsiye ederim.

kin şey yoktur, karaktersiz şey vardır" perspektifinden bakıyor. Eleştirmenler burun kıvırsa da sanatçılar onu kucaklıyor. Rodin o noktadan sonra yıldızlaşıyor.

Mükemmelliğin değil karakterin peşinden gitmek insanı yukarı taşır. Kırılan büstten benim elimde kalan parça da bu oldu.

Biyomimikri: Doğanın ilhamı

Bölüme yalıçapkınından esinlenilen hızlı tren hikâyesiyle başlamıştık. Hikâyede söz ettiğimiz *biyomimikri,* doğadaki canlı organizmaların tasarım ve işlevlerinden ilham alarak sistemler tasarlamaktır. Etimolojik olarak, "*bio*" (yaşam) ve "*mimikri*" (taklit) kelimelerinin birleşiminden oluşur.

Biyomimikri, "Doğa, toplumun karşılaştığı birçok sorunu zaten çözmüştür" fikrine dayanır. Biyomimikri felsefesinde, doğadaki canlılar deneyimli birer mühendistir. Doğa atık oluşturmaz; ekonomi ve verimlilik ilkesine göre çalışır. Doğada bir şey kaybolmaz, *dönüşür.* Doğadaki kusursuz işleyiş, tasarım stratejileri, mekanizmalar ve sistemler, insanlığın problemlerini çözmek için benzersiz birer referanstır.

Leonardo da Vinci kuşların anatomisini yakından incelemiştir. Yarasa kanatlarının yapısından yola çıkarak bir "uçma makinesi" icat etmeye çalışmıştır. Wright Kardeşler havada uçan güvercinleri gözlemlemiştir. George de Mestral tarafından keşfedilen velcro, namıdiğer "cırt cırt," adını Fransızca "*velours*" (kadife) ve "*crochet*" (çengelliiğne) kelimelerinin birleşiminden almıştır. Mestral, İsviçre'de yürüyüş yaparken, köpeğinin çalılara takılan kadifemsi tüylerinden ilham almış. Suyu iten özellikteki lotus çiçeği yaprakları da su geçirmez kumaşlara ilham olmuştur.

Örnekler listesi uzayıp gidiyor. Doğadan giderek koptuğumuz, hatta onu düşüncesizce katlettiğimiz bu çağda, sadece sağlığımızdan değil yaratıcı fikir ve buluşların ortaya çıkma ihtimalinden de kopuyoruz.

Ellerin elli tonu

Ellerimizle yaptığımız işler ile yaratıcılık arasında da yakın bir ilişki var. Örgü örmek, dikiş dikmek, bulaşık yıkamak, camları silmek, dolapları düzeltmek, enstrüman çalmak, badana yapmak, tarlayı sürmek, bahçe işleriyle uğraşmak, hamurla haşır neşir olmak, seramik yapmak gibi "elli işler" beynimizi çalıştırıyor, zindeliğimizi arttırıyor, kimyamızı değiştiriyor, ruhumuza iyi geliyor ve stresimizi azaltıyor.

Üstelik ellerimizi kullanarak iş yapmak doğamızda var. Bundan zevk alıyoruz, çünkü insan aktif olmaya programlı bir canlı. Binlerce yıl hayatta kalmamızı sağlayan şey ellerimizi aktif olarak kullanmaktı. Sürekli oturmalı, ekranı kaydırmalı, bir tıkla istediğimizi ayağımıza getirmeli yaşam stili doğamıza aykırı. Her şeyi bir tıkla halletmek sağlığımıza da, zekâmıza da zarar veriyor. Depresyon oranlarının artması bununla da ilişkilendiriliyor.

Farklı çalışmaların sonuçları hem çocukların hem de yetişkinlerin elle yazdıklarında çok daha iyi öğrendikleri ve hatırladıklarını gösteriyor. Klavye kullanmak yerine elle yazmayı tercih edenlerin öğrenme ve hafızada veriminin arttığı yine araştırmalarca doğrulanıyor.

Örneğin alışveriş listenizi veya notlarınızı elle yazarsanız, yazdıklarınızı sonradan çok daha iyi hatırlayabilirsiniz. Neden mi? *Yazarken çıkan sesleri duymak, yazıyı görmek ve kalemin kâğıda baskı yapması* gibi deneyimler, beynimizin farklı bölgelerle etkileşimini artıyor. Beynimiz öğrenmeye açık hale geliyor. Ellerimizi ekranı aşağı kaydırmak dışında amaçlar için kullanmak yaratıcı faydalar barındırıyor.

"YALNIZ O ŞİİR CAN YÜCEL'İN DEĞİL" DEME BECERİSİ: ELEŞTİREL DÜŞÜNME

"Okullarda bize erdemi aramayı ya da bilgeliği kucaklamayı değil ancak bu sözcüklerin türemiş hallerini ve köklerini öğrettiler... Ama asıl önemli soruyu sormak, en son aklımıza geliyor. "Daha iyi bir insan, daha bilge biri oldu mu? Oysa kimin daha çok şeyden anladığını değil kimin daha iyi anladığını merak etmeliyiz. Biz yalnızca belleğimizi doldurmakla uğraşıyor, kavramayı, doğruyu yanlıştan ayırt etme becerisini kazanmayı o kadar da önemsemiyoruz."

Montaigne

"Düşünün, çünkü henüz yasaklanmadı!"

George Orwell

"Herkesin her şeyi bildiğini hummalı bir biçimde iddia ettiği, bunu azıcık (ve genellikle taraflı) bilgiye dayanarak yaptığı, kesin ifadelerle konuşmanın güçlü olmak sanıldığı bir dünyada, her şeyden emin olmayacak kadar kendine güvenen, yani sonsuz merak içinde bir insanın yanında olmak ne rahatlatıcıdır."

George Saunders

Bir dönem sosyal medyada viral olan bir videoda, bir Türk vatandaşına dünyanın en değerli madeninin ne olduğu soruluyordu. Vatandaş "kontoryum" diye cevap veriyordu. Kendinden son derece emin bir şekilde, vaktiyle bir devlet büyüğünün yaptığı anlaşma yüzünden bu madeni bizim çıkartamadığımızdan yakınıyordu. Madenin bir miligramıyla araçların 200 yıl benzin kullanmadan gittiğini, İstanbul Boğazı'nın altında olduğunu, bu anlaşmayı yapan zihniyetin ülkeyi batırma oyunları oynadığını hararetle savunuyordu.

İşin aslı şu ki, kontoryum diye bir maden yok. Bir başka sosyal medya kullanıcısı, sırf şaka olsun diye böyle bir maden ismi uydurmuş, kontoryumun en değerli maden olduğunu iddia eden bir video çekip internete koymuş! Ertesi gün arkadaşlarından telefon yağmaya başlamış. Video popüler platformların her birinde paylaşılmış, kısa sürede viral olmuş ve milyonlar tarafından izlenmiş. Videoyu çeken kişi *"Farkında olmadan Türkiye'nin en popüler trollemelerinden birini yazmışım,"* diyor.

Sosyal medya zaten bilgi çöplüğü ve insanların çoğu da bilgiyi teyit etmek gibi bir zahmete girmiyor. Maalesef eleştirel düşünme yoksunluğu sadece sosyal medyayla ya da WhatsApp gruplarından gelen "muhteşem" mesajlarla sınırlı değil. 63 bin yönetici ve 14 bin yeni mezunla yapılan bir ankete göre yöneticiler, yeni mezunların %60'ının eleştirel düşünme becerisinden yoksun olduğunu düşünüyor.[1]

Wall Street Journal 200 üniversitede, ilk ve son sınıftan öğrencilerin standart test puanlarını analiz etmiş. En prestijli üniversite-

---

1 https://www.payscale.com/data-packages/job-skills.

lerden bazılarının ortalama bir mezunu, okuduğu dört yıl boyunca eleştirel düşünmede ya çok az gelişme göstermiş ya da hiç gelişme gösterememiş.[2] Demek ki temeller sağlam atılmadığında düşünme becerilerini sonradan geliştirmek zorlaşıyor.

Eleştirel düşünme nadir bir beceri, nadir olduğu için de en az kontoryum kadar değerli!!

O halde sırasıyla şu sorulara cevap arayalım: Eleştirel düşünme nedir? Ne değildir? Eleştirel düşünme kaslarımız neden zayıf? Gelişmesi için neler yapabiliriz?

Eleştirel düşünme nedir?

Eleştirel düşünme sıklıkla "eleştiri"yle karıştırılıyor. TDK'ya göre eleştiri, "*Bir insanı, bir eseri, bir konuyu doğru ve yanlış yanlarını bulup göstermek amacıyla inceleme işi.*" Halk arasında eleştiri deyince akla genellikle hata bulma ya da olumsuz yargılamalar geliyor.

Eleştirel düşünme, İngilizcedeki "*critical thinking*" ifadesinin çevirisi. Yunancadaki "*kritikos*" kökü, *değerlendirme, ayırt etme* gibi anlamlar taşıyor. Eleştirel düşünme, *kanıt temelli akıl yürütme, fikirleri karşılaştırma ve analiz etme, bilgideki eksiklikleri fark etme, alternatifleri değerlendirme, konunun görünenin ötesinde farklı boyutları olabileceğinin farkında olma, karar verirken akılcı ölçütler* kullanma demek.[3] Derinleşme ve odaklanma gerektiren bir beceri.

Akademisyen Etem Yeşilyurt, 2021'de kaleme aldığı kapsamlı makalesinde eleştirel düşünceye sahip olan insanların

---

2 https://hbrturkiye.com/blog/ekibinizin-elestirel-dusunme-becerilerini-gelistirm ek-icin-bir-yol-haritasi.

3 E. Yeşilyurt, E. "Eleştirel Düşünme ve Öğretimi: Tüm Boyut ve Ögelerine Kavramsal Bir Bakış," *Journal of International Social* Research, 2021, 14(77-5): 815-828.

doğal şüpheciler olduğunu, pasif değil genellikle aktif olduklarını, soru sorduklarını, analiz yaptıklarını, anlayışlarını geliştirmek, doğrulamak ve anlamlandırmak için belli stratejileri uyguladıklarını, bencil ve benmerkezci bir dünya görüşüne sahip olmadıklarını, ilkeler bağlamında düşünüp yaşadıklarını, kendi inandıklarına meydan okumaya gönüllü olduklarını belirtiyor. Tarife uyan kaç insan vardır acaba?

Meraklı, açık fikirli, önyargısız, tevazu sahibi, geri bildirim veren, başkalarını dikkatle dinleyen, düşüncelerin analizinde çeşitli ölçütler kullanan, görüşlerini desteklemek için sürekli kanıt-neden arayan, kaynağın güvenilirliğini teyit etmeye çalışan, farklı görüşleri inceleyip karşılaştıran öğrenci de eleştirel düşünen öğrenci olarak tanımlanıyor. Böyle öğrencilerin sayısı da tahminen bir elin parmağını geçmez, çünkü çoğu insan ailede de, okulda da bu tür becerileri kazandırmaya çalışan bir eğitimden geçmiyor.

Eleştirel düşünme becerileri müfredatın bir parçası olmasa da özellikle bu çağın en önemli becerilerinden sayılıyor. Dört koldan sürekli bilgi bombardımanı altındayız ve bilgi kirliliği her yerde. Üstelik vatandaşların politik süreçlerde mantıklı karar vermesi de buna bağlı. Düşünmeden ve sorgulamadan körü körüne inanan insanların, hangi görüşü savunurlarsa savunsunlar, ülkelerin kaderini belirlemede rol oynaması, henüz beyin gelişimini tamamlamamış küçük bir çocuğun eline silah tutuşturmak gibi değil mi? Gerçek demokrasi, düşünmeyi bilmeyen ve sorgulamayan insanlarla mümkün olabilir mi?

İngiltere Kralı II. Charles'la ilgili muhtemelen uydurma ama konumuza uygun, güzel bir hikâye var.[4] Hikâye, en büyük bilimsel kurumlardan olan Londra Kraliyet Topluluğu'nun kuru-

---

4 Antony Flew'un *Eleştirel Düşünme Yolları* kitabında okuduğum bir hikâye.

luş yıldönümü anısına verilen bir akşam yemeğinde geçiyor. Kral yemeğin sonunda akademik topluluğun üyelerine bir soru soruyor:

> *Diyelim ki bir terazinin iki kefesine dengeli ve eşit ölçüde ağırlığa sahip iki kova su sabit şekilde yerleştirilmiş. Bu kovalardan birine iki canlı balık konulmuş. Acaba balıkların konulduğu kovanın diğer kovadan daha ağır olmamasının sebebi nedir?*

Cevaba geçmeden önce siz de düşünmek ister misiniz? Sebep nedir?

Oradaki birçok kişi açıklamalar yapmış, kendi önerileri için kendilerine göre net birtakım gerekçeler sunmuşlar. Sonunda birisi şöyle cevap vermiş: *"Balıkların konulduğu kova, diğerinden daha ağır olurdu."*

Bu kişinin yaptığı şey kralın varsayımını reddetmek; bir nevi "kral çıplak" vakası diyebiliriz. Yani kralın sorusu zaten baştan şaşırtmalı. Kafayı çalıştıran kişi, sorunun mantığını da sorgulamış. Latince bir söz olan *"Nullius in verba," "İnsanların dediğine bakma!"* demektir.

Kralın yaptığına "çok soru yanılgısı,"[5] "şaşırtıcı soru yanılgısı"[6] ya da "karmaşık soru yanılgısı"[7] da denir. Soruyu soran gerçek bir cevap arıyor değildir ama ciddi bir üslupla sorduğunda çoğu kez, karşısındakinden tam da istediği gibi yanlış bir cevap alır. İnsanları manipüle etmek isteyenler için harika bir yöntem!

Dolayısıyla manipülasyona ya da kafa karışıklığına uğramamak için şaşırtıcı soru yanılgısını akılda tutmak iyi olabilir. *Alice Harikalar Diyarı*'ndan bir bölüm her şeyi iki satırda güzelce özetliyor:

---

5 Fallacy of Many Questions.

6 Fallacy of Loaded Questions.

7 Fallacy of Complex Questions.

"İçeri nasıl girmeliyim?" diye tekrar sordu Alice.

"Gerçekten girmen gerekiyor mu?" dedi uşak, *"Sorulması gereken ilk soru bu."*

Bize doğru ya da iyi diye sunulanın bir adım ötesine geçerek düşünmek, sunulan seçeneklerin geçerliliğini sorgulamak, girmemiz gerekmeyen yerlere girmeyi ya da girmememiz gereken yerlere girmeyi önleyebilir.[8]

Senden niye vazgeçtim Diego?

"Senden niye vazgeçtim Diego!

Kötü günümde yanımda olmadığın zaman vazgeçtim.

Canın sıkıldığında benimle paylaşmadığını, kırılacak veya tedirgin olacak olsam bile düşüncelerini açıkça söylemediğini anladığım zaman vazgeçtim.

Bana yalan söylediğini anladığım zaman vazgeçtim.

...

Tablolarımda artık kendimi mutlu çizemediğim
ve tek neden 'sen' olduğun için vazgeçtim.

Bencil olduğun için vazgeçtim.

Bunlardan sadece bir tanesi senden vazgeçmem için yeterli değildi,

çünkü sevgim yüceydi.

Ama hepsini düşündüğümde senin benden çoktan vazgeçtiğini anladım.

Bu yüzden ben de senden vazgeçtim."

---

8 Eleştirel düşünme çok kapsamlı bir konu. Bu kitapta konuyu önemli ve güncel olduğunu düşündüğüm bazı yönlerden ele almaya çalıştım, ancak daha kapsamlı okumak isterseniz TÜBİTAK'ın *Eleştirel Düşünme Kılavuzu*, Antony Flew'un *Eleştirel Düşünme Yolları*, Yalın Alpay'ın *Yalanın Siyaseti*, Vincent Ryan Ruggiero'nun *Eleştirel Düşünme İçin Bir Rehber* kitaplarını önerebilirim.

Sosyal medyada kaç kez karşılaştığımı bilmediğim, ressam Frida Kahlo'nun büyük aşkı Diego Rivera'ya yazdığı veda mektubu bu. Mektupla ilgili tek sorun, Frida'nın böyle bir mektup yazmamış olması![9] Uzun uzun paylaşmamın nedeni ise kime ait olduğunu bilmediğim bu mektubu çok seviyor oluşum. Kim yazdıysa kalemine sağlık ama görünen o ki yazan kişi Frida değil.

Şiiri paylaşmamın diğer nedeniyle devam edeyim. Kontoryuma inanan adama kahkahalarla gülen ben, mektubu vaktiyle Frida'nın mektubu diye sosyal medya sayfamda paylaşmıştım. İtiraflar, itiraflar! Demek ki neymiş? İnsan sorgulamaya ve eleştirmeye önce kendinden başlamalıymış.

Oysa genellikle durup düşünmeye yer açmadan, en acıklısı da doğru olup olmadığını *umursamadan*, hoşumuza giden ya da bizi heyecanlandıran bir bilgi görür görmez ışık hızıyla yayıyoruz. Her gördüğümüz, duyduğumuz bilgiye *jelibon rezervi* gibi atlamamak lazım.[10] Her özlü söz Can Yücel'in değil, jelibon bir maden değil, düşünmeden konuşmak iyi değil. *İnsanı insan yapan, dışarıdan gelen uyaran ile o uyarana verdiği tepki arasında bıraktığı düşünme boşluğudur.*

Üstelik düşünmeden tepki vermek "Söylediğin üzerinde düşünmeye değer değil" demenin bir başka biçimi değil mi? Durup düşünmek saygı ifadesi değil mi? Öbür türlü otomatik pilottan, ezbere tepki vermiş olmuyor muyuz? Gerçek iletişim, düşünmenin sessizliğine yer açarak mümkün.

MIT Üniversitesi'nde 3.000 kişilik araştırmanın[11] ortaya koyduğuna göre, insanların sosyal medyada gördükleri bir içeriği

---

9 https://teyit.org/analiz/frida-kahlonun-diego-riveraya-yazdigi-iddia-edilen-veda-mektubu.

10 Ankara Büyükşehir Belediyesi eski belediye başkanı Melih Gökçek, *Adıyaman'da iki kuyuda 6 milyar dolarlık jelibon rezervlerine rastlandı* ifadesini gerçek sanıp canlı yayında sevinçle anlatmıştı.

11 https://mitsloan.mit.edu/press/social-media-platforms-more-sharing-means-less-caring-about-accuracy.

paylaşma arzusu, o içeriğin doğruluğunu görme yetisine engel olabiliyor. Bir haber bize çok çekici geliyorsa, sahte haber olduğunu anlama ihtimalimiz düşüyor. Dolayısıyla yalan haberi yaymak ve yalana şıp diye inanmak bu çağda çok kolay.

Sizin de sosyal medya kullanıcısı olduğunuzu varsayıyorum. İlginç ya da eğlenceli bulduğunuz içerikleri paylaşma hızınız nedir? Paylaşmadan önce durup akıl süzgecinden geçiriyor musunuz? Bu zamana kadar kaç kere bilgiyi yaymadan önce araştırıp teyit ettiniz?

Durum biraz da *sosyal medya algoritmalarıyla* ilgili. Beğeni alacak haberlerin paylaşılması sosyal medya platformlarının da işine geldiğinden yanlış bilgi akışına karşı önlem almıyorlar. Bu nedenle bizim durup "eleştirel" düşünmemiz gerekiyor. Maalesef birçok insan buna üşeniyor. Kim uğraşacak bilgi teyit etmekle? Sal gitsin! Söz ha Can Yücel'inmiş, ha değilmiş, ne fark eder? O etkileyici bilgiyi paylaşmanın sana getireceği sükse, doğru olup olmamasından daha önemli değil mi?

www.teyit.org, www.malumatfurus.org gibi bilgiyi teyit amaçlı platformları kullanmak bir seçenek. Onlara bile güvenmeyip daha derin araştırma yapmak ise ideali.

Bir şeye inanmadan ve onu paylaşmadan önce kendimize en azından şu soruları sorabiliriz: *Bilgide bana mantıksız gelen bir taraf var mı? Bu konuda ne biliyorum ve nereden biliyorum? Önüme düşen bilginin doğruluğunu farklı kaynaklardan teyit ettim mi? Gözden kaçırdığım bir şey var mı?*

Eleştirel düşünme için üç temel ilkeyi hatırda tutabiliriz:

1. Bilgiyi anında tüketmek ve paylaşmak yerine önce bir nefes al ve doğruluğunu sorgula.
2. Bilginin popülerliği/yaygınlığı güvenilir olduğu anlamına gelmez.
3. Bilgiyi gönderen kişi, bilginin kaynağı değil. Bunun farkında ol. Orijinal kaynağını teyit et.

“Görünmez çaydanlık sorusu” nedir?

Eleştirel düşünme, *sadece bir şeye inanmadığını belirtmekten* de ibaret değil. Gerçek eleştirel düşünmede sorulması gereken temel sorular var: *Konuyu tüm yönleriyle adil bir biçimde düşündüm mü? Kendi görüşlerimle çakışan yeni bilgilere açık mıyım?*

Yukarıdaki sorulara cevabımız hayırsa, amacımız doğru ya da yanlış sadece kendi bakış açımızı savunmaksa, o zaman eleştirel düşünmeden söz edemeyiz. Cevabımızın kâğıt üzerinde evet olması da her zaman uygulamada böyle davrandığımız anlamına gelmiyor. *“İnsan yaptığı şeydir, yapacağını söylediği şey değil,”* der Jung.

Duyduğumuz bir hikâyenin doğruluğuna kendimizi inandırdığımızda sorgulamayı bırakıyoruz. Hatta karşı yöndeki kanıtları tamamen göz ardı edebiliyoruz. Bu yüzden de hiçbir geçerliliği olmayan şeylere inanabiliyoruz. Bazen doğrunun ne olduğu bizi ilgilendirmiyor bile. Kendi doğrumuza sıkı sıkıya tutunmak, adil olmaktan daha önemli hale geliyor. Narsisizmin yükseldiği bu çağda hakikatin önemi düşüşte.

Mesela dünyanın düz olduğunu (şu zamanda) savunanlar, bu konudaki tüm kanıtları yok sayıyor. Oysa “dünya düz” diyen kişi, önermesini ispatlamakla yükümlüdür. Bir şeyi inkâr etmek yetmez, onu çürütmek gerekir. Çürütmek de delil sunmadan olmaz. *“Delil her nereye götürürse götürsün, delilin peşinden gitmeliyiz,”* diyor Sokrates. Köşeye sıkışanların itirazlarını görüyorsunuzdur. Çoğu zaman karşı yönde delil sunamadıkları için işin sonu 4K’ya bağlanıyor: *Kabalık, Kavga, Küfür ve Kıvırtma.*

Eleştirel düşünmeden söz edebilmek için *sorulan soruların da adil olması* gerekir.

Oysa komplo teorilerine inananlar, “görünmez çaydanlık soruları” şeklinde ifade edilen sorular sorup bu sorulara yanıt bekliyor. *Görünmez çaydanlık sorusu* ne demek? "Güneş'in etrafında küçük bir çaydanlığın dolaştığını" iddia edenler, durumla ilgili kanıt sunmadan karşı tarafın olmayan çaydanlıkla ilgili sorularına cevap vermesini bekliyor. Oysa bu soruyu soran önce öyle bir çaydanlık olduğunu kanıtlarla ortaya koymak zorundadır, karşı tarafın "Güneş'in etrafında çaydanlık dolaşmadığını" kanıtlamasını beklemek adil değildir! Her gün birimiz bir şey uyduralım o zaman, "Ay'da airfryer olmadığını kanıtlayın ey bilim insanları!" Bilim insanlarının işi gücü yok da ha bire birilerinin uydurduğu safsatayı mı çürütmeye çalışacak? Bunun sonu yok ki!

Soruyu sorma biçimi, yani *kullanılan dil ve üslup* da önemli. Üslup, kimliktir. Çirkin ve kaba üslup, soruyu soranın kimliği hakkında bilgi vererek inandırıcılığını zayıflatır. Dolayısıyla çirkin üslupla ifade edilen iddialar karşısında sessiz kalmak ve hiç cevap vermemek iyi bir seçim. Mark Twain, *"Bir aptalla asla tartışmayın,"* der. *"Sizi önce kendi seviyesine çeker, sonra da oradaki tecrübesiyle yener."*

Neden eleştirel düşünemiyoruz?

Farklı bakış açılarını dinlemeye açık olmak, bilginin doğruluğunu teyit etmek için çaba harcamak, farklı kaynaklardan araştırma yaptıktan sonra elindeki bilginin yanlışlığı kanıtlandıysa bunu kabullenebilmek nadir ve değerli bir meziyet. Bunu küçüklükten itibaren yerleştirebilmek en güzeli olurdu, zira ağaç yaşken eğilir geçerliliğini asla yitirmeyen bir düstur.

Öte yandan *eğitim ve okuma oranlarının düşük olduğu, tartışma ve iletişim kültürünün zayıf olduğu, otoriter yönetim biçiminin hâkim olduğu, güvenin ve özgüvenin eksik olduğu* ortamlarda çocuklara eleştirel düşünme becerisi kazandırmak, istisnai durumlar dışında ütopik bir beklenti. Bütün bunların eleştirel düşünme becerisiyle ne ilgisi olduğuna gelin birlikte bakalım. Her şey ailede başladığına göre, biz de aileden başlayalım.

Araştırmalar *ailenin eğitim seviyesi ile eleştirel düşünme arasında yakın ilişki* olduğunu ortaya koyuyor. Orta üst sosyoekonomik seviyeden ailelerin üniversiteye devam eden çocuklarının eleştirel düşünme becerileri, düşük sosyoekonomik seviyeden ailelerinkine göre daha yüksek çıkmış.[12] İstisnalar her zaman vardır ama genel durum bu.

Onun da ötesinde ilginç bir bulgu, *ailedeki yetiştirilme biçimi ile* eleştirel düşünme arasındaki ilişki. Araştırmalara göre, eleştirel düşünme becerisi, yüksek özsaygı düzeyiyle ilişkili.[13] Özsaygıyı da ailedeki yetiştirilme biçimi önemli ölçüde etkiliyor.[14] Dolayısıyla, eleştirel düşünmeden söz ederken, çocuğun ilk mezun olduğu okul olan aileyi ve o ailedeki ebeveyn-çocuk ilişkisini de konuşmak gerek. Araştırmacı Allen Raskin ve arkadaşları, çocuğu yetiştirme biçimini iki genel kategoriye ayırıyor:[15]

1. *Aile bakımı.* Çocuğun duygu ve davranışlarının kabul görmesi, çocuğa sevgiyle yaklaşması, çocuğa olan sevgisini ifade etmesi, reddedici davranışlardan kaçınması.

---

12 C. Chau-Klu, E. Rudowicz, L. Graeme ve dğerleri, "Critical thinking among university students: does the family background matter?" *College Student Journal*, 2001, 35(4): 577-579.

13 M. Barkhordary, S. Jalalmanesh ve M. Mahmoodi, "The relationship between critical thinking disposition and self-esteem in third and fourth year bachelor nursing students," *Iranian Journal of Medical Sciences*, 2009, 9(1): 13-9.

14 M. Hosogi, A. Okada, C. Fujii ve diğerleri, "Importance and usefulness of evaluating self-esteem in children," *BioPsychoSocial Medicine*, 2012, 6(1): 9.

15 A. Raskin, H.H. Boothe, N.A. Reatig ve diğerleri, "Factor analyses of normal and depressed patients' memories of parental behavior," *Psychological Reports*, 1971, 29(3): 871-879.

2. *Aile kontrolü.* Çocukların aktivite ve rutinlerini aşırı derecede düzenleme eğilimi, çocuklara ne düşünecekleri, hatta ne hissedecekleri konusunda talimat verme. Ailenin tüm kontrolü çocuğa devretmesi de kontrol spektrumunun diğer olumsuz ucu.

Aileler tarafından yüksek düzeyde kabul gören çocukların genellikle özsaygısı yüksekken, sürekli reddedilen ve eleştiriye maruz olanların özsaygısı düşük oluyor. Aşırı kontrol de özsaygıyı olumsuz etkiliyor. Bağımsız hareket etmesine izin verilmeyen, aşırı kontrolle büyüyen gençlerin, istisnalar dışında, özsaygısı düşük ve eleştirel düşünme becerileri zayıf.

Sevgiyle yaklaşılan, duyguları kabul gören, özsaygısı yüksek çocuklar ise eleştirel düşünmeye daha yatkın. En iyi sonuçlar, sevgiyle sınır koyabilen ailelerden çıkıyor demek yanlış olmaz.[16]

Sorgulamayı teşvik etmeyen okul ortamları

Eleştirel düşünme kaslarımızın genel olarak zayıf olmasının temel nedenlerinden biri de, eğitimin sorgulamayı ve düşünmeyi teşvik etmek yerine itaati ve ezberi teşvik etmesi. Bu çağda bile okul hâlâ çocuklara *nasıl düşüneceklerini* değil *ne düşüneceklerini empoze etmenin* peşinde.

Araştırmalar yanlış bilimsel inançları ilkokulda sorgulatmaya başlatmazsanız daha sonrasında değiştirmenin zor olduğunu gösteriyor. Bilimsel bilgiler erken dönemde bir kere kalıplaşınca sonrasında değişmesi güç oluyor. *Ne kadar geç*

16 Y. Wang, T. Nakamura, W. Sanefuji, "The influence of parental rearing styles on university students' critical thinking dispositions: The mediating role of self-esteem," *Thinking Skills and Creativity*, Eylül 2020, 37(4): 100679.

o kadar zor. Küçük beyinleri dogmalarla doldurarak, bilgi ezberleterek, öğretmenden öğrenciye tek taraflı bilgi aktararak eleştirel düşünme kasları geliştirilemez.

Mesele yoksullukla ya da kalabalık bir ülke olup olmamakla doğrudan ilgili değil. *The Smartest Kids in the World: And How They Got That Way* [Dünyanın En Zeki Çocukları: Ve Nasıl Başardılar] kitabıyla aynı adı taşıyan belgeselde, gazeteci Amanda Ripley Amerikalı çocukların PISA sınavında neden başarısız olduğunu sorguluyordu. Kore, Finlandiya, Polonya gibi başarılı ülkelerde neyin farklı yapıldığını anlamaya çalışıyordu. PISA ezbere dayalı bir sınav değil. Okuduğunu anlama, yaratıcılık, eleştirel düşünme gibi becerilere dayalı. Maalesef Türkiye bu sınavda düzenli olarak başarısız oluyor. Eğitime değer verilmeyen, eğitim sisteminin içinin boşaltıldığı, toplumsal güvenin olmadığı, ezberin yüceltildiği bir ekosistemde çocukların düşünme becerilerinin gelişememesine şaşırmamak gerek.

Maalesef okul, yüz yıldan fazladır bu anlamda hiç değişmedi. Değişeceğini de düşünmüyorum, zira eğitim sistemini kurgulayan siyasiler, düşünen ve sorgulayan insanlar yetişsin isteseydi, bu denli arkaik bir sistemi bugüne dek sürdürmek mümkün olamazdı. Nasıl düşüneceğini bilen insanları manipüle etmek ve yönetmek daha zordur, dolayısıyla okul koyun gibi güdülebilecek insanlar yetiştirme aygıtı olarak kullanılagelmiştir.

Bu nedenle okulun sunduğu müfredatın dışına çıkıp *bol bol kitap okumak, okudukların üzerinde düşünmek ve tartışmak, ezberin ötesinde olayların nedenini nasılını konuşmak, kendi kendine öğrenmek, araştırmak ve sorgulamak* çok değerli. Eğitim, eğitim sistemine bırakılamayacak kadar önemli.

Düşünmeyi "gereksiz" kılan teknolojiler

Ezbere eğitim eleştirel düşünme kaslarımızı zayıflatmaya yetmiyormuş gibi şimdi bir de yapay zekâ tehdidiyle karşı karşıyayız. Tehlike yapay zekâyı kullanma biçimimizde, yoksa düzgün kullanıldığında iyi amaçlara da hizmet edebilecek bir arkadaşımız kendisi. Chat GPT tarzı sohbet robotları giderek yaygınlaşıyor. Sorduğumuz herhangi bir soruya saniyeler içinde cevaplar almanın dayanılmaz hafifliği içinde ne kadar mesuduz!

Bir öğrenciyle konuşuyordum. Ödevlerini artık Chat GPT'ye yaptırdığını gururla anlattı. Ezbere dayalı ödevler verildiği sürece onu suçlayamam. Öte yandan düşünme, sorgulama ve araştırma işini külliyen robotlara devretmek de kendine kötülük yapmak olur. Düşünmeyi ve sorgulamayı bırakan, kendi işsizliğini kendi elleriyle hazırlıyor demektir.

Üstelik bu tür programlar en azından şimdilik güvenilir değil. Bilgiye erişmek çok kolay olsa da, yanlış bilgiye erişmek de aynı derecede kolay, çünkü söz konusu programlar henüz doğru ile yanlışı birbirinden ayırt edemiyor. Dolayısıyla bu çağda, doğruyu yanlıştan ayırt edebilecek muhakeme becerisine sahip, eleştirel düşünme yetisi gelişmiş, sorgulayan, analiz-sentez yapabilenler ön plana çıkacak.

Hakikatin önemsizleşmesi

Eleştirel düşünmenin bu kadar zayıf oluşunun bir diğer nedeni olarak, *"post-truth" çağında* oluşumuz gösterilebilir. *"Post"* Latince "sonra" anlamına gelen bir önek. *Post-truth*, birebir olarak çevrilirse "hakikat sonrası" demek. *Post-truth*, hakikatin, doğrunun öneminin olmadığı bir dünya demek. Kamuoyu oluşturmada hakikati söylemektense, halk kitlelerinin duygularını, kişisel inançlarını gözetmenin daha etkili olduğu durumları ifade ediyor. Gerçekten olup biteni nesnel bir gözle araştırmak önemli değil. Düzmeceyi, yalanı inandırıcı kılıp yayabilirsin.

Diğer bir deyişle *post-truth* doğruyu umursamamak, önemsememek demek. "Hakikatin önemsizleşmesi," terimin anlamını en iyi karşılayan çeviri olabilir. *Dünya düzdür* gibi bir safsata bile ne kadar çok tekrarlanırsa o kadar yaygınlaşıyor. Belki durum hep böyleydi ama şimdiki kadar yaygın değildi; dijital çağda her önüne gelen her içeriği üretip paylaşabiliyor. Üstelik yalan yanlış fikirlerine taraftar bulanlar, komplo teorileriyle beğeni toplayanlar kendilerini akıllı ve haklı sanıp iyice palazlanıyor. Çok tehlikeli sonuçlar doğurabilecek bir durum.

"Dünya benim algıladığımdan ibaret" düşüncesi: Bilişsel önyargılar

Birbirimizle olan etkileşimlerimizde, çoğumuz "onay önyargısı"[17] denilen durumdan mustarip hareket ediyoruz. *Onay önyargısı*, kişinin yerleşik inançlarını onaylayan bilgileri kabul edip diğerlerini göz ardı etmesi demek. Kişinin objektif düşünme kabiliyetini kısıtlayan bir çeşit bilişsel önyargı.

Hepimiz belli derecelerde bu durumdan mustaribiz. İnsan beyni bilgiyi kendi kişisel deneyim süzgecinden görmeyi seçiyor, dolayısıyla herkesi de kendimiz gibi biliyor ya da öyle görmek istiyoruz. Öyle olmayınca şaşırıyor, üzülüyor veya öfkelenebiliyoruz. Buna "naif realizm" de deniliyor. Naif realizm, *dünya sanki tamamen tarafsız bir yermiş gibi davranmak, düşüncemize katılmayanların cahil olduğundan emin olmak, başkalarının da dünyayı aynen bizim algıladığımız gibi algıladığını düşünmek* demek. Etrafındaki dünyayla ilgili tek bir yorumun var ve bunun mantıklı alternatiflerini üretmek ko-

---

[17] *Confirmation bias.*

nusunda çaba harcamıyorsun. Kendi yorumun sana yeterli geliyor. Kendi gerçeğinin tek gerçek olduğuna inanıyorsun. Ne kadar naifsin!

Sosyal mecralardaki genel eğilim bu. Konu ne olursa olsun çoğu insan anında kendi kutbuna geçip karşı kutba mancınıkla saldırıyor. Derinlik ve düşünmek yerini reflekse bırakmış durumda. Melekler ve şeytanlar var, arası yok, "E tabii ki *melekler benimle aynı görüşte olanlar, şeytanlar benden farklı düşünenler!"* düşüncesi hâkim.

Algoritmalar da bunda çok etkili. Algoritma yönlendirmesiyle, herkes kendi zevklerine ve hayat görüşüne yakın hesapları görüyor. Yankı odalarında ya da filtre balonlarında sürekli bizimle aynı fikirde insanlarla bir araya geliyoruz. Sonuç olarak herkesin bizimle aynı fikirde olduğu illüzyonuna kapılıyoruz.

Bir örnekle netleştirmeye çalışayım. Diyelim ki "hayatın anlamı pilates, kahrolsun pilav patates" inancındasınız. Algoritma karşınıza sürekli pilates severleri çıkarıyor. Körler sağırlar birbirini ağırlar misali, birbirinize kalpler yağdırıp pilates sevmeyenleri lanetliyorsunuz! Oysa bir de benim gibi "kahrolsun pilates, yaşasın pilav patates" diyen bir kesim var. Onlar da pilates severlere saydırıyor, onları "büyük oyunun" bir parçası olmakla itham ediyor, pilatesin sonunu getirmeye çalışıyor. Herkes kendi görüşüne daha da sıkı sarılıyor.

Keşke durum sadece pilav patates tadında olsa ama maalesef toplumun sağlığını, birliğini tehlikeye atacak görüşleri olan insanlar da fikirlerini yayabiliyor. Bu da hatalı kararlara, bazen cana ya da mala mal olabiliyor. *Sosyal İkilem* (Social Dilemma) adlı belgeseli izlemediyseniz izlemenizi öneririm.

Sosyal medya algoritması, bir duruma verebileceğimiz yegâne tepkiler "beğenmek" ya da "beğenmemek" olacak şeklinde kurgulanmış. *"Beğeniyorum, öyleyse varım"*, *"Beğeniyorum, öyleyse varsın"*, *"İnanıyorum, öyleyse doğru"*, *"Beğenmiyorum, o halde kötü"* dünyasında her şey sanki kendi beğenimiz etrafında dönüyormuşçasına narsistik hallere bürünüyoruz. Seçeneklerin beğenme-beğenmeme sığlığında olması, duygu ve düşünce skalamızı da iyice daraltıp sığlaştırıyor.

İnanmak, düşünmeye engel olabilir

Bazen bir şeye kendinizi inandırmak da düşünme kapasitesini sekteye uğratıyor. Taşınırken evin banyosunda tadilat işine giriştim. Ev şantiye alanına döndüğü için üç hafta boyunca kardeşimde kaldım. Mutfaklarında filtreli su musluğu vardı. Günlerce oradan su içtim. Tadı biraz değişikti, kendi kendime "Filtrelenmiş suyun tadı böyle oluyor zaar" deyip durdum. Ta ki suyu yanlış musluktan içtiğimi anlayana kadar. İçtiğim su bildiğiniz musluk suyuymuş. Filtreli su olduğuna o kadar inanmıştım ki fark edemedim. İçinizden hakkımda geçen sıfat her neyse kabul ediyorum!

İnanmak, insanı objektif gerçeklere karşı körleştirip önyargılı hale getirebiliyor. İyi bir şey içtiğine inanınca tadı o kadar kötü gelmiyor. İlişkiler için bile aynısı geçerli değil mi? Birinin seni sevdiğine inanmak istiyorsan seni sevmediğine dair tüm işaretleri uzun zaman yok sayıyorsun. Söylenen üzücü sözlerin ağızda bıraktığı kötü tada zihninde bir filtre takıyorsun.

Edebi girişimlerimi bir yana koyacak olursam, durum beynin prefrontal korteks bölgesiyle bağlantılı. Bir dönem Pepsi firması kör tadım testleri yapmıştı. Katılımcılara hangi marka olduğunu bilmeden Pepsi ve Coca-Cola verilmişti (asitli ve zararlı bulduğum için ikisini de içmiyorum.) İnsanlar markanın ne olduğunu bilmediğinde Pepsi'nin tadını açık ara daha çok beğenmişti. Buna rağmen Pepsi hiçbir zaman Coca-Cola kadar çok satamamıştı. Niye?

İnsanlar *sadece tada odaklı* karar verdiklerinde beyinde "ventral putamen" diye bir bölgede daha yüksek aktivite görülmüş. Bu bölge farklı tatları değerlendirmemizi sağlıyor. Ancak kişi *markanın ne olduğunu bildiğinde,* beynin "medial prefrontal korteks" bölgesindeki aktivite daha yüksek. Burası beynin düşünmeyle ilgili kısmı. Yani düşününce Coca-Cola, düşünmeyip sadece tada göre Pepsi. Aynı şekilde kardeşimin evindeki musluktan akan suyun filtreli olduğunu "düşündüğüm" için tadı kötü gelmemişti. Söz ettiğim araştırmanın sonundaki çıkarım şuydu: "Reklamlar etkili."

İnançlarımızın düşüncelerimizi bu denli etkilemesi, doğruları görmemizin önünde engel teşkil edebiliyor. Bunun farkında olan bazı kesimler, bizi zihinsel veya duygusal olarak manipüle etmek için çeşitli taktikler kullanabiliyor. Reklamcılar belli ürünleri satın alalım diye, siyasetçiler kendilerini seçelim diye algı ayarlarımızla oynuyor. Çoğu zaman da başarılı oluyorlar.

Ebeveynseniz bu bilgiyi nasıl kullanabilirsiniz? Mesela çocuğunuz brokoli çorbası sevmiyorsa, çorbayı bir kola şişesine doldurup üstüne BroCola yazabilirsiniz!

Hayaller brokola, hayatlar brokoli!

"Ah, kimselerin vakti yok, durup ince şeyleri anlamaya"[18]

Eleştirel düşünmenin bir diğer düşmanı da *hız ve aciliyet.* Her şey çok acil, hep bir koşuşturmaca, bilgi sel, dikkat bin parça. Sabahattin Ali'nin deyimiyle, *"Koşmaktan görmeye vaktimiz olmuyor ki!"* İş ortamında da bir karara varırken genelde oto-

---

18 Gülten Akın'ın çok sevdiğim "İlkyaz" şiirinden.

matik pilottan, geçmiş tecrübelerden ya da uzmanlıklardan yola çıkılıyor. Acele işe şeytan karışıyor.

Yavaşlamak ve düşünmek, dünyanın geleceği için de önemli. Bir konferans kapsamında Türkiye'ye gelen tarihçi Yuval Noah Harari, yapay zekâ konusundaki gelişmelerin fazla hızlı ilerlediğini, bunun bir deney olduğunu, bu deneye karşı yeterince güvenlik önlemi alınmadığını, sonunun nereye varacağını bilemeyeceğimizi, kendimizi riske atmamak için durup düşünmek gerekliliğini vurgulamıştı.

Düşünürsek dünya bir avuç güç sarhoşu adamın parmağında oynattığı bir yere dönüştü, *bindik bir alamete gidiyoruz kıyamete*. O yüzden yavaşlamak, durup düşünmek çok değerli bir tavsiye, dinleyen olursa elbette.

Acıdan kaçış ve aşırı alınganlık, düşünmeye engeldir

Eleştirel düşünmenin bir düşmanı da *aşırı alınganlık*. Her şeye çok çabuk alınmıyor muyuz sizce de? Hatta şahsi tespitim şu ki, *eleştirirken cömert, eleştirilirken alınganız*. Başkalarına istediğimiz her şeyi söyleyebilelim ama kimse bize kötü hissettirmesin istiyoruz.

Yerli yersiz her eleştiriye alınmak, sağlıklı düşünmeye ve kendimizi geliştirmeye bir engel olabilir. Buna, duygusallıktan farklı olarak, "duygusalcılık" da deniliyor. Duyguları hayatımızın merkezine koyduğumuzda, fikirlerin doğru olup olmamasının ötesinde bize ne hissettirdiğine odaklanıyoruz. Yani duyguları mantığın üstünde tutup "yüreğimizin götürdüğü yere" gidiyoruz. Yüreğimiz de her zaman hayırlı bir yere gitmeyebiliyor.

Mutluluğa meftun bir dünyada, "Beni iyi hissettirmiyorsa kötüdür" düşüncesine saplanmamız doğal. Sorun şu ki, o zaman gerçekler ile duygular birbirine karışıyor ve bir Sezen şarkısındaki gibi hatalar yalan duygularla başlıyor. Duygular verilerin ve düşünmenin yerine geçip bizi *yönetmeye* başladığında bir şey öğrenmemiz de güçleşiyor.

Hayatımızdan acıyı uzaklaştırmaya çalışıyoruz; kendi hayatlarımızı da, çocuklarımızın hayatını da pürüzsüz, engebesiz, acısız hale getirmeye çabalıyoruz. Hayat kebapçı dükkânı değil, bize *acılı ve acısız* diye seçenekler sunmuyor; acı, kaçınılmaz. Dahası, acı gerekli. İnsan olarak türümüzün devam etmesi acı çekebilme kapasitemizde gizli olabilir. Yapay zekâya bir üstünlüğümüz olacaksa da yine bu kapasitemizle bağlantılı. Zekâ kelimesinin İngilizcesi *intelligence, inter* (arasında) ve *legere* (seçmek) köklerinden türemiş. Bu açıdan zekâ, *var olan seçenekler arasından seçmek* anlamına geliyor. Yapay zekâ var olan seçenekler arasından seçerken, biz düşünerek *yeni, yararlı ve yaratıcı* çözümler ortaya koyabiliriz.

Özetle, düşünebilmek için acı çekme kapasitemize sahip çıkmamız gerek. Onu ilaçlamaya, bastırmaya, yok etmeye çalışmak yerine bize söylediklerini dinlersek, bize verdiği dersleri anlarsak, daha iyi sonuçlara varabiliriz.

İnsan sadece bir durumda gerçekten düşünmeye başlar; acı çektiğinde...

Kendinden sorgusuzca emin olmak

Eleştirel düşünmenin bir diğer düşmanı da, *kendimizden asla şüphe etmemek*. Hatta iş bazen düzgün olanı bozmaya bile varabiliyor. "Oysaki" kelimesindeki ki'yi bitişik yazdığım için bir okur e-postayla düzeltme uyarısı göndermişti. Oysaki oysaki bağlacındaki ki bitişik yazılır! "Mademki" yazarken de "ki" bitişik yazılır. Dilimizde böyle istisnai kurallar var.

Elbette bilmemek ayıp değil. Yanlış olanı düzeltme isteği de ayıp değil; bilakis, harika bir tutum. Öte yandan birini düzeltmeye karar vermeden önce kendimizden şüphe ederek işe başlamak daha doğru olmaz mı? Ya o değil de biz yanılıyorsak? Ya onunki doğruysa? Bilgiye ulaşmanın bu kadar zahmetsiz olduğu bir çağda, tepki göstermeye ayırdığımız vaktin bir kısmını bilgimizi teyit etmeye ayıramaz mıyız?

Söylediklerimden kendimi muaf tutmadığımı özellikle belirtmek isterim. Bu mesaj bana geldiğinde çok emin olmamama rağmen cevap yazmadan önce oysaki'nin nasıl yazıldığını bir kez daha teyit etmiştim. Ne de olsa dilin kuralları da zaman içinde değişebiliyor. Öğrendiklerimizi gerektiğinde unutup yeniden öğrenebilmek de önemli bir diğer beceri.

***

Görüldüğü üzere, düşünme becerimiz dört koldan kuşatma altında. Gerçek anlamda düşünebilen insan sayısı bir elin parmağını geçmez desek yanlış olur mu? Bertrand Russell, *"Çoğu insan düşünmektense ölmeyi yeğler ve aslında öyle de oluyor, ölmeden ölüyorlar,"* demiş. Birileri ağzımıza bilgiyi kaşıkla verirken, beynimizi devreye sokup sorgulama zahmetine girmiyoruz. Zihnimiz de bir kas gibi, kullanmadığımızda tembelleşiyor, uyuşuyor ve artık düşünemez hale geliyoruz.

Yaşadığımız yeni bir durum değil, bin yıllardır böyle. Sokrates halk arasında dolaşmaya çıktığında büyük hayal kırıklığına uğramış. *"Yahu, ben neyi bilmediğimi biliyorum, bunlar neyi bilmediklerini de bilmiyorlar"* diye karalar bağlamış. Sokrates bugün bir süreliğine dirilse ve *post-truth* çağındaki dünyanın halini görse anında baldıran zehrini yutup öbür tarafa geri dönebilirdi!

Şaka bir yana, eleştirel düşünme, ayaklarımızın yere basmasını sağlayan, bizi doğruya yaklaştıran bir beceri. Ancak düşünme becerimizin önünde aileden okula, propagandalardan bilişsel önyargılara, hız aşkından duygusalcılığa türlü engel var. Hatta zeki insanlar eleştirel düşünme konusunda en kötüler arasında olabilir!

Zeki insanlar neden akıllıca düşünemez?

Eleştirel düşünme becerisini *zekâ*yla özdeşleştirmek yanlış. Bilakis, bazen yüksek IQ, eleştirel düşünmeyi baltalayabiliyor. Ünlü beslenme uzmanı Prof. Canan Karatay'ın telefonla dolandırıcılık mağduru olduğunu belki hatırlarsınız:[19]

> *Beni telefonla aradılar. Banka hesabımın terör örgütü tarafından ele geçirildiğini, hesabımdan sürekli Diyarbakır'a EFT yapıldığını söylediler. Devletin bununla ilgili büyük bir operasyon başlattığını, kimseye bir şey söylememememi, asla telefonumu kapatmamamı, aileme bile durumdan bahsetmememi istediler. Arayan kişilerin polis ve savcı olduğuna inandım. Adeta hipnotize olmuştum. Ne derlerse yapıyordum. Önce bankadan 20 bin dolar ve 10 bin lira çektirdiler. Daha sonra bir taksiye binerek Balat'a gitmemi istediler. Taksi fişini almamı, bu parayı daha sonra bana geri ödeyeceklerini söylediler. Balat'a gelince beni yönlendirip bir sokağa çektiler. Parayı bakkaldan aldığım bir poşete koyup park halindeki bir otomobilin altına bıraktırdılar.*

Koskoca profesör *buna nasıl inanır, bunları nasıl yapar, herhangi bir aşamada uyanmadı mı* sorularını soruyor olabilirsiniz. İlginç nokta, bu tarz dolandırıcılığın zeki insanların başına sık gelen bir olay olması. Matematik Profesörü Ömer Akın,

19 https://www.ntv.com.tr/turkiye/canan-karatay-dolandirildi,ksbJjq0WtUWAUL wb5yVVjg.

kendisini polis-savcı olarak tanıtan kişilere yüklü miktarda para kaptırmıştı. Ünlü ceza hukukçusu Prof. Dr. Erdener Yurtcan, hesabındaki milyonları dolandırıcının verdiği hesaplara aktarmıştı. Değerli sosyolog Prof. Nilüfer Narlı kendisini polis olarak tanıtan dolandırıcılara yüklü miktarda para ve ziynet eşyasını kaptırmıştı. İyi de bu nasıl mümkün?

Zekâ denilince aklımıza *prestijli üniversitelerden alınan diplomalar, IQ testlerinden alınan yüksek puanlar, kimsenin çözemediği denklemleri çözenler, Einstein'lar ve Curie'ler* geliyor olabilir. Zeki olmak elbette bunlarla da ilgili ve birçok avantaja sahip. Yüksek IQ'ya sahip insanların okulda daha başarılı olduğu ve daha uzun süre eğitimde kaldığı, iş ortamında başarılı olma olasılıklarının yüksek olduğu, suça daha az karıştığına dair sağlam araştırmalar var.[20] Ancak ilginç bir biçimde bu avantaj kişinin "iyilik haline" yansımıyor. Geniş kapsamlı araştırmalar, yüksek IQ'nun *hayat tatmini ya da daha uzun ömür* getirdiğine dair herhangi bir kanıt ortaya koymuyor.

Diğer bir deyişle, *IQ testleri bilgeliği ölçmüyor.* Zihinsel kapasite ayrı, kapasiteyi kullanma kapasitesi ayrı bir şey. Yüksek IQ puanları veya akademik başarı, gerçek hayatta aklı başında karar verme becerilerini, eleştirel düşünmeyi, başkalarıyla olan etkileşimlerdeki başarıyı öngöremiyor. Zekâ konusunda araştırmalar yürüten Prof. Robert Sternberg'in deyimiyle, *zeki insanlar aptalca hatalar yapabiliyor.*

Halpern Eleştirel Düşünme Değerlendirmesi, eleştirel düşünme kapasitesini ölçmek için geliştirilmiş bir test. Hayatın farklı alanlarındaki eleştirel düşünme becerilerini değerlendirmeyi amaçlıyor. *Akademik* ("Bugün sınav olduğunu unut-

---

20 https://www.scientificamerican.com/article/why-do-smart-people-do-foolish-things/.

tum"), *sağlık* ("Korunmadığım için cinsel yolla bulaşan bir enfeksiyona yakalandım"), *yasal* ("Alkollü araba kullanmaktan tutuklandım"), *kişiler arası* ("Eşimi aldattım"), *finansal* ("Maaşımı kat kat aşan kredi kartı borcum var") gibi hayatın farklı alanlarını kapsayan sorulardan oluşuyor. Eleştirel düşünme becerisi iyi olanların *daha az olumsuz olay* yaşadığı, bu değerlendirmede tekrar tekrar ortaya çıkan bir sonuç.

Eleştirel düşünen kişiler, *esnek ve şüpheci.* Herhangi bir bilgiye inanmadan önce kanıt arıyorlar. Kendilerini ikna etmek için yapılan sahte girişimleri ayırt edebiliyorlar. Bilişsel önyargı tuzaklarına düşmüyorlar. Hayatta daha az talihsiz olay yaşıyorlar.

İyi haber şu ki, eleştirel düşünme öğrenilebilen bir beceri. O halde bölümün geri kalan kısmında bu beceriyi geliştirmek için yapabileceklerimize bakalım.

Yanlış bilgiyi yaymamak için ne yapabiliriz?

Yanlış bilgiyi yaymamak neden önemli? Öncelikle, yayan *kişinin kendi güvenilirliğine ve itibarına zarar veriyor.* Hepimiz sosyal medyada bir iz bırakıyoruz. Yalan yanlış bilgi yayarak bıraktığımız izler, bir gün bizi hiç beklemediğimiz şekilde olumsuz etkileyebilir. Sosyal medyada takip ettiğiniz ve sürekli yanlış bilgi yaydığını gördüğünüz birine güvenebilir misiniz? İşverenseniz iş verir misiniz?

İkincisi, yanlış bilginin yayılması *sosyal bütünlüğe zarar verebiliyor.* 6 Şubat 2023'te ülkemizde meydana gelen trajik deprem olayını hatırlayalım (hatta hiç unutmayalım.) Belki son derece iyi niyetle yayılan onca yanlış bilgi, depremde koordinasyon açısından büyük sorun yarattı. Yardımların heba olmasına, yerine ulaşmamasına ya da geç ulaşmasına neden oldu. İyi niyetli kötü seçimler belki de daha fazla mal ve can kaybına yol açtı.

Yanlış bilginin yaygınlaşması, aynı zamanda *komplo teorilerini güçlendirebiliyor.* Mesela dünyanın düz olduğu konusunda kendinden son derece emin insanlar var. Komplo teorilerinin nasıl oluştuğu adım adım incelenmiş:

1. Birinci adımda, arkadaşınızdan "dünya düzdür" diye bir mesaj gelir. "Arkadaşımdan duydum, dünya düzmüş" dersiniz.
2. İkinci adım, "Dünyanın düz olduğuna inanan bazı gruplara katılacağım" demektir.
3. Üçüncü adımda, katıldığınız gruplardaki *körler sağırlar birbirini ağırlar* ortamının etkisiyle, "Dünyanın düz olduğuna dair bütün kanıtlar işte burada" diye düşünürsünüz. "Bir küre değil, düz bir frizbi üzerinde yaşıyoruz."
4. Sonraki adımda, dünyanın düz olduğuna dair fikrinizin bazı insanları kızdırdığını fark edersiniz. Sizi küçük düşürecek şeyler söylerler, siz de savunmaya geçersiniz. O anda beyninizde bir şimşek çakar, "Onları bu kadar kızdırdığıma göre demek ki doğru söylediğim bir şey var. Şimdi fikrime daha da inandım. Bu fikri benim gibi düşünen başka bir arkadaşımla daha paylaşacağım" dersiniz.
5. "Dünya düzdür" mesajınızı bir arkadaşınızla paylaşırsınız.
6. Mesajınızı alan arkadaşınız, "Arkadaşımdan duydum, dünya düzmüş" der ve döngü yeniden başlar. Böyle böyle safsata yayılır. Jelibon rezervlerinden kontortiyuma, akıl almaz hurafeler gerçekmiş muamelesi görür.

Yanlış bilgiyi yaymak, *siyasi süreçlere olan güveni de zedeleyebiliyor.* Yalan yanlış görüşleri yayarak seçim sonuçlarını manipüle etmek mümkün. ABD eski başkanı Donald Trump bu sebeple Twitter'dan menedilmişti hatırlarsanız.

Yanlış bilginin yayılmasına engel olmak için neler yapabiliriz? Birinci adım, *durmak ve nefes almak.* Herhangi bir bilgi gördüğümüzde, hoşumuza gitsin ya da gitmesin, inanmaya ya da onu yaymaya karar vermeden önce şu adımları takip edebiliriz:

1. *Sunulan veriyi olduğu gibi tüketmek yerine sağlam kaynaklardan araştırmak.* Orijinal kaynakları araştırmak için bazen yabancı dil bilmek de gerekebilir. Şayet emin olamıyorsanız, başkalarıyla paylaşmaktan vazgeçmek en iyisi.

2. *Sırf popüler olmak için güvenilir olmayan bilgiyi yaymamak.* Yaydığımız bilgi öylesine komik ya da sansasyoneldir ki, bir anda "popüler" olmamızı sağlayabilir. Bölümün girişinde yer alan kontortiyum videosu buna iyi bir örnek. Yanlış bilgi üzerinden popüler olma arzusuna karşı koyabilmek akıllıca ve erdemli bir tutumdur.

3. *Bilgiyi gönderen her kimse, bilginin kaynağının o kişi olmadığının bilincinde olmak.* Yalan yanlış bilgiler sıklıkla akraba ya da arkadaş WhatsApp gruplarından ya da hesaplarından gelebiliyor. Dolayısıyla, *kaynınızın gönderdiği bilginin kaynağının kaynınız olmadığını unutmayın. Gerekirse kaynınızdan orijinal kaynak bilgisini isteyin. Kaynınız kaynak paylaşmaktan kaçıyorsa, kaynınızın gönderisini paylaşmaktan kaçının!*

İçi boş özgüven ile *gereksiz güvensizlik* arasında bir yer: "Zihinsel tevazu"

Zihinsel tevazu, *kişinin inandığı şeylerin yanlış olabileceğini kabul edebilmesi* şeklinde özetlenebilir. Alçakgönüllülük veya çekingenlikle karıştırılmamalıdır. Özgüven eksikliği ya da özsaygı eksikliğiyle de ilgili değildir. Fikirlerine karşı çıkıldığında geri çekilmek anlamına da gelmez.

Zihinsel tevazu, bir düşünme biçimidir. Bir şekilde *hatalı olabileceğin ihtimalini akılda tutmak ve başkalarının deneyimlerinden öğrenmeye açık olmak* demektir. Kendi kör noktaların konusunda meraklı olmak demektir. Mesela zihinsel tevazu sahibi bir bilim insanı (ki zaten ancak böyle bilim insanı olunur) kendi hipotezini çürütmeye çalışır, sürekli sorgular, *acaba neyi eksik bırakıyorum* sorusunu sorar.

Zihinsel tevazu yüksek zekâ gerektiren bir beceri değildir; *kendi sınırların üzerinde düşünme alışkanlığıdır.* Gerçekçi bir benlik algısı gerektirir. Genellikle zihinsel tevazu anketlerinde daha yüksek puanlar alan kişiler, *karşıt görüşleri duymaya, kendi dünya görüşlerine aykırı olan görüşlere* daha açıktır. Hata yaptıklarında kabullenir veya bilmediklerinde *bilmiyorum* diyebilirler. "Bildiğini bilmek iyidir, bilmediğini bilmek bilgeliktir" diye bir söz var. Özgüven, bilmediğini bilmek ve kabullenebilmekle yakından ilgili olduğuna göre, zihinsel tevazu özgüvenle ilişkilidir denilebilir. Bir örnekle ilerleyelim. Diyelim ki birine, "İlkkan Bey, Osmanlı dönemindeki Minoa Efendi İsyanı'nı mutlaka duymuşsunuzdur" dediniz. Cevap "tabii ki"yse, karşınızdaki insan bilmediğini itiraf etmeye çekinen, muhtemelen özgüvensiz bir insandır. Tarihte Minoa Efendi İsyanı diye bir isyan yok çünkü.

"Bilmediğini açıkyüreklilikle kabul etmek, bana göre bir zorluğun üstesinden gelmenin en kolay yolu olduğu kadar, bilgi edinmenin de en olası yoludur; haliyle ben de bu yola başvuruyorum," demiş Benjamin Franklin. Zihinsel tevazu sahibi olan insan zaten doğruya bu şekilde yakınlaşır. Bugün dünyaya hâkim olan liderlere baktığımızda ise bir kısmının tevazudan uzak, kibirli ve dolayısıyla cahil olduklarını görüyoruz. İyi bir şey olduğunda "ben dâhi olduğum için", kötü bir şey olduğunda "bir başkası aptal olduğu için" tutumuna sahip olabiliyorlar. Buna "yanlış atıf hatası" deniliyor.

Gelişmiş ortamlarda ise entelektüel tevazuya önem veriliyor, çünkü aksi takdirde bir şey öğrenemeyeceğiniz düşünülüyor. Bir başkasının fikri seninkinden daha iyiyse, tevazu gösterip o fikri kucaklayabilmek önemli bir beceri kabul ediliyor. Ortak sorunların çözümü bunu gerektiriyor. Nihai hedef, birlikte problem çözebilmek. Katkını sunup ardından geri çekilebilmek. Kişi bir konuda çok hummalı bir biçimde görüşlerini savunabilir, kendi bakış açısını dimdik sahiplenebilir. Öte yandan farklı yönde yeni bir bilgi geldiğinde de fikirlerini değiştirebilmelidir. *Tevazu, çok inandığın fikrinden sebepsiz vazgeçmek değil, yeni verilerle birlikte artık farklı düşünmeye başladığın için geri adım atabilmekle ilgilidir.*

Dalkavuk olmamak ama ne zaman geri çekileceğimizi bilmek önemlidir, çünkü zekâmızı insanların gözüne sokmak sosyal becerilerimizin zayıf olduğu anlamına gelebilir.

"Her şeyi bilen kişi sadece ne kadar sinir bozucu olduğunu bilmez" diyor komedyen Demetri Martin. Zeki biri, genellikle insanların zeki olduğunu bilmesini ister. Düşüncelerimizi saklamaya gerek olmasa da, her fırsatta zekâmızı sergilemenin bir bedeli var: İnsanlar düzeltilmekten hoşlanmıyor. Kendi yetersizliklerini onlara yansıtan bir ayna istemiyorlar.

Amazon'un kurucusu Jeff Bezos bir toplantıda en zeki insanı nereden ayırt edebileceğini anlatmış. *"En zeki insanlar en yüksek IQ'lular değil,"* diyor. Bezos'a göre en zeki insanlar bir konuda doğru cevaba ulaşana kadar fikirlerini defalarca değiştirebilenler. Yeni bilgilere açık olan, kendi bildiklerini sorgulayabilen, kendi önerdikleri çözümlerdeki sorunları kendi bulabilen, kendi fikrine zıt fikirlere açık olabilenler. Kişinin ne "kararsız kaotik" ne "sabit fikirli statik" olması iyi. Değişimin sağlıklı olabilmesi için sadece kendi doğrularını onaylayan detayları değil, farklı detayları da dinlemeye ve kabul etmeye açık olmak, büyük resmi görmeyi sağlıyor.[21]

---

21 Bir düşünceye göre zamanın %70'i tartışmaya, %30'u karar vermeye ayrılmalı; karardan sonra da karara 100% herkes uymalı.

Psikolog Adam Grant de "özgüvenli tevazu" (*confident humility*) kavramından söz eder. Özgüvenli tevazu, bazı konulardaki cehaletini ve zayıflıklarını itiraf edecek kadar uzmanlığına ve güçlü yanlarına güvenmek anlamına geliyor. Bilmediğini itiraf edemeyen insan, bildiklerine güvenmiyordur. Tevazu barındırmayan özgüven *kibir* getirirken, özgüven barındırmayan tevazu da *zarar verici bir özkuşkuya* yol açar. Hatta özgüven spektrumunun iki ucundaki bu iki durum, sırasıyla *Dunning-Kruger Sendromu* ve *Impostor Sendromu* olarak da bilinir.

Dunning-Kruger sendromu, "cahil cesareti" olarak da anılır. Yetkinliği düşük olmasına karşın özgüven patlaması yaşayan insanları anlatır. Örnek bir sloganı "*Sizden öğrenecek değilim*"dir. İçi boş özgüven herkeste görülebilmekle birlikte erkeklerde daha yaygın olduğunu bilinmektedir. Spektrumun diğer ucundaki Impostor ya da Sahtekâr Sendromu'nda ise "Ne kadar az şey biliyorum; çok yetersizim" düşüncesi hâkimdir. Yetkinlik yüksek, özgüven düşüktür. Kişi zekidir, belli başarıları vardır, iyi bir eğitim almıştır ama yine de kendini başarılı görmez. Sorun başkalarının standartlarına göre düşük bir performans ortaya koyması değildir, kendini nasıl gördüğüdür. Yüksek sesle konuşan bir iç ses, ona yeterince iyi olmadığını, *başarılı gibi görünen bir sahtekâr* olduğunu söyler.

Psikologlar Sahtekâr Sendromu'nun hiçbir avantajı olmadığını, sadece kaygıyı arttırdığını söylüyor. Dolayısıyla, "Standartlarım yüksek olduğu için böyleyim", "Bu duygu beni kamçılıyor", "Kibirli olmaktansa tevazu sahibi olmak daha iyidir" gibi efsanelere inanmak, kişiyi sandığının aksine aşağı çekiyor olabilir.

Impostor Sendromu kadınlar arasında daha yaygın. Facebook yöneticisi Sheryl Sandberg *Lean In* kitabında kadınların başarıları için takdir edildiklerinde kendilerini sahtekâr gibi hissettiklerini, takdiri hak etmediklerini düşünerek suçlu hissettiklerini, alanlarında uzman bile olsalar sınırlı yetenekleri olduğunu düşündüklerini, bu durumun en aşağıdan en tepeye bütün pozisyonlardaki kadınlar için geçerli olduğunu söylüyor. Farklı sektörlerden araştırmalar kadınların kendi performanslarına olduğundan daha düşük değer biçtiğini gösteriyor.

Hatta kadınlar toplantılarda elini daha az kaldırdığı için bazı şirketlerde toplantılarda sırayla herkese görüşünü sormak ya da kadınlara özellikle görüşlerini sormak gibi uygulamalar getirilmiş. *Oksijen* gazetesindeki bir yazısında Zeynep İnanoğlu Özdemir, toplantılarda kadınların konuşma süresiyle ilgili farklı araştırmalara yer vermişti. Araştırmalara göre iş hayatında susmayan olarak algılanan kadınlar değil erkekler, özellikle de "güçlü" erkekler. Beş kişilik bir grupta tek kadın varsa, kadın diğer erkeklere göre %40 daha az konuşuyor. Grupta 3 kadın varsa diğer iki erkeğe oranla %36 daha az konuşuyor. Ne zaman ki grupta tek erkek kalıyor, ancak o zaman kadın ile erkek eşit süreyle konuşuyor.

Toplantılarda konuşurken kimin kimi böldüğü de araştırılmış. On iki yıllık bir araştırmaya göre, kadınlar tüm söz kesme girişimlerinin sadece %4'ünden sorumlu. Yani söz kesmek kıdemli erkekler arasında bir alışkanlıkken, kadınlar arasında bir istisna. Buna İngilizce "*man*" (erkek) ve "*interrupt*" (söz kesme) kelimelerinden yola çıkarak "*manterrupt*" deniliyor. Bir de meşhur "*mansplaining*" vardır. "*Man*" (erkek) ve "*explaining*" (açıklama) sözcüklerinin bileşimi. "Genellikle bir erkek tarafından bir kadına, küçümseyici veya büyüklük taslayan bir biçimde bir şeyler anlatmak" anlamına geliyor.

Bilmediğini bilmeyip *her şeyi ben bilirim* tipi cahil cesareti de bildiklerini yadsıyıp *ben bir şey bilmiyorum* tipi gereksiz tevazu da iyi değil. Bertrand Russell'ın ifadesiyle "*Dünya-*

nın sorunu, akıllılar hep kuşku içindeyken aptalların küstahça kendilerinden emin olmalarıdır." İkisinin arasında sağlıklı bir yer var: *Gerçekçi özdeğerlendirme.* Kendini iyisiyle kötüsüyle tanımak, güçlü yanlarını avantajına kullanmak, eksiklerin konusunda başkalarından destek almak, yapıcı eleştiriye açık olmak, hatalarından öğrenmeye çalışmak... Özetle, iyisiyle kötüsüyle kendinin farkında olmak.

Fikir kültlerinin müridi olmamak

Adam Grant, *Think Again* kitabında eleştirel düşünebilmek için "fikir kültlerinin müridi olmamak" gerektiğini savunuyor. Bu ne demek? "Şu şundan her zaman daha iyidir, bu bundan daha önemlidir" gibi cümleler kuruyorsanız, siz de *bir fikrin müridi* olabilirsiniz. Hayat bu kadar basit değil, hiçbir yöntem her zaman daha etkili olamaz ve bazen bir çözüm beklenmedik sonuçlara yol açabilir.

Grant'in verdiği örnek üzerinden ilerleyelim. Duygusal zekâ kavramını popüler hale getiren Daniel Goleman, duygusal zekânın bilişsel zekâdan daha önemli olduğunu ve liderlik gerektiren işlerin %90'ında başarının buna bağlı olduğunu öne sürdü. Diğer uçta yer alan Jordan Peterson ise "Duygusal zekâ diye bir şey yoktur, sahtekârlıktan başka bir şey değil," dedi. Her ikisinin de psikoloji doktoraları var.

Grant'e göre ikisi de yanılıyor. Duygusal zekâ konusunda yüzlerce mesleği tarayan çok kapsamlı metaanaliz çalışmaları var. *"Duygusal zekâ diye bir şey var, önemli ve performansı belirlemede etkili,"* diyor Grant. Ancak bazı işlerde performans söz konusu olduğunda, IQ, duygusal zekâdan iki kat daha önemli olabiliyor. Emlakçıysan, müşteri temsilcisiysen, pazarlamacıysan duyguları anlamak ve yönetmek son derece önemli. Öte yandan muhasebeciysen ya da makine mühendisiysen, hesapları eksiksiz yapman ya da formülleri doğru uygulaman duygusal zekândan daha önemli olabilir.

Fikir müritleri, "Hangi zekâ tipi daha önemli?" gibi bir soru karşısında esnek düşünemeyip "EQ daha önemli" ya da "IQ daha önemli" diye cevap veriyor. Küçük bir çocuğa "Anneni mi daha çok seviyorsun, babanı mı?" sorusu sormak kadar manipülatif. Çocukların bu tuzaklara düşmeyip "Çikolatayı daha çok seviyorum" gibi cevaplar vermesi beni çok eğlendiriyor ve umutlandırıyor. Bu tarz bir "ya o ya da öbürü" yaklaşımı, karmaşık problem çözmenin ve eleştirel düşünmenin önünde bir engel teşkil ediyor. Taraf tutan düşünme biçiminin ötesindeki karmaşıklığı görmeye çalışmak, eleştirel düşünme becerisine bir örnek.

Dolayısıyla "Hangisi daha önemli?" sorusundan daha iyi bir soru, *"Bu bilgi hangi alanlarda geçerli, hangi alanlarda geçersiz?"* sorusu olabilir. Ebeveynseniz çocuğunuza, öğretmenseniz öğrencinize, yöneticiyseniz çalışanınıza bu bakış açısını kazandırmaya çalışabilirsiniz. Bazen de çocuk ebeveyne, öğrenci öğretmene, çalışan yöneticiye farklı bir açıdan düşünmeyi öğretebilir elbette.

"Zor Konuşmalar Laboratuvarı"

Yurtdışındaki "elit" okullar bile düşünme becerilerini geliştirme konusunda pek parlak değil. Bununla birlikte eleştirel düşünmeyi müfredata dahil etmek yönünde bazı girişimler yok değil. Mesela Stanford Üniversitesi'nde öğrencilerin eleştirel düşünmesini sağlayacak bir müfredat geliştirilmiş. Öğretmenler öğrencilere farklı görüşte oldukları insanlarla görüşme ödevi veriyor. Aşı karşıtıysanız, aşıyı savunanlarla görüşmeniz gerekiyor. Aşıyı savunuyorsanız, aşı karşıtı biriyle görüşmeniz gerekiyor. Odak noktası haklı olmak değil, farklı bakış açılarını dinlemek ve bunlar üzerinde verimli bir tartışma yapacak becerileri inşa edebilmek. Elbette bu her yorumu doğru ve geçerli kabul etmek anlamına gelmiyor. Yanlış iddiaları çürütecek şekilde verilerin teyit edilmesi de müfredatın bir parçası.

New York'ta, benim de mezunu olduğum Columbia Üniversitesi'nde "Difficult Conversations Lab" (Zor Konuşmalar Laboratuvarı) diye bir laboratuvar var. Burada, ihtilaflı bir konuda sizinle tamamen farklı fikirde olan bir yabancıyla eşleştiriliyorsunuz. Konuyu tartışmak için sadece 20 dakika veriliyor. Sonra her iki tarafın da bir karar vermesi gerekiyor: Konuyla ilgili ortak görüşlerini kaleme alan ortak bir bildiri yazıp imzalayacak kadar uzlaşabildiler mi? Bunu yapabilirlerse ortak bildirileri kamuya açık bir forumda paylaşılıyor.

Adam Grant'in *Think Again* kitabında rastladığım bir diğer güzel uygulama da ABD'de Erin McCarthy adlı bir sosyal bilimler öğretmeninden. McCarthy, 2020'de ABD'de bulunduğu eyalette yılın öğretmeni seçilmiş. Bir gün sınıftayken öğrencilerden biri, tarih ders kitabının içindeki metnin yanlış olduğu konusunda şikâyet ediyor. Burada bir es verip öğretmen olduğunuzu varsayalım: Öğrenci size böyle bir şikâyette bulunsaydı ne yapardınız? Nasıl tepki verirdiniz?

Bazen bir öğretmen öğrenciden gelen eleştiriyi hoş karşılamaz. Öğrencinin tutumu, "Eski bir metin okutuyorsun, demek ki ne öğrettiğini bilmiyorsun" şeklinde yorumlanabilir. Öğrencinin senden önce bu hatayı fark etmesi utandırıcı olabilir. Ancak Erin bu metni öğrencilere bilerek vermiş. Eski tarih kitapları koleksiyonu yapan, zaman içerisinde hikâyelerin nasıl değiştiğini karşılaştırıp görmeyi seven bir kişi. Öğrencilerine verdiği metin 1940'ta yazıldığından içinde çok eski bilgiler var.

Öğrencilerin çoğu hiç sorgulamadan metindeki bilgiyi doğru kabul etmiş. Zaten bizim de maruz olduğumuz eğitim bu şekilde değil mi? "Sorgulamadan ezberle." Yine de bazı öğrenciler metindeki hatalar karşısında şok olmuş. Dersin sonucunda öğrendikleri bilgileri sorgulamaları gerektiğini anlamışlar. *"Bu metinde hangi hikâyeler var? Hangi hikâyeler dışarıda bırakılmış? Neyi kaçırıyoruz?"* Öğretmen öğrencilerine bilginin zaman içerisinde değişebileceğini, sürekli sorgulamanın değerini ve bildiklerini unutmayı, yani eleştirel düşünmeyi öğretmiş.

Bize de doktora eğitimi sırasında herhangi bir metni okurken bu soruları sormamız önerilmişti. Söz konusu bir bilimsel araştırmaysa *"Araştırma sonuçları kime hizmet ediyor? Hangi gruplar dahil edilmiş, kimler dışarıda bırakılıyor? Araştırmanın bir sponsoru varsa kim, kim finanse ediyor?"* gibi sorular sormayı en baştan öğretmişlerdi. Bir süre sonra bir araştırmayla karşılaşır karşılaşmaz bu soruları otomatik olarak sormaya başladık.

Gruptaki uyum arzusu, hatalı kararlara yol açabilir

Eleştirel düşünmenin bir potansiyel düşmanı da *"groupthink."* Bir psikoloji terimi olan *groupthink,* farklı fikirler aramak yerine fikir birliği aramak şeklinde özetlenebilir. Fikir birliğinin ne zararı olabilir ki?

İnsanların aynı fikirde olma isteği, bir durumdaki farklı alternatifleri gerçekçi bir biçimde değerlendirmenin önünde durabilir. Gruptaki uyum arzusu, mantıksız ve hatalı kararlar vermekle sonuçlanabilir. Problemlerin çözümünü gereksiz yere uzatabilir. Aynı zamanda uyum arzusu, orijinalliğin ve fikir çeşitliliğinin düşmanıdır.

Şirketlerin performansı en çok ne zaman artıyormuş biliyor musunuz? CEO'lar, *dostları olmayan kişilerden* tavsiye aldığında. Yöneticiler, onlara *evet efendim* diyen kişiler yerine meydan okuyan kişileri dinlediklerinde hatalarını düzeltebiliyor ve daha önce görmedikleri farklı açılardan düşünebiliyorlar. Hatta bu farklı fikirler yanlış bile olsa fayda sağlıyormuş. Diğer bir deyişle, mutlak sadakat peşinde koşanlar, "benden olmayan yok olsun"cular, kendi bindikleri dalı kesiyor. Etrafları yardakçılarla dolu çıplak krallar olarak dolaşırken aldıkları hatalı kararlar, özellikle yönetici pozisyonunda olanların yavaş yavaş sonlarını getiriyor.

Elbette sırf "kılçıklık" olsun diye bir görüşe karşı çıkmak da fayda sağlamıyor. Önemli olan, inandığın fikri samimiyetle savunmak. Öbür türlü karşındaki kendi düşüncesinden değil, senden şüphe duyar.

"Bilmiyorum" diyebilmek de muazzam bir özgüven ve eleştirel düşünebilme kabiliyeti göstergesi. Gözlemlediğim kadarıyla Türkiye'de bu cümleyi kullanmak epey riskli ve nadir. Bilimsel şüpheciliğe *zayıflık*, otoriter kesinliğe *güçlülük* olarak bakan bir toplumuz. Dolayısıyla "bilmiyorum" demek kişiyi zayıf gösterdiğinden bilmese de biliyormuş gibi yapmak daha yaygın. Oysa gerçek özgüven, neyi bilmediğini bilmektir. Had, sınır demektir. Özgüven haddini, yani sınırlılıklarını bilmektir. Kişinin güçlü ve zayıf yanlarını bilmesidir. İşini layıkıyla yapan, konusunu iyi bilen insanlar neyi bilmediklerini de rahatça söylerler, çünkü zaten uzman oldukları konularda kendilerine güvenleri tamdır, içleri güçlüdür. Bilmediklerini itiraf edebilecek kadar güçlü insanlara güçsüz gözüyle bakanlar, muhtemelen kendi içi güçsüz olan insanlardır.

Özgüven, her konuda uzman olmanın mümkün olmadığını kabul etmektir. "*Bilmiyorum, bu yüzden sizinle birlikte öğrenmek istiyorum*" dediğinizde ortamın atmosferi değişir, gerilim azalır, hatalar da azalır. Özgüvenli bilmiyorum'lar çoğalsaydı, sorunlar azalırdı.

Aciliyet tuzağına düşmemek için hangi soruları sorabiliriz?

Stephanie Santos[22] da aciliyet tuzağına düşmenin eleştirel düşünmeden uzak, kötü kararlarla sonuçlanabildiğini vurguluyor. Aciliyet tuzağına düşmemek için atılabilecek bazı adımlar var:

1. Varsayımları sorgulamak. Daha önceki fikrimi onaylayan bilgilerin peşinde miyim? Başka olasılıkları hesaplamadan hızla aklıma gelen çözümleri fazla mı ön plana çıkarıyorum? Geçmişteki bir çözümün değerini abartıyor muyum?
2. Mantık yürütmek. Elimdeki kanıtlar güvenilir mi? Bilginin kaynağı saygın mı? Etraflıca düşünmeden hızlı bir genelleme yapıyor olabilir miyim?
3. Aktif ve açık dinlemek. Hızla karar vermeye çalıştığımızda söyleneni duymak yerine nasıl cevap vereceğimize odaklanırız. Aktif dinlemede, kişinin söylediğini anlamak için sorular sorma ve öğrenme çabası vardır. *Karşımdaki kişinin sözünü bölmeden düşüncelerini ifade etmesine izin veriyor muyum?*
4. Daha iyi sorular sormak. Derin, farklı ve etkili sorular sormak eleştirel düşünmede önemlidir. Öncelikle soruyu kime soruyorsunuz ve cevabı kim verebilir? Soruyu sormaktaki amaç nedir? Soru açık uçlu ama kısa ve net mi? Daha derin tartışma ve analiz imkânı doğuruyor mu?
5. Düşünmek için alan ve zaman yaratmak. Bazen en iyi çözümler biraz ara verip düşündükten sonra formüle edilir. Bir karar vermeden önce uyumak bile daha iyi karar almayı sağlar. İngilizcede *"to sleep on a prob-*

---

22 https://www.harvardbusiness.org/to-improve-critical-thinking-dont-fall-into-the-urgency-trap/.

lem" diye bir deyim bile vardır. Bir karara ya da çözüme ulaşmadan önce bir sonraki güne kadar bekleyip zihni toparlamak anlamına gelir. Karmaşık sorunlar hız ve aciliyet ortamlarında çözülemez. Yürüyüşler, günlük tutmak, sabah uyandıktan sonraki birkaç dakikayı düşünerek geçirmek, zihnin berrak olduğu saatleri karmaşık konularda okumaya ve düşünmeye ayırmak iyi olabilir.

Bölümümüzü düşünmeye zaman ayırmanın anlam ve önemini perçinleyen bir hikâyeyle bitirelim.

Bir ormanda iki ormancı ağaç kesiyormuş. Birinci ormancı sabah erkenden kalkıyor, ağaç kesmeye başlıyor, bir ağacı kesip hemen diğerine geçiyormuş. Gün boyunca, dinlenme ve öğle yemeği için kendine vakit ayırmıyormuş. Akşamları da ormancı arkadaşından birkaç saat sonra ağaç kesmeyi bırakıp evine daha geç gidiyormuş. İkinci ormancı ise arada bir dinleniyor ve hava kararmaya başladığında evine dönüyormuş. Bir hafta boyunca hangimiz daha fazla ağaç kesecek bakalım diye bir iddiaya tutuşmuşlar. Çalıştıktan sonra ne kadar ağaç kestiklerini saymaya başlamışlar.

Sonuçta bir de bakmışlar ki, durup dinlenmeye zaman ayıran ikinci ormancı çok daha fazla ağaç kesmiş. Aralıksız çalışan ormancı şaşkınlık içinde sormuş: *"Bu nasıl olabilir? Ben daha çok çalıştım. Senden daha erken ağaç kesmeye başladım, senden daha geç evime döndüm. Sen nasıl benden daha fazla ağaç kestin?"*

İkinci ormancı bilgece bir tebessümle yanıt vermiş: *"Bir sırrım yok. Sen durup dinlenmeden çalışırken ben birkaç ağaç kestikten sonra hem dinleniyordum, hem de baltamı biliyordum. Keskin baltamla, daha az çabayla daha çok ağaç kestim."*

Aralıksız çalışan, bilgi bombardımanından bitkin düşen, çoğu zaman ezberden hareket eden zihnimiz de arada durup bileylenmek istiyor. Eleştirel düşünebilmek ve doğru kararlar alabilmek için hız ve aciliyet tuzağına düşmemek, arada yavaşlamak, durup baltayı bileylemek sadece kendimizin değil hepimizin iyiliğine olabilir. Oysa çoğumuz Palemon'dan hallice hayatlar yaşıyoruz. O ne demek mi? Gelin bir sonraki bölümde birlikte anlayalım.

"ANLAMLI BİR HAYAT İNŞA ETME BECERİSİ:" ZAMAN YÖNETİMİ

"Bir hedefi ve mirası olan kişi, hedefine ve mirasına en faydalı olacak zamanda ölümü ister. Hedefine ve mirasına saygısından, yaşamın kutsal mekanına cılız çelenkler bırakmaz."

Nietzsche

"Yaşam bir hediye, yaşam bir mutluluk, keşke gençlik bunu bilseydi. Şimdi hayatımı değiştiriyorum, yepyeni bir biçime dönüştürüyorum. Kardeşim, sana söz veriyorum umudumu yitirmeyeceğim, ruhumun ve kalbimin saflığını koruyacağım, daha iyi bir şekilde yeniden doğacağım, bütün ümidim, bütün tesellim bu."

Dostoyevski

Mitolojide Odin'in laneti hikâyesi vardır. Su perisi Odin, kocası Palemon'un sadakatsizliğini öğrenir. Onu uykusunda horlarken bulduğu bir anda öfkeyle lanetler: Sadece uyanık olduğu sürece nefes alacak, uyuduğu anda ölecektir. O andan itibaren Palemon her anını çılgınca bir faaliyet içinde geçirir, gözlerinin kapanacağı ve ölümün onu alt edeceği korkusuyla asla uyuyamaz.

Bugünkü yoğunluğumuza bakılırsa Palemon'dan halliceyiz ama lanetimiz kendimize.

"Zaman, inatçı bir çocuk gibidir. onu kontrol etmek için ne kadar çabalarsanız, kontrolünüzden o kadar uzaklaşır," diyor yazar Oliver Burkeman.[1] Zaman kazanmamız için geliştirilen tüm teknolojiler –bulaşık makineleri, mikrodalga fırınlar, robotlar, bilgisayarlar– sayesinde yoğunluğumuz azalmış görünmüyor. Tersine, hayat hızlanıyor, yoğunluk artıyor ve giderek daha sabırsız hale geliyoruz. Eskiden günlerce mektup beklerdik, şimdi yavaş yüklenen bir web sayfası için beş saniye beklemek dayanılmaz geliyor.

Komedyen George Carlin bir keresinde *"Gelecekte bir zaman makinesi yapılacak, ancak kimsenin onu kullanacak zamanı olmayacak,"* demiş. Artık zamanı olmayan ebeveynler için 1 dakikalık masalların olduğu bir çağdayız. Giderek daha hızlı video izliyoruz, sesli mesajları ve sesli kitapları hızlı moda alıp dinliyoruz. Buna *"kronik zaman yoksulluğu"* deniliyor. Küresel zenginlik giderek artsa da maddi zenginlik "zaman

---

1 *Time Management for Mortals* [Ölümlüler İçin Zaman Yönetimi] kitabından.

zenginliğine" dönüşmedi. Çoğu insan kendini sürekli olarak *zaman fakiri* hissettiğini, yapacak çok işi varmış duygusu yaşadığını, ancak yeterli zamanı olmadığını belirtiyor.

İş ortamında da yük giderek artıyor. 1965'te çalışanların yaklaşık %50'si mola verirken 2003'te bu oran %2'den azmış. Boş zaman deseniz o da işgal altında: Tatilde deniz kıyısındayken bile önümüzde bilgisayarla zamanı "daha verimli" tüketmeye çalışıyoruz.[2] Richard Dehmel "İşçi" şiirinde karısına sesleniyor:

Bir evimiz var, bir çocuğumuz kadınım!
İşimiz de var, senin ve benim,
Güneşimiz, yağmurumuz var ve rüzgâr.
Tek bir şeyimiz eksik,
kuşlar kadar özgür olabilmek için: O da zaman.

Şiirlere bile konu olan zaman yoksulluğunun elbette bir bedeli var. Refahı ve fiziksel sağlığı azaltıyor. *Zamanın Kokusu*'nda Byung-Chul Han da gündelik hayattaki aşırı hareketliliğin *tefekkürü ve durma becerisini* yok ettiğinin altını çiziyor. Hatta hızlanma bile değil bu, bir yönü yok, yaşam *daha hummalı ve amaçsız* bir halde sadece *"bir şimdiden diğerine aceleyle geçilip durulur... Nihayetinde, (insan) uygunsuz bir zamanda yok olur gider."*

"Yeterince" kazanmanın yetmediği, tüketenlerin tükettikçe yeni şeylere sahip olma hevesiyle dolup taştığı, komşunun tavuğunun komşuya kaz göründüğü, bir tarafta yoksullukla boğuşanlar varken fenomenlerin ışıltılı hayatlarını görgüsüzce sergilediği, başkalarından aşağı kalmamak için idrar yarışının tam gaz devam ettiği, sonuç olarak gittikçe daha çok

---

2 B. Aeon, A. Faber ve A. Panaccio, "Does time management work? A meta-analysis," *PLoS One*, 11 Ocak 2021, 16(1): e0245066.

çalışılan, kişinin kendini de, dünyanın kaynaklarını da daha fazla tükettiği, *meşgul olmanın bir statü simgesi* haline geldiği bir dünya bu.

Sosyal medyadaki takipçi sayısı, telefonunun hangi model ve marka olduğu, evinin nasıl bir semtte olduğu gibi meseleler birçok insan için birer statü aracı. Birçok insana "var olduğu," "biri olduğu," "önemli olduğu," "değerli olduğu" hissini veriyor. Statü isteği her zaman kötü bir şey olmak zorunda değil; insanı yeteneklerine ulaşma konusunda kamçılayabilir, verimsiz yollara sapmasına engel olabilir, iyi işler yapma yolunda motive edici olabilir. Öte yandan öz algımızın başkalarının bizimle ilgili düşüncelerine "fazlasıyla" bağlı olması, "statü kaygısı" dediğimiz durumu doğuruyor. Kişinin amaç ya da anlam arayışı, dışarının beklentileri doğrultusunda baskılanabiliyor, depresyona kadar varabilen sonuçlara yol açıyor. *"Kendini başkalarıyla kıyaslarsan, kıymetsiz ya da acımasız olabilirsin,"* diyor Sylvia Plath, *"çünkü her zaman kendinden çok daha iyi ve çok daha kötüler olacaktır."*

Hızlanma stratejileri zaman krizini bertaraf edemediği gibi esas sorunun da üzerini örtüyor. Son model teknolojik cihazların, "en bi marka" ayakkabıları giyen çocukların, gıcır gıcır arabaların ortasında her saniyesi meşgul, *boşluk hissiyle dolu* hayatlar... Eşyaların mutlu etmediğini bilim çoktan kanıtladı ama bilimin insan beynine intikal etmesi uzun sürebiliyor. Belki bu bilgi intikal edene kadar insan beyni diye bir şey bile kalmayacak, kim bilir!

Bir yerde bir terslik var duygusuyla gezinirken, hayatı daha tatmin edici bir uğraşla geçirme hayali akıldan çıkmazken, günahsız Pazartesi en nefret edilen gün olmaya devam ederken, sevdiklerimize ayırdığımız zamanın adı nadirliği nedeniyle "kaliteli" olmuşken, işyerine her gün ayakları geri geri koşturanlar çoğunluktayken durup bir düşünmek gerekmez mi?

Ömrünü *neyi ne için yaptığını sorgulamadan* tüketenler, her günü şikâyet ederek geçirenler, yolun sonuna gelince "Keşke hayatı farklı yaşasaydım" pişmanlığı yaşayanlar çok değil mi? Thomas Hobbes, hayatı *"kötü, acımasız ve kısa"* olarak tanımlamış. Bundan daha vahimi, *kötü, acımasız ve uzun bir hayat* olur. Sürekli çalışma, can sıkıntısı, kaçırılan fırsatlar, pişmanlıkla dolu bir yaşlılık...

Yazar Marilynne Robinson, *"Zamanın ruhu, neşesiz bir aciliyet,"* diyor. Hayatımızın büyük bölümünü neşesiz bir aciliyet içinde geçirmemiz gerekmiyor. *"İstisnalar dışında herkes, tam yaşamaya hazırlanırken yaşamın sona erdiğini görüyor"* uyarısında bulunan Seneca, *Yaşamın Kısalığı Üzerine* başlıklı mektubunda insanlara şöyle sesleniyor:

> *Mesele, yaşamak için kısa bir zamanımızın olması değil, bunun çoğunu boşa harcamamızdır. Yaşam yeterince uzundur ve eğer iyi değerlendirilirse, en yüksek başarıları elde etmemiz için bize yeterince cömert bir miktar verilmiştir. Ancak gaflet ve lüks içinde israf edildiğinde, hiçbir iyi faaliyet için harcanmadığında, sonunda ölümün nihai kısıtlamasıyla, (yaşamın) geçip gittiğini fark etmek zorunda kalırız. İşte böyle: Bize kısa bir hayat verilmedi ama biz onu kısalttık; biz onu... israf ettik... Nasıl kullanacağınızı bilirseniz hayat uzundur.*

Üstelik Seneca zamanında insan ömrü şimdikinden çok daha kısaydı. Ömürlerin uzaması, *hız, zaman yönetimi ve anlamlı bir yaşam* konularında birçok şeyi değiştirebilir, yeter ki zamanı doğru yönetmeyi bilelim.

Uzayan ömür, kıymetli bir hediye

Yaşam süreleriyle ilgili en iyi kayıtları tutan ülkelerden biri olan İsveç'in istatistiklerine göre, 1840'ta İsveç'te bir kadın ortalama 45 yıl yaşıyordu; bugün bu süre 83 yıl. Bizde de yaşam süreleri ortalamada 80 yıla ulaştı.

Bugün ise Batıda doğan bir çocuğun 105 yaşına kadar yaşama şansı %50'nin üzerinde; bir asır önce doğan bir çocuğun şansı %1'den azdı. Son 200 yılda, ortalama yaşam süresi her on yılda iki yıldan fazla arttı. Yani şu anda 20 yaşındaysanız 100 yaşın üzerini görme şansınız %50. 40 yaşındaysanız 95'e ulaşmanız, 60 yaşındaysanız 90 veya daha fazla yaşama şansınız %50.[3]

Ömürlerin uzamasıyla birlikte bir insanın hayatı boyunca onlarca kez iş değiştirmesi bekleniyor. Sadece iş de değil, defalarca kariyer değiştirmesi öngörülüyor. Yeniden öğrenebilmek, değişen ortamlara hızlı uyum sağlayabilmek, kırılmadan esneyebilmek, hastalıkları, ayrılıkları, kayıpları, geçiş krizlerini maddi ve manevi olarak yönetebilmek her zamankinden daha değerli.

Uzayan ömür zorluklar barındırsa da çok kıymetli bir hediye. Uzayan ömrün getirdiği çoklu kariyer geçişleri ve molalar, *daha esnek ve anlamlı* bir yaşam biçimi için fırsatlar doğuruyor. Yirminci yüzyılın "*eğitim-kariyer-emeklilik*" şeklindeki üç aşamalı yapısı değişiyor. Belki vardı bir hayaliniz ama evlilik, çocuklar, iş yükü derken bir türlü fırsat olmadı. İşte uzayan bir ömürde, "yaş" ve "yaşlılık" denen kavramların anlamı da değişiyor.

Bugün üniversite öğrencisi denildiğinde yaşını tahmin edebiliyoruz ama çok aşamalı bir yaşamda bu geçerli olmayacak. Herhangi bir yaşta üniversite öğrencisi olabiliriz. "Öğrenciyim" bilgisi yaşımızı tahmin etmek için artık bir ölçüt değil. Uzayan ömürde yeni aşamalar giderek yaştan bağımsız hale gelecek. Toplumun büyük bir kısmı yaş ve aşamanın aynı şey

---

3 L. Gratton ve A. Scott, *The 100-Year Life: Living and Working in an Age of Longevity*, 2017.

olduğu yönündeki varsayıma dayandığından kurumsal uygulamalar, pazarlama ve mevzuat da buna göre çözümler geliştirmek zorunda kalacak. Yaş artık bir aşama olmadığında, farklı yaş gruplarının bir araya geldiği okul ortamları ve iş ortamları doğacak. "Kuşak bitişmesi," "kuşak çatışması"nın sonunu da getirir mi dersiniz?

Hatta insanların 70'li, hatta 80'li yaşlarına kadar çalışması bekleniyor. London Business School'da MBA öğrencilerinden 100 yıllık yaşam için senaryolar oluşturmaları isteniyor. "100 yıl yaşarsanız, gelirinizin yaklaşık %10'unu biriktirirseniz ve son maaşınızın %50'siyle emekli olmak isterseniz, kaç yaşında emekli olabilirsiniz?" gibi "beyin yakan" sorular soruyorlar. Bunları düşünmeleri gerekiyor. Ayrıca hızla değişen bir iş piyasasında sadece bilgiyi tazelemek yetmiyor. *Bildiklerini unutabilmek, yeniden ve yeniden öğrenebilmek, yeni beceriler edinmeye kaynak ayırmak* gerekiyor.

Dolayısıyla hayatın ortasında yeni bir başlangıç yapmak için geç değil. Uzayan bir ömürde kişi önce maddi durumu üzerinde yoğunlaşıp başka bir aşamada iş ile aile arasında denge kurmaya, başka bir dönemde hayalindeki işi yapmaya yönelebilir. Daha uzun yaşama hediyesi, *bir şeyi diğerine tercih etmek zorunda kalmamak* da demek. "*Her seçiş bir vazgeçiştir*" sözü de, en azından bu anlamda, tedavülden kalkabilir.

Asıl mesele, *bakış açımızı dönüştürebilmek, esnek düşünebilmek, öğrenmeyi sürdürmek.* Evrimsel biyolojide buna "*neoteny*" deniliyor. Kabaca tanımlamak gerekirse, *esneklik ve uyum yeteneğini geliştirmeye ve alışkanlıklara bağlı kalmaktan kaçınmaya yardımcı olan ergenlik dönemi özelliklerinin yetişkinlikte de korunması* demek. Her ne kadar ergenlikten çıkamamak kişilik açısından olgunlaşmama belirtisi olsa da *profesyonel anlamda ergen kalmak, seçenekleri açık tutmak* açısından iyi olabilir.

100 yaşındaki haliniz bugünkü sizinle ilgili ne derdi?

100 yıl yaşamaktan söz ediyorsak, zaman yönetimi konusunu da bu çerçevede yeniden ele almak gerek. 100 yıllık bir hayat, dikkatli bir planlama gerektiriyor. Mesele sadece maddiyat değil. Aile, arkadaşlıklar, beden sağlığı, ruh sağlığı ve olabildiğince huzurlu bir varoluş uzun bir ömürde çok önemli bileşenler. Güzel haber şu ki, dengeyi doğru kurmak kısa bir yaşamda zor olsa da uzun bir yaşamda bunu yapmak için çok daha fazla fırsat var.

Peki dengeyi kurmak sadece kişinin sorumluluğunda mıdır? *The 100-Year Life* kitabında yazarlar Lynda Gratton ve Andrew Scott, *"Uzun bir yaşam; kaynak, beceri, esneklik, kendini tanıma, planlama ve saygılı işverenler gerektirir,"* diyor:

> *Tehlike, uzun bir yaşam hediyesinin sadece gerekli değişiklikleri ve geçişleri inşa edebilecek gelir ve eğitime sahip olanlara açık olmasıdır. Bu nedenle hükümetlerin, daha az şanslı olanları uzun bir yaşamın gerektirdiği geçiş ve esnekliği elde etme konusunda destekleyecek bir önlemler paketi oluşturmaya şimdiden başlaması büyük önem taşımaktadır. İyi ve uzun bir yaşamın sadece ayrıcalıklı bir azınlık için bir seçenek olması kabul edilemez.*

İlginç bulduğum bir diğer soru da şu: 100 yıl süren bir ömürde, bunca değişim yaşarken, özde kalan şey nedir? *Öz nedir? Bizi biz yapan* değerler nelerdir? Uzun bir yaşam, bir anlamda, hayata nereden başladığımızın da önemsizleşmesi demek. Kırk yıl süren yaşamda neyse de, 100 yıl süren yaşamda kötü giden her şey için şimdi yaygın olduğu üzere ebeveynlerimizi suçlamak gülünç görünür! Yaşam uzadıkça kimliğimiz *başlangıç noktamızdan çok zaman içinde ne inşa ettiğimize* bağlı olacak.

Akla gelen bir diğer soru şu: Kendimizi nasıl inşa edeceğiz? Nietzsche vaktiyle benzer bir soru sormuş: "*Ne tür bir kişiye ya da kişilere hayranlık duymamız gerek?.. Nasıl yaşamalıyım (şayet böyle bir hayranlığa kendim de layık olmak istiyorsam?) Ne şekilde ve hangi yolla kendimi biçimlendirmeye ve değiştirmeye çaba sarf etmem gerek?*"[4]

Dünya üzerindeki 100 yılımızı (haftalık bazda düşünürsek yaklaşık 5.000 haftamızı, saatlik bazda düşünürsek 873.000 saatimizi) nasıl geçireceğiz? Fazladan zamanı nasıl değerlendireceğiz? Ömrümüz sürekli uzarken hayatın evrelerini nasıl yeniden yapılandıracağız? Ömrümüzü kimlerle geçireceğiz, hangi değerlere göre yaşayacağız? Evlenecek miyiz, çocuk sahibi olacak mıyız, nasıl bir işte çalışacağız? Kendimize bu soruları sormak, zamanı iyi yönetebilmek için önemli.

Elbette anlamlı bir hayat inşa etme sürecinde, hayatın bir döneminde, bir süreliğine *koşturmacaya ve anlamsızlığa* katlanmak gerekli olabilir. Gerçekçi olmak önemli. Şunu da unutmamalı ki, anlam duygusunu yaratan, aktivitenin kendisi değil, onun ardındaki başka faktörler olabilir. Diyelim ki çok hoşlanmadığınız ama iyi kazandıran bir işte çalışıyorsunuz, çünkü çocuklarınıza iyi bir gelecek sunmak istiyorsunuz. Ya da hayalinizdeki yaşamı sürmenizi sağlayacak bölüme girmek için hiçbir şekilde faydası olmadığını bildiğiniz konularda harıl harıl test çözüyorsunuz. Ya da hayalinizdeki işi kurmak için önce güvenceli bir ortamda bir süre maddi birikim yapmak istiyorsunuz. Yaptığımız işin kendisi anlamlı gelmese de, anlam, onu ne amaçla ya da kimin için yapıyor olmamızda yatıyor olabilir.

Bir taraftan geçimimizi sağlamak için çalışırken, bir taraftan hayalimiz için çalışmak da bir seçenek. Nike spor firma-

---

4 Adam Phillips, *Yasak Olmayan Hazlar*, s. 44.

sının kurucusu Phil Knight, arabasının bagajında spor ayakkabı satmaya başladığında bir taraftan da muhasebeciliğe devam ediyordu. Bunu beş yıl sürdürdü. Yazar Stephen King ilk romanı *Carrie* yayımlanana kadar öğretmen, temizlik görevlisi, benzin pompacısı olarak çalışmıştı. Beş bin girişimciyle yapılan ve 15 yıllık dönemi kapsayan bir araştırmada,[5] bir yandan normal işlerini sürdüren girişimcilerin, işi toptan bırakanlara kıyasla başarısız olma riskinin %33 daha düşük olduğu görülmüş.

"Kötü haber şu ki, zaman uçup gidiyor. İyi haber şu ki, pilot sensin," diyor Michael Altshuler. Hiç düşündünüz mü, pilot koltuğunda oturan siz, zamanı nasıl yönetiyorsunuz? Hayatınızı nasıl yaşıyorsunuz ve nasıl yaşamak isterdiniz?

"Hayatımı Nin gibi mi, ninem gibi mi yaşamak istiyorum?"

Hayatımı nasıl yaşamak istiyorum? Bu soruyu kendime ilk kez 15 yaşımda, ikinci kez de 40 yaşıma doğru sordum. Hayatta *ne olmak* değil de *ne yapmak* istediğimi ve *ne yapmak istemediğimi* sorguladım. Tek kuruş kazanmasam bile hangi işi yapmak isterdim? Dünya üzerindeki tüm servete sahip olsam neleri yapmaktan yine de vazgeçmezdim?

Cevaplarım çok netti: *Kitap okumak, kitap yazmak, simultane çevirmenlik, ailemle ve arkadaşlarımla vakit geçirmek, dünyanın farklı ülkelerini gezmek.* On iki yıl boyunca severek yaptığım akademisyenlik, saygıdeğer bir meslek olmakla birlikte, karakterime ve hayat planıma uygun değildi. Her

---

5 J. Raffiee ve J. Feng, "Should I Quit My Day Job?: A Hybrid Path to Entrepreneurship," *Academy of Management Journal,* 2014, 57(4): 936-963.

anlamda bağımsız olmak istiyordum. İstediğimi istediğim zaman yapabilmeliydim. Pozisyonum tehlikeye girer mi endişesi taşımadan istediğim özgürlükte konuşabilmeliydim. Aklıma yatmayan bir konuda "tepeden ihtar gelir" endişesiyle susmak, değerlerimle örtüşen bir durum değildi.

İnsan içsel değerleriyle örtüşmeyen durumlarda huzursuzluk yaşıyor. Yazar Anaïs Nin'in günlüklerinde kaleme aldığı bir pasaj, düşüncemde yalnız olmadığımı hissettirmişti:

> *... korunaklı, hassas bir dünyada yaşarsınız ve yaşadığınıza inanırsınız. Sonra (Lady Chatterley gibi) bir kitap okursunuz, bir seyahate çıkarsınız ya da biriyle konuşursunuz ve yaşamadığınızı, kış uykusuna yattığınızı keşfedersiniz. Kış uykusuna yatmanın belirtileri kolayca tespit edilebilir: Birincisi, huzursuzluk. İkinci belirti (kış uykusu tehlikeli hale geldiğinde ve ölüme dönüşebileceğinde): zevk yokluğu. Hepsi bu kadar. Zararsız bir hastalık gibi görünür. Monotonluk, can sıkıntısı, ölüm. Milyonlarca insan farkında olmadan böyle yaşıyor (ya da böyle ölüyor). Ofislerde çalışıyorlar. Araba kullanıyorlar. Aileleriyle piknik yapıyorlar. Çocuk yetiştiriyorlar. Ve sonra bir şok tedavisi gerçekleşiyor; bir kişi, bir kitap, bir şarkı ve bu onları uyandırıyor ve ölümden kurtarıyor... Bazıları hiç uyanmaz. Onlar karda uyuyan ve bir daha uyanamayan insanlar gibidir.*

Bugün hayatıma bakınca, her yeni güne değerlerimle örtüşen seçimler yapmış olmanın keyfi ve huzuruyla uyanıyorum, çünkü hayatta yapmak istediğim şeyleri yapıyorum. Günüm ne kadar yoğun olursa olsun (elim durumları dışarıda bırakarak konuşuyorum elbette) mutlaka kitap okuyorum ve yazıyorum. Öbür türlü hayata ihanet ettiğimi hissederdim. Daha sonra göreceğimiz Eisenhover matrisi, işleri aciliyetine ve önemine göre sınıflandırır; benim için kitap okumak *önem-*

li ve acil. Maldivler'de okyanus kıyısında şezlongda uzanıyor da olsaydım, tek gün bile çalışması gerekmeyen Karun kadar zengin biri de olsaydım, yapmaktan en çok zevk alacağım şey yine kitap okumak olurdu. O zaman kitap okumaya zaman kalmayacak şekilde koşturmanın bir mantığı var mı? Kitap okumak sadece bir örnek, herkesin hayat öncelikleri farklı alanlarda olabilir.

Aklımın bir köşesinde yapılacak başka işler her zaman var ama bu asla öncelikli olarak yapmak istediğim şeyleri yapmama engel düzeyde bir kaygı değil. Öbür türlü "Zaman kalırsa kitap okurum ve yazarım", "Nasılsa bir gün gezerim", "Ailemle ve arkadaşlarımla nasılsa buluşurum" gibi düşünceler daha derin ve varoluşsal bir kaygı yaşamama neden olabilirdi.

Gerçekçi olalım; hayatımın ilk yarısında yoğun ve disiplinli bir çaba ortaya koyduğum için ikinci yarıda kendime göre "yeterince iyi" bir yaşam tasarlamam mümkün oldu. Çalışma mecburiyetiyle sevdiğim uğraşlara ve insanlara yeterince zaman ayıramadığım bir dönem oldu. Bedel ödemeden olmuyor.

Ayrıca bugün daha farklı işler yaparak daha çok kazanabilirdim ama para (önemsiz olmasa da) benim için hayatta öncelikli bir değer değil. Yapmayı sevdiğim işlerden para kazanmak bir değer. Herkes kendisi için anlamlı olan hayatı, *kendi değerleri, koşulları ve seçimleri* çerçevesinde tasarlayabilir; bir formülü olduğunu sanmıyorum.

"Bir gün öleceğim" bilgisi, zamanımı kendime göre daha anlamlı biçimlerde kullanmamı sağlıyor. Kimseyle küs kalmamak, bana zarar veren ilişkilerle kıymetli zamanımı öldürmemek, değerlerimle örtüşmeyen faaliyetlere hayır demek ve örtüşen faaliyetlere yer açmak, ailem ve arkadaşlarımla olan zamanı öncelik addetmek, hayatıma anlam katan işler yapmak... Bunların hepsini *"bir gün öleceğim"* düşüncesini her gün kendime bilinçli olarak hatırlatmaya borçluyum. Nin de aynı fikirde:

> *Dolu dolu bir yaşamın sırrı, başkalarıyla sanki yarın orada olmayacaklarmış gibi, sanki yarın siz orada olmayacakmışsınız gibi yaşamak ve ilişki kurmaktır. Bu... erteleme günahını, başarısız iletişimleri, başarısız birliktelikleri ortadan kaldırır. Bu düşünce beni, dikkatsizce gözden kaçırılabilecek bir derinlik tohumu içerebilecek tüm karşılaşmalara, toplantılara, tanışmalara giderek daha fazla özen göstermeye itti.*

Ölümü düşünmek iç karartıcı bir fikir gibi gelebilir, ancak ömürler uzadıkça sanki hiç ölmeyecekmişiz illüzyonuna kapılmak kolay; bu nedenle hayatın kıymetini anlamak, ironik bir biçimde, ölümlülüğü düşünmekten geçiyor. Bunları yazarken aklıma Dostoyevski'nin hayatından bir örnek geldi.

Dostoyevski 27 yaşındayken Çarlık rejiminin tehlikeli bulduğu kitapları dağıtan bir edebiyat topluluğuna üye olduğu için tutuklanıyor. Asılmak üzere St. Petersburg'da bir meydana götürülüyor. Onunla birlikte başka mahkûmlar da var. Halka gözdağı vermek için hepsi asılarak idam edilecek. Ölüm fermanları okunuyor, mahkûmlara beyaz gömlekler giydiriliyor, dini sembolleri olan haçı son kez öpmelerine izin veriliyor. Üçer üçer idam sehpasına çağrılıyorlar. Dostoyevski altıncı sırada. Yaşamak için sadece birkaç saniyesinin kaldığının farkında.

Asılma sırası ona geldiğinde, son saniyesinde, çar bir açıklama yapıyor. Geride kalanların hayatlarını bağışladığını ilan ediyor. Zaten bu zalimce gösterinin yegâne amacı despot bir yöneticiyi yüce gönüllü bir lider olarak göstermek! Son anda hayatı kurtulan Dostoyevski'nin asıl cezası açıklanıyor: Sibirya'da bir işçi kampında dört yıl, ardından sürgünde zorunlu askeri hizmet. Edebiyatla ilgili hayallerini gerçekleştirebilmek için kalemi eline alması 40 yaşından önce mümkün değil!

Dostoyevski hayallerini ertelemek zorunda olduğunu acı içinde fark etse de, ölümden kurtulduğu o ilk anlarda yeniden doğmuş gibi hissediyor. İdam sahnesinden birkaç saat sonra erkek kardeşine bir mektup yazıyor: *"Kardeşim, ümidimi yitirmedim... Hayat her yerde, hayat dışarıda değil içimizde... ne olursa olsun umutsuzluğa kapılmamak, hayat bundan ibaret, hayatın görevi bu. Bunun farkına vardım,"* diyor. Ölümle burun buruna gelmek, onu capcanlı ve umut dolu hissettiriyor:

> *Yaşam bir hediye, yaşam bir mutluluk, keşke gençlik bunu bilseydi. Şimdi hayatımı değiştiriyorum, yepyeni bir biçime dönüştürüyorum. Kardeşim, sana söz veriyorum umudumu yitirmeyeceğim, ruhumun ve kalbimin saflığını koruyacağım, daha iyi bir şekilde yeniden doğacağım, bütün ümidim, bütün tesellim bu.*

Yeni güne, son anda idamdan dönmüş Dostoyevski ruhuyla başlamak, yaşamın her saniyesini benim için değerli kılıyor.

Zaman hepimize eşit verilen bir şey (mi?)

Liseli gençlerle bir araya geldiğim bir televizyon programında, bir genç arkadaş zamanı yönetmekte zorlandığını, sosyal medya ve internette çok vakit geçirdiğini söylemiş ve benden öneri istemişti. İçimden "Senden daha iyi durumda değilim" desem de, aklı başında olması gereken bir yetişkin olarak ona, *"Hepimizin eşit olduğu tek şey bize verilen 24 saat,"* demiştim. *"İyi de kötü de olsan, güzel de çirkin de olsan, zengin de de yoksul da olsan, bir gün içinde 24 saatin var. Beş yıl sonra nerede olacağın okuduğun kitaplara, yaptığın faali-*

yetlerin kalitesine, arkadaşlık ettiğin kişilere, bugün zamanı nasıl kullandığına bağlı."

"Yüce" önerilerim sona erince, itirafa itirafla cevap vermek gerektiğini düşündüğümden, doktora yaparken Warcraft adlı bilgisayar oyununu bitirdiğimi de sözlerime ekledim. Pişman değilim! Şaka bir yana, Warcraft oynadığım zamanlarda başka eğlencelerden geri durarak bir denge kurmaya çalışmıştım. Yoksa bugün hâlâ bir türlü bitmeyen bir tez yazma sürecinde olabilirdim. Hayattan haz almak da önemli elbette ama boş eğlenceye dengesizce abanmak zaman ziyanı.

Bununla birlikte zaman yönetimi sanki dış faktörlerden bağımsız, sadece kişinin kendi elinde olan bir durummuş gibi davranmak eksik olur. Bu şekilde dar perspektiften bir yaklaşım, bazı toplumsal adaletsizlikleri derinleştirmekten öteye gitmez. Çalışan anneleri ele alalım. Anne ve babanın rolüne dair kalıplaşmış algılar sonucunda bakım işlerinin asıl sorumlusu bu çağda bile anne gibi görülüyor.

ABD'de 6 yaşın altında çocuğu olan yetişkinlerin gününü nasıl geçirdiğine dair bir çalışma yapılmış. Kadınlar fiziksel bakım için (çocuğa banyo yaptırmak, yemek yedirmek gibi) ortalamada 1.1 saat harcarken erkekler sadece 27 dakika harcıyormuş. Elimde yerel veriler olmasa da bizimki gibi geleneksel toplumlarda dengenin çoğu evde daha da bozuk olması şaşırtıcı olmaz.

Sonuçta, işbölümü dengesi bozulduğunda taraflardan biri stres ve öfke gibi duygular yaşayabiliyor. İlişki hasar görüyor, yükün bindiği taraf hastalanabiliyor, tükenmişlik ve depresyon gibi durumlar ortaya çıkabiliyor, kişi haksızlığa uğradığını hissederek hayata küsebiliyor. Dengesizliğin düzelmesi için kişinin ötesinde düzenlemeler gerekiyor.

Toplumsal gerçekleri göz ardı edip doğrudan zaman yönetimi yöntemlerinden bahsetmek adil olmaz. Yasal düzenlemelerle adaletsizlikleri sona erdirmeyi ya da işyerinde yapılabilecek kolaylaştırıcı düzenlemeleri konuşmadan hem işte hem evde yükün büyük kısmını omuzlayan kadınlara "*Temiz hava için yürüyüşe çık, kendine bir keyif kahvesi pişirip rahatla, sabah beş dakika meditasyon yapıp Güneş'i selamla, sevdiğin arkadaşınla buluşup sohbet et*" gibi tavsiyelerde bulunmak, iyi niyetli olsa da, adaletsizlikleri göz ardı edip kendini iyileştirme sorumluluğunu da yine kadının üzerine bindirmek değil mi?

Zaman yönetiminde "iyi" olmak, gelir, eğitim ve bazı ayrıcalıklarla da yakından ilişkili. "*Senin de, Madonna'nın da günde 24 saati var*" gibi sözler, başarılı insanların da herkesle eşit zamanı olduğunu, yine de ilerlemeyi başardıklarını ima ederek, insanları kötü zaman yönetimleri nedeniyle suçlamaya varabiliyor. "Çalışan anne Madonna"nın dadılarını, asistanlarını, şoförlerini ve aşçılarını aynı anda hem işi hem evi çevirmeye çalışan bir anneye verdiğimizde gerçek eşitlikten söz etmeye başlayabiliriz. Elbette toplumsal değişim bir gecede olmuyor. Öte yandan yükün çoğunu sırtlayarak sağlıklı, huzurlu, mutlu bir yaşam sürdürmek neredeyse imkânsız.

Zaman yönetimini konuşurken her şeyin kişisel ve içsel faktörlere dayalı olmadığını hatırlatmak istedim. Bir yandan adaletsiz durumu değiştirmek için mücadele verirken, içinde bulunulan koşullardan anlamlı bir hayat inşa etmeye çalışmak galiba yapılabileceklerin en iyisi.

"Asla vazgeçme" tavsiyesi ne kadar doğru?

"Kahramanca sebat ve aptalca inat arasında fark vardır."
Adam Grant

Charlie Chaplin'in 1964 tarihli otobiyografisinde, keman ve viyolonselden birçok kez bahsedilir. Yoksulluk içinde büyüyen

Charlie, 16 yaşına geldiğinde İngiltere'nin konser salonlarında yükselen bir yetenekti. Günde dört-altı saat keman çalışıyor, hocalardan ders alıyordu. Bir konser sanatçısı olmayı hedefliyordu, ancak yeterince denediğine ikna olduktan sonra bu sevdadan vazgeçti: "*... zaman geçtikçe asla mükemmelliğe ulaşamayacağımı anladım ve bundan vazgeçtim.*" Chaplin pes etmeseydi, dünya dâhi bir aktör ve film yapımcısından mahrum kalacaktı. Pes etmemek de pes etmenin başka bir biçimi olabilir mi?

"Asla vazgeçme" gibi sloganlar seksi ve motive edici olsa da insanı yanlış yönlendirebiliyor. Bize uygun olmayan yolda, ait olmadığımız yerde gereğinden uzun süre devam etmek, bizi yapabileceğimiz daha iyi işlerden mahrum bırakabilir. Peki neden pes etmeyiz? Neden acı çektiğimiz, mutsuz olduğumuz, kaybettiğimiz halde yola devam ederiz?

Bir olası cevap, "batık bedel" yanılgısında gizli olabilir. Bazen insan bir karar verirken karar öncesindeki süreçte yaptığı yatırımları düşünür. Geçmişte alınan karar için bazı bedeller ödemişse, mutsuz ya da kayıpta bile olsa yolundan dönmez. Ödenen bedel ne kadar büyükse, karardan dönmek o kadar zor olur, çünkü vazgeçmek hatalı kararı görünür ve kesin kılacaktır.[6] Belki başarısız olduğunu düşünmek ve bunu kabul etmek zor geliyordur insana. Belki işlerin bir gün düzeleceği konusunda kendini kandırıyordur. Belki herkes de aynı yoldan gittiği için aklına başka bir yol gelmiyordur.

Peki ne zaman vazgeçeceğimizi ve ne zaman devam edeceğimizi nasıl bileceğiz? *The Dip* adlı kitabında Seth Godin, *hangi koşullarda pes edeceğimize, bir işe başlamadan önce karar vermemizi* öneriyor ve ultramaratoncu Dick Collins'i alıntılıyor:

---

6 Bu konuya *Şimdi Değilse Ne Zaman?* kitabımda yer vermiştim.

Yarıştan önce durmanıza ve yarışı bırakmanıza neden olacak koşullara karar verin. "Bacağım acıyor, bedenim susuz kaldı, uykum geldi, yorgunum, hava soğuk ve rüzgârlı" deyip bırakıyorsanız, o anda nasıl hissettiğinize göre karar veriyorsanız, muhtemelen yanlış bir karar vereceksiniz.

Hangi koşullarda pes edeceğimize önceden karar vermek, iş için de ilişkiler için de değerli bir öneri. Öbür türlü anın heyecanına kapılıp yanlış kararlar almak mümkün. İlk kavgada ayrılabilir, ilk azarlanmada istifayı basabilir ve sonrasında pişman olabiliriz. Özellikle belli bir alanda eğitim için yıllarınızı vermişseniz hemen vazgeçmeden önce en azından bir süre denemek mantıklı olabilir.

Simultane çevirmen olmaya karar verdiğimde sahada nasıl bir deneyimle karşılaşacağımı bilmiyordum. Bölümümü çok severek seçmiş ve okumuştum, ancak mesleğe ilk başladığımda işin farklı bir boyutuyla tanıştım: Kırılganlığı kaldıracak bir meslek değildi. Yoğun seyahatler, zor coğrafyalar, gece gündüz çalışmalar da işin parçasıydı. Onun da ötesinde hocalardan azar işittiğimi, hatalarım için ağır eleştirildiğim zamanlar eve gelip hüngür hüngür ağladığımı hatırlıyorum. Yine de asla bırakmayı düşünmedim, her seferinde işime olan sevgim daha ağır bastı. Bununla birlikte benimle aynı dönem mezun olan bir arkadaşım dört yıllık eğitimin ardından çalışmaya başladığında, daha ilk hafta içinde işi bırakmaya karar verdi. Çok hassas bir insandı ve bu koşulları kaldıramadı. Pes etmesi iyi de oldu; sonrasında geçtiği alanda çok başarılı oldu. Ait olduğu yeri o zaman buldu.

İnsanın iç pusulası en değerli yol gösterici. "Vazgeçmek" popüler kültürde zayıflık gibi kodlansa da, yeterince denediğimize ikna olduktan sonra vazgeçmek bilgece bir seçim olabilir. *"Bazılarımız dayanmanın bizi güçlü kıldığını zanneder. Ama bizi güçlü kılan bırakmaktır,"* diyen Herman Hesse de bunu kastediyor olmalı. Yazar Henry Miller da *"Durma, devam et, pes etmek yok gibi saçmalıklar haykıran megafonlar vardı içimde. Fakat neden?"* diye soruyor *Oğlak Dönencesi*'nde. *"Ne amaçla? Belli bir saatte kalkmak için çalar saati kuruyordum ama neden?"* Belki de en önemli soru "Neden, ne amaçla pes etmiyorum?" sorusudur.

"Asla vazgeçme" yerine "aramaktan vazgeçme" daha iyi bir öneri olabilir mi, ne dersiniz?

Ertelemek ne zaman iyi bir zaman yönetimidir?

Zaman yönetimi deyince ertelemek konusunu es geçmek olmaz. Şair Rainer Maria Rilke, 1907'de karısına yazdığı mektupta, yapması gereken birçok şeyi ertelemekten yakınıyordu. Van Gogh'un en bunalımlı günlerinde bile resim yapabilmesinden gıptayla söz ediyordu:

> *... öyle hissediyorum ki, zorla olacak şey değil bu, derin bir kavrayışla, hevesle, yapılacak ne çok şey bulunduğunu görerek, çalışmaları bugünden yarına ertelemeyerek gerçekleşebilir ancak. Ah, şu haylazlıkla geçirilen, insanın içini hâlâ bir rahatlık duygusuyla dolduran günlerin anıları olmasa! Hiçbir işe el sürmeden yatarak keyif çatmanın anıları! Beklemekle, eski albümleri karıştırmakla, romanlar okumakla geçirilen saatlerin anılarını taşımasak içimizde; ve bu tür anılar da yığınla; ta çocukluktan içerilere uzanıp gidiyorlar... Keşke erken yaştan başlayarak yalnızca çalışmaya ilişkin anılar yer alsa insanın belleğinde; o zaman ayağımız yere nasıl sağlam basar, nasıl ayakta kalırdık!*

Rilke her ne kadar kendine kızsa da çalışmayı ertelemesi, bugün okurken gönül telimizi titreten orijinal eserlerinin kaynağı olabilir. Zira pasajda sözünü ettiği verimli rutin üretimi sağlasa da yaratıcılığın düşmanı olabiliyor, hatta "verimli vasatlık" (*productive mediocrity*) denilen durumu doğurabiliyor.

Verimli vasatlık ne demek? Verimli çalışma rutin ve disiplin gerektirir, ama sonuç vasatsa önemli bir değişim getirmez. Mesela dâhiler, kafalarında mükemmel eseri oluşturana kadar buluş ve fikirleri zihinlerinde defalarca döndürürler. Görünüşte verimsizdirler, erteleyip dururlar, ama ortaya o eseri koydular mı, buuum! *"Nadasa yatmak... ruhun gerçek yaratıcılığını obsesif üretkenlikten ayırt eden larval iç deneyime imkân tanır,"* diyor psikanalist Masud Khan.

Bu arada Eski Mısır'da erteleme anlamına gelen iki ayrı fiil varmış. Biri *tembellik*, diğeri ise *doğru zamanı beklemek* anlamında kullanılıyormuş. Burada bahsettiğimiz erteleme, *doğru zamanı beklemek* anlamında sevgili tembeller! Garfield tipi değil, Rilke tipi erteleme!

Ertelemek, kimi zaman ait olmadığımız yerde bulunduğumuzu da gösteriyor olabilir, dolayısıyla bir uyarı sinyali olarak yorumlanabilir. Rilke'nin gıpta ettiği "çalışma"nın ne anlama geldiği önemli diye düşünüyorum; sonuçta Van Gogh çalışmak istemediği bir plazada 9-5 çalışmıyordu; yapmak için doğduğu, yapmak istediği şeyi yapıyordu; çalışmanın ona getirdiği esenlik hali bununla da ilgiliydi.

Peki erteleme nasıl yaratıcılığın kaynağı olabiliyor? Psikolojide "Zeigarnik Etkisi" diye bir kavram var. Buna "bitmemiş işler etkisi" diyebiliriz. Kafamızda ya da elimizde bitirilmemiş işler varsa onları daha çok düşünüyor ve hatırlıyoruz. Âşık Veysel demiş ya *"Seversin, kavuşamazsın, aşk olur,"* o hesap. Bir iş bitmemişse sürekli onu düşünüyoruz. Dolayısıyla işi hemen bitirmeyip ertelediğimiz zaman yaratıcı yeni fikirler filizlenebiliyor. Kişi erteliyorsa, farklı seçenekler üzerinde düşünüyor olabilir. Öbür türlü *tek ve bayat* bir strateji üzerinde takılıp kalabilir.

Şunu da eklemek lazım: *Her erteleyen tembel değildir, ancak her erteleme de yaratıcılık getirmez.* Bir problemi çözmek için *içsel motivasyonunuz* varsa, *üzerinde düşünüyorsanız* ve *bir noktada eyleme geçiyorsanız*, o zaman orijinal bir sonuç ortaya koyma şansı doğar.

Erteleme, *tembellik yapma değil boşluk yaratma çabası* olarak da düşünülebilir. Boşluk o kadar önemli bir kavram ki, bir dakika boş kalıp üzerinde düşünebilmemizi isterdim. Güney Koreli düşünür Byung-Chul Han, *Şeffaflık Toplumu* kitabında düşünce ve ilhamın boşluğa gerek duyduğunu söylüyor. *"Üstelik Almancada mutluluk (glück) kelimesi boşluktan (lücke) gelir... Yani boşluğun olumsuzluğuna yer vermeyen bir toplum, mutluluk içermeyen bir toplum olacaktır."*

Mutluluk, anın kıymetini takdir etmekle de ilişkili değil mi? Mesela Japon kültüründe, çay törenlerinde ve geleneksel tiyatrolarda *anın kıymetini takdir etmek* için duraksanır. Bu yaklaşım, Japoncada nesneler arasındaki boşluğu, eylemler arasındaki zaman aralıklarını, sessizliği ve mesafeyi ifade eden *"Ma"* kavramıyla ilişkili. *Boşluk, aralık* ve *sessizliğin*, denge ve uyum getirdiğine inanılıyor. Ayrıca Japon alfabesinde, boşluk, *kapı aralığından süzülen ay ışığı*yla anlatılıyor.

Kapılarımızın arasından ay ışığı süzülemiyor, çünkü aradaki boşluğa tahammülsüzüz. Boşluğu olumsuzlukla özdeşleştirmemizin nedeni, sıkıntıya tahammül edemez hale gelmiş olmamız. Çocukları da kendimize benzettik. Bir saniye boş durulmayan Batı toplumlarında gerçek bir aydınlanma yaşamak da bu nedenle giderek güçleşiyor. Tarih boyunca boş zaman aktiviteleri, yaratıcı buluşların ortaya çıkışında büyük rol oynamış. Yaratıcılık becerisini anlattığımız bölümde ele aldığımız gibi orijinal fikirler zihnin odaklandığı zamanlarda değil, rahat ve serbest olduğu zamanlarda belirir.

Elon Musk'a *"Devrim yapacak fikirleri düşünme fırsatını ne zaman yakalıyorsunuz?"* diye sormuşlar. Normal bir iş günü, toplantılar ve birkaç saati e-postalara cevap vererek geçiren sekiz saatlik bir mesaide vaktin nasıl geçtiğini anlamadığını, dünyayı dışarıda bıraktığı tek zamanın *spor ve sörf yaptığı, duş altında durduğu veya tuvalette oturduğu zamanlar* olduğunu, tam da orada yeni çözümler ortaya çıkmaya başladığını söylüyor.

Kıssadan hisse; tuvalette telefonla oynamak yerine parlak fikirleriniz üzerinde düşünebilirsiniz, belki bir sonraki büyük buluş sizden çıkar!

Sonuç olarak *yoğunluk, verimlilik ve hız baskısı*, orijinalliği baltalıyor. Sistem bizi hıza zorlasa da en azından ilgi ve yeteneklerimiz söz konusu olduğunda yavaşlamaya ve düşünmeye alan açabiliriz. Çocuklarımız için de aynısı geçerli: Hız sevdasıyla küçüklerin büyük buluşlarını önlemeyelim!

Erteleme konusunu son bir düşünceyle noktalamak istiyorum. Ortega y Gasset, *İnsan ve "Herkes"* kitabında, yıllarca üzerinde çalıştığı ve bitirmek istediği iki kitaptan söz eder. Bir şekilde son düzeltmelere elinin gitmeyişini şöyle anlatır:

> *Bu beş yılı bir kıtadan öbürüne, bir ülkeden öbürüne avare dolaşarak geçirdim, sefalet çektim, insanı ecelle senli benli eden uzun hastalıklar çektim, şunu söylemeliyim ki, onca fırtınada boğulmadımsa, beni hayatta tutan hiçbir şey kalmadığı zamanlar o iki kitabı bitirme hayali beni hayatta tuttuğu içindi. Daha sonra, yaşamıma göçmen kuşlar gibi, biraz dinginlik, biraz sağlık geri döndüğünde de, kitaplıklardan uzaklarda buldum kendimi, böyle olunca da son düzeltmeleri yapmam olanaksız; sonuçta onları ne zaman tamamlayabileceğimi şimdi hiç mi hiç bilmiyorum.*

Bir şeyleri bitirmeyi erteleme, bilinçaltında, anlam boşluğuna düşme korkusuyla (da) mı ilgilidir? Ertelemek, hayatı daha yaşanır kılma çabası mıdır? Bir türlü bitmeyen, ulaşılmayan, tamamlanmayan mı nefes almaya devam etme nedenidir?

Etkili zaman yönetimi için neler yapabiliriz?

Zaman yönetimi konusuna sorgulayıcı bir giriş yapmanın daha doğru olacağını hissettim. Ayaklarımızın geri geri gittiği, bizi mutsuz eden, kalbimize, kapasitemize, kabiliyetlerimize ve karakterimize uygun olmayan bir işte sürekli yoğunluk içinde koştururken doğrudan "Nasıl verimli olabilirim?"e kafa yormak, daha önemli soruları sormayı unutturabilir.

Literatürde genel olarak zaman yönetimi üç bileşen üzerinden ele alınıyor: *zamanı yapılandırma, zamanı koruma ve zamanı uyarlama*. Zamanı yapılandırma, "Günlük bir rutininiz var mı?" gibi soruları ele alıyor. Zamanı koruma, "İnsanlara hayır diyemediğinde kendini kötü hissediyor musun?" gibi konularla ilgili. Zamanı uyarlama ise "Değişen koşullara göre zamanı esnek bir biçimde kullanabiliyor musun?" gibi sorulara cevap veriyor.

Hayatta belli hedeflerimiz ya da hayallerimiz varsa, anlamlı bir hayatı nasıl geçirmek istediğimize dair bir anlayış oluşturduysak, o yolda ilerlerken zamanı iyi kullanmayı bilmek için zaman yönetimi araçlarını devreye sokmak akıllıca olur. Kendi örneğimden devam edersem, benim için anlamlı hayat kitap yazmaya odaklı bir hayatsa, (madden kendi ayakları üzerinde durmaya çalışan biri olarak) kitabı çıkarabilmek için verimli çalışma yöntemlerini ve zaman yönetimi tekniklerini devreye sokmam gerekiyor.

Zamanı iyi yönetmek muhakkak her zaman önemliydi, ama modern hayat giderek daha rekabetçi ve hızlı bir hal alınca, ömürler uzayıp dinamikler değişince, zaman yönetimi çağın temel becerilerinden biri haline geldi.[7] Konuyla ilgili bir metaanaliz[8] çalışmasına göre, zaman yönetimi bugün işyerinde olumlu bir performans değerlendirmesi alma olasılığını arttırıyor. Ayrıca refahı ve yaşamdan tatmini arttırdığı görülüyor. 1960'tan 2008'e kadar zaman yönetiminden bahseden kitap sayısının %2.700 artması boşuna değil!

Tarihsel olarak insanlar zamanı verimlilik dışında manevi nedenler ya da tefekküre yer açmak için de yönetme ihtiyacı duymuşlar. Zaman yönetiminin "verimlilik"le eş tutulması, Sanayi Devrimi sonrası bir gelişme. Araştırmalar da genellikle bu döneme yoğunlaşıyor. Ömürlerin uzaması yanında, pandemi sonrası dünyada anlam sorgulamasının da arttığı göz önünde bulundurulursa, "anlamlı bir hayat sürmek için zaman yönetimi" konusunda araştırmalara ihtiyaç var.

Konuyla ilgili yeterince sorgulama yaptığımıza inanarak, bölümün geri kalanında zaman yönetimi konusundaki pratik tekniklere göz atabileceğimizi düşünüyorum.

---

7 Dünya Sağlık Örgütü'ne göre çalışma süreleri giderek artıyor. 2016'da dünyada 488 milyon kişi haftada 55 saatten daha fazla çalışıyordu. Ömrümüz ortalama 4.000 hafta. Haftada 55 saatten fazla çalışmak, haftada 35-40 saat standart çalışma süresine kıyasla, çalışanların felç riskini %35, kalp hastalığı riskini %17 arttırıyor. Pandemide ABD'de 3.000 çalışanla yapılan bir araştırmaya göre, uzaktan çalışmaya geçenlerin %70'i artık hafta sonları da çalışıyor. %45'i sadece ofiste çalıştıkları zamana göre daha çok çalıştıklarını söylemiş. Microsoft'un 2021'deki Çalışma Trendi Endeksi sonuçları da pandemide ortalama toplantı süreleri 10 dakika daha uzamış. Mesaj gönderme oranımız pandemi öncesine göre %45 artmış. Artan iş yükü, zamanı da etkili yönetmeyi daha önemli kılıyor.

8 B. Aeon, A. Faber ve A. Panaccio, "Does time management work? A meta-analysis, PLoS One, 11 Ocak 2021, 16(1): e0245066.

Günlük ritüeliniz var mı?

"Zaman insanın fiziksel yüzünü nasıl değiştirirse, alışkanlıklar da yavaş yavaş yaşamının yüzünü değiştirir, ama insan bunu bilmez."

Virginia Woolf

Freud yaşamı boyunca her sabah saat 07.00'de kalkıyor ve soğuk duş alıyordu. Her sabah berberi eve gelip saçını sakalını düzeltiyordu. Düzenli olarak haftada altı gün, saat tam sekizde ilk hastasını kabul ediyordu. Her hasta için 55 dakika ayırıyordu. Her hastadan sonra kendine 5 dakika dinlenme ve düşünme zamanı tanıyordu. Her gün saat tam 13.00'te ailesiyle birlikte öğle yemeği yiyordu. Öğle yemeğinden sonra iki saat ara veriyordu. Bu süreyi yürüyüş için kullanıyordu. Saat üçten dokuza kadar hasta kabul ediyordu. Dokuz ya da bazen onda akşam yemeğini yiyordu. O saate kadar bir şey yiyip içmeden aralıksız çalışıyordu.

İşinde başarılı olmuş kişilerin hayatlarını incelediğinizde hepsinin kendine özgü bir ritüeli olduğunu görürsünüz. En etkili olduğu belirtilen yöntemlerden biri de, *düzenli olarak sabit bir süreyi çalışmaya ayırmaktır*. Öbür türlü gününüz güme gidebilir. Orhan Pamuk, 2005'te *Paris Review*'a verdiği röportajda rutinini şöyle anlatıyor:

Her zaman uyuduğunuz yerin ya da eşinizle paylaştığınız yerin, yazdığınız yerden ayrı olması gerektiğini düşünmüşümdür. Ev içi ritüeller ve detaylar bir şekilde hayal gücünü öldürüyor. İçimdeki şeytanı öldürüyorlar. Ev içi, uysal günlük rutin, hayal gücünün çalışması için ihtiyaç duyduğu diğer dünyaya duyulan özlemi ortadan kaldırıyor. Bu yüzden yıllarca, çalışmak için her zaman bir ofisim ya da evin dışında küçük bir yerim oldu. Her zaman farklı dairelerim oldu. Ama bir keresinde eski eşim Columbia Üniversitesi'n-

de doktora yaparken yarım sömestr Amerika'da kaldım. Evli öğrencilerin kaldığı bir apartman dairesinde yaşıyorduk ve hiç yerimiz yoktu, bu yüzden aynı yerde uyumak ve yazmak zorunda kaldım. Aile hayatının hatırlatıcıları her yerdeydi. Bu beni üzüyordu. Sabahları işe giden biri gibi eşimle vedalaşırdım. Evden çıkar, birkaç sokak dolaşır ve ofise gelen biri gibi geri dönerdim. On yıl önce Boğaz'a bakan, eski şehir manzaralı bir daire buldum.. Her gün ortalama on saatimi orada geçiriyorum.

Günde 10 saat çalışma fazla diye düşünüyorsanız, dâhi matematikçi Paul Erdős'un annesinin ölümünden sonra hayatının son yirmi beş yılında günde 19 saat çalıştığını hatırlatmak isterim! Her yiğidin yoğurt yiyişi ayrı. Onun günlük rutininin vazgeçilmezi kafeindi. "*Bir matematikçi kahveyi teoremlere dönüştüren bir makinedir,*" derdi Erdős. Yazar Truman Capote de "*Ben tamamen yatay bir yazarım... yatakta ya da kanepede uzanmadan ve elimde bir sigara ve kahve olmadan düşünemiyorum,*" diyordu.

İster yatay ister dikey, ister bir işyerinin çalışanı ister Pamuk gibi kendi işimizin başında olalım, düzen ve rutin, etkili zaman yönetimi için çok önemli. "*Her gün yaptığınız bir şeyi değiştirmedikçe hayatınızı asla değiştiremezsiniz. Başarının sırrı, günlük rutininizde gizlidir,*" diyor John C. Maxwell. Neyin ne zaman olacağını kestirebilmek, önceden belirlenmiş zaman dilimleri içinde çalışmak, rahatlık ve güven duygusuyla ilişkili. Duygular ve beden bir düzene girince, zihinsel beceriler daha rahat su yüzüne çıkabiliyor.

Beyin araştırmalarına göre, sabahın ilk 2 saatinde beyin daha verimli çalışıyor. Akşam saatleri, düşük enerji gerektiren, düşük tempoda yapılabilecek yüzeysel işler için daha iyi; mesela Instagram fotoğraflarımızı "edit"lemeyi akşam saatlerine bırakabiliriz!

Yine de en üretken sonuçlar kişi kendi hızında ve tarzında ilerlediğinde alınıyor. Herkesin odaklanma biçimi de farklı. Her ne kadar tek doğru ritüel yoksa da çalışma rutininin etkili olabilmesi için belli ilkeler izlenebilir. Yazar Cal Newport, *Pürdikkat* kitabında bazı temel ilkeler sıralıyor:

1. *Nerede çalışacaksınız?* Odaklanarak çalışmak için belli bir mekân belirlemek iyi fikir. Yazar Maya Angelou sabah eşiyle evde kahvaltı ettikten sonra her gün kiraladığı otel odasında yazıyormuş mesela. Newport bazen de radikal bir değişikliğin işe yarayacağını söyleyerek, J.K. Rowling örneğini veriyor. Harry Potter'ın yazarı serinin son kitabını yazmaya çalışırken, evinde bölünmeden çalışmanın imkânsız olduğunu fark edip beş yıldızlı bir otelde süit tutmuş. İlk gün orada yazabileceğini görünce, diğer günlerde de oraya gitmeye devam etmiş ve serinin son kitabını böyle değiştirebilmiş. Benim için otel pahalı bir yöntem, bütçem kafelere yetiyor!
2. *Ne kadar süreyle çalışacaksınız?* Bunun da önceden belirlenmesi, o süre içinde mümkünse dikkat dağıtıcı uyaranların ortamdan temizlenmesi iyi olur. Süre belirlemek, işin elimizde sakız gibi uzayıp durmasını da engeller. Ben genellikle kitap okurken de, kitap yazarken de saat kurarak o saat aralığında odaklı okumaya ve çalışmaya çalışıyorum. Alarm kurmanın şöyle bir faydası daha var: Bir yere gideceksem geç kalma endişesiyle aklım ve gözüm sürekli saatte olmadığından daha iyi odaklanabiliyorum.
3. *Çalışmaya başladıktan sonra nasıl devam edeceksiniz?* Mesela internet ve sosyal medya erişiminizi tamamen kesecek misiniz? Telefonu sessize alacak mısınız? Bir günde şu kadar sayfa yazacağım diye bir sınır koyacak mısınız? Bunlara baştan karar vermediğimizde, neyin yasak neyin serbest olduğu belli olmadığında, irademiz yavaş yavaş boş işlerle tükeniyor.

4. *Çalışmanızı ne şekilde takviye edeceksiniz?* Newport, "Örneğin kahve içmeyi ritüelinizin bir parçası haline getirebilir, enerjinizi yenilemek üzere elinizin altında sağlıklı besinlerden bulundurabilir ya da zihninizi berrak tutabilmek için yürüyüş gibi hafif egzersizlerle başlayabilirsiniz," diyor. Çalışma materyallerini önceden hazır bulundurmak da düzenli çalışmayı destekler.

Rutinler, zihinsel enerjiyi korumak için değerli araçlar, dolayısıyla doğru ritmi bulana kadar aramaya değer. Kendimiz için doğru düzeni bulana kadar bir süre deneme yanılma yöntemiyle ilerleyebiliriz.

Bu kısmı bir kitap önerisi ve farkındalık çağrısıyla tamamlayalım. *Günlük Ritüeller,* çok sevdiğim ve tavsiye ettiğim bir kitaptır. Yazar Mason Currey, büyük yazar ve sanatçıların çalışma rutinlerini merak etmiş ve *Daily Routines*[9] diye bir blog yazmaya başlamış. Sonuçta blog yazıları kitaba evrilmiş.

Farkındalık kısmına gelelim. Currey, ilk kitaptaki 161 kişiden sadece 27'sinin kadın olduğunu fark edince dengesizliği gidermek için aynı adla ikinci bir kitap daha kaleme aldı. Bu kitapta sadece kadınlara yer verdi, çünkü yaratıcı alanlardan kadınların hayatlarını araştırdığında "son derece çarpıcı hüsran ve taviz manzaraları" görmüştü. Pek çok engellerle boğuşmuştu bu kadınlar. Çoğu, kadınların yaratıcı eserlerini görmezden gelen ya da reddeden toplumlarda yetişmişti. Büyük bir kısmını, *geleneksel eş ya da anne rolünün ötesine geçtikleri* için ebeveynleri ya da kocaları engellemeye çalışmıştı. Editörler, yayımcılar ve eleştirmenler hemen her seferinde erkeklerin eserlerini daha üstün görmüştü.

Kadınların aile dinamiklerine de yakından bakan yazar, yaratıcı işlerdeki kadınların baş rakibinin *çocukları ve ardın-*

---

9 Blog halen var ve bir hazine: https://dailyroutines.typepad.com/.

dan kendi işini görmekten aciz eşleri olduğunu belirtmiş. Yaratıcı insanların günlük ritüellerinden söz ederken, söz konusu kadınlar olduğunda, ana temanın yaratıcı üretim ile evdeki dert ve sorumlulukları dengeleme çabası olduğu görülüyor. Adil bir dünya değil ama elbette değişecek.

Karar alma konusunda ne biliyoruz?

Doğru kararlar alabilmek de *zamanı koruyabilmek için* önemli bir beceri. Karar alma becerisi maalesef okulda öğretilmeyen, hayatın bize düşe kalka öğretmesini beklediğimiz bir beceri. Bir gün vapurdan inerken yanımda 7-8 yaşlarında iki çocuk konuşuyorlardı:

— *Ben büyüyünce basketbolcu olmak istiyorum. Sen ne olacaksın?*
— *Bilmiyorum.*
— *Niye?*
— *Daha karar vermedim.*
1. Şimdi karar ver, hemen!

Dünyanın en sevimli sohbetlerinden birine tanık olmuştum galiba; çok gülmüştüm. Keşke karar vermek küçük çocukların düşüncesindeki kadar kolay olsaydı. En son aldığınız büyük bir kararı düşünün. İş değiştirme, evlenme, çocuk yapma, hayata yepyeni bir başlangıç yapma... O kararı nasıl almıştınız? Bir konuda karar alırken emin olmadığınızda ne yapıyorsunuz? Kafanızda bir sürü ses varken hangi sesi dinliyorsunuz? İçinizdeki kalabalığı nasıl yönetiyorsunuz? İyi karar almamıza engel olan yanılgılarımız neler? Karar alırken izleyebileceğimiz modeller var mı?

Karar alma çok kapsamlı ve üzerinde kitaplar yazılan bir konu. Yazar James Clear, iyi kararlar almamızın önüne geçen beş yaygın zihinsel hata olduğunu belirtiyor:

1. *Sağ Kalanlar Önyargısı:* Sağ kalanlar önyargısı, belirli bir alanda kazananlara odaklanma ve onlardan bir şeyler öğrenmeye çalışırken aynı stratejiyi uygulayan kaybedenleri tamamen unutma eğilimimizi ifade eder. Okulu bırakıp dünya devi olan her Steve Jobs'a karşı okulu bırakıp sersefil olan binlerce insan vardır. Onların hikâyelerini duymayız. Durumdan sağ kalan bir kişinin stratejilerine ve tavsiyelerine aşırı değer atfedip kararlarımızı o doğrultuda alırken bu tavsiyelerin çoğu insanda işe yaramadığı gerçeğini göz ardı ederiz.

2. *Kayıptan Kaçınma.* Kazanç elde etmek yerine kayıplardan kaçınmak güçlü bir eğilim. Araştırmalar, biri bize 1.000 TL verirse memnuniyetimizde küçük bir artış olacağını, ancak 1.000 TL kaybedince memnuniyetimizdeki düşüşün çok daha yüksek oranda olduğunu gösteriyor. Kayıptan kaçınma eğilimimiz, sahip olduğumuz şeyleri elimizde tutmak için aptalca kararlar almamıza ve davranışlarımızı değiştirmememize neden oluyor. Yeni bir çift ayakkabı aldığımızda küçük bir keyif artışı yaşıyoruz, ancak ayakkabıları hiç giymesek de birkaç ay sonra onları elden çıkarırken büyük acı çekiyoruz. Hiç kullanmasak da ayrılmaya dayanamıyoruz. Aynı şey bize haz verrmeyen, bazen toksik düzeye varan ilişkiler için de geçerli olabilir.

3. *Ulaşılabilirlik Önyargısı.* Harvard Üniversitesi'nden Steven Pinker tarafından yapılan bir araştırma, şu anda tarihin en az şiddet içeren döneminde yaşadığımızı gösteriyor. Cinayet, tecavüz, cinsel saldırı ve çocuk istismarı oranları giderek düşüyor. Çoğu insan bu istatistikleri duyunca şok oluyor, bazıları inanmayı reddediyor. Bunun nedeni, herhangi bir felaket ya da suçla ilgili bilginin daha önce hiç olmadığı kadar yaygın bir şekilde ulaşılabilir olması. Tehlikeli olayların toplam yüzdesi azalıyor, ancak bunları duyma olasılığımız artıyor. Aklımıza hızla gelen örneklerin en önemli veya yaygın şeyler olduğunu varsaymaya, *ulaşılabilirlik önyargısı* deniliyor. Ulaşılabilirlik önyargısı da hatalı kararlarla sonuçlanabiliyor.

4. *Çıpalama.* Bu zihinsel yanılgı, en çok fiyatlandırma stratejilerinde kullanılıyor. Vitrinde çok beğendiğiniz bir çift ayakkabı gördünüz diyelim. Fiyatı 1.500 TL. Bütçenize göre yüksek. Mağazaya girdiğinizde ayakkabıların ortalama 5.000 TL civarında olduğunu fark ederseniz, birden 1.500 TL gözünüze çok makul görünmeye başlar. Kelepir gözüyle bakıp az sonra mağazadan o ayakkabılarla çıkarsınız. Zihninizi yüksek bir noktada çıpalayarak diğer ürünün çok daha ucuz görünmesini sağlamışlardır. Kapitalizm, çakallarla danstır!

5. *Onay Önyargısı.* Daha önce de söz ettiğimiz onay önyargısı, inançlarımızı doğrulayan bilgileri arama ve tercih etme, inançlarımızla çelişen bilgileri görmezden gelme veya değersizleştirme eğilimimizi ifade eder. Siz de benim gibi iklim krizinin ciddi bir sorun olduğuna inanıyorsanız, sadece iklim krizi ve yenilenebilir enerjiyle ilgili hikâyeleri araştırıp okuyor olabilirsiniz. Okuduklarınız mevcut inançlarınızı doğrulamaya ve desteklemeye hizmet eder. İklim krizinin ciddi bir mesele olduğuna inanmıyor ve sadece bir şehir efsanesi olduğunu düşünüyorsanız, bu inancınızı doğrulayan hikâyeleri araştırıp okuyor olabilirsiniz. Bir şeyi bildiğinize ne kadar çok inanırsanız, aksi yöndeki tüm bilgileri o kadar çok filtreler ve görmezden gelirsiniz. Bu da yanlış kararlara yol açabilir.

Karar alırken benzer hatalara düşmemek için zihinsel yanılgılarımızın farkında olmak önemli. Peki karar alırken başka nasıl bir yol izleyebiliriz? Brown Üniversitesi Ekonomi Profesörü Emily Oster'in önerdiği dörtlü bir model var:

Soruyu Çerçevelemek. Mesela iş değiştireceğiz diyelim. Genellikle kendimize sorduğumuz soru "İş değiştirmeli miyim?" sorusudur. Fakat buradaki sorun, diğer seçenekleri bilmemektir. Dolayısıyla soruyu nasıl çerçevelediğimiz önemli. Seçenekler "aynı işte kalmak ya da başka bir şey yapmak" gibi afaki olduğunda bir yere varamıyoruz. Onun yerine *iki somut seçenek* arasında düşünmek daha verimli. Elinizde iki somut seçenek var mı?

Veri Toplamak. Herhangi bir karar verirken, bilgiye ihtiyaç duyarız. Arasında kaldığınız iki somut seçenekle ilgili yeterince bilgi topladınız mı?

Son Kararı Vermek. Kararı sürekli ertelemek, sonuçla ilgili mutluluğumuzu değil mutsuzluğumuzu arttırıyor. O yüzden sebepsiz yere kararı ertelemektense bir tarih belirleyip o zamana kadar karar vermek daha faydalı. Kararınız için bir son tarih belirlediniz mi?

Takip Etmek. Büyük bir karar verince, kararın sonsuza dek değişmeden kalacağını düşünebiliyoruz. Bazı kararlar öyle olsa da bazılarını zaman içinde revize etmek mümkün. O yüzden ara ara durup düşünmek ve gerekirse rotayı yeniden oluşturmak gerek. Böylelikle otopilotla hareket etmek yerine bilinçli bir yolda ilerlediğimizden emin olabiliriz. Kararınız üzerinde ara ara düşünme fırsatı yaratıyor musunuz?

Bir de gün içinde aldığımız irili ufaklı sayısız karar var. Bugün ne giysem'den akşama ne pişirsem'e, çocuğu hangi okula göndersem'den beş yıl sonra nerede yaşasam'a kadar sayısız şeyi düşünmek zorundayız. "Karar yorgunluğu" diye bir kavram duymuş muydunuz? Tüm bunları düşünmek beynin sınırlı irade rezervini tükettiği için zihinsel yorgunluk yaratıyor. Karar yorgunluğu dediğimiz durum stres, odaklanma sorunları, düşük verimlilik gibi sonuçlar doğurabiliyor.

Karar yorgunluğunu önlemek için *daha az önemli kararları otomatikleştirmek* bir yöntem. *4 Saatlik Hafta* kitabının yazarı Timothy Ferriss, sağlam tek bir kararın yüz küçük karara bedel olduğunu, zaman ve enerji kazandırdığını söylüyor. Mesela gardırobunuzda yüz tane giymediğiniz kıyafet yerine birkaç temel parça, günlük "Ne giysem?" krizini ortadan kaldırıp zamandan tasarruf ettirir. Steve Jobs hep siyah bir t-shirt, kot pantolon ve aynı marka spor ayakkabı giyiyordu. Mark Zuckerberg hep gri t-shirt, kot pantolon ve spor ayakkabı giyiyor. *Vogue* dergisinin editörü Anna Wintour, her zaman aynı küt saçla, siyah güneş gözlüğüyle dolaşıyor. Bunlar sadece karar yorgunluğuna son vermekle kalmayıp imajı da güçlendiriyor. Anahtar nokta, en çok zihinsel yorgunluk yaratan kararları tespit edip orada basitleşmeye gitmek, böylelikle daha önemli işlere yer açmak.

Kararları spesifik ve somut ifadelerle belirlemek de önemli. Örneğin "Haftada birkaç sabah spor yapacağım" demek yerine "Pazartesi ve çarşamba sabahları saat 7-8 arası spor yapacağım" demek karar yorgunluğunu azaltan ve kararı uygulama ihtimalini arttıran bir yöntem.

Başkasına danışmak ve beklemek de bir diğer öneri. Edward Vul ve Harold Pashler adlı araştırmacılar, bir konuyu kendi başımıza ikinci kez düşünmektense, bağımsız bir ikinci fikre danışmanın daha doğru karar almamızı sağladığını ortaya koymuş. Kendimize aynı soruyu ikinci kez sorduğumuzda, başkasına danışmaya kıyasla kararımızda sadece 1/10 oranında bir iyileşme oluyor. Ancak yine de kendi kendimize karar vermek zorunda olduğumuz bir durum var diyelim. O zaman yapabileceğimiz en iyi şey nedir? Beklemek. Aynı konuyu üç hafta sonra tekrar düşünmemizin, başkasının fikrine danışmanın 1/3'ü kadar fayda sağladığı bulunmuş. Başkasına danışmak yine çok daha iyi ama beklemek de hiç beklemeden karar almaktan daha iyi.

Beklemek karar kalitemizi arttırıyor. İnsan biraz ara verince, göremediği şeyleri görüyor. İçinde bir yerlerde saklı olan bilgi su yüzüne çıkıyor. Konuya farklı açılardan bakma şansı doğuyor. Yazdığım yazıyı çekmeceye kaldırıp bir zaman sonra tekrar okuduğumda "Bunu ben mi yazmışım?" dediğim çok oluyor mesela. Bazen de beklediğimde aklıma bambaşka düşünceler geliyor. O yüzden fikirleri bir süre demlenmeye bırakmak iyidir.

Şimdi pratik bazı zaman yönetimi araçlarına bakalım. Kendi adıma uyguladığım ve faydalı bulduğum yöntemleri paylaşmaya çalıştım, yoksa yöntemden bol bir şey yok. Ayrıca kim olduğunuzu ve koşullarınızı bilmediğim için gerçeklerinize saygısızlık etmek istemem. Araçlar sadece yol göstermek, üzerinde düşünmek, uygulanabilir olan tarafları varsa alıp uygulamak için.

Eisenhower Matrisi: İşlerinizin aciliyet ve önem düzeyi nedir?

Yapılması gereken işlerinizin ne kadarı acil? Ne kadarı önemli? Ne kadar acil ama önemsiz? Ne kadarı acil ve önemli? ABD eski başkanı Eisenhower bunlara kafa yormuş olmalı ki, "*Önemli olmayan şeyler acil hale gelmeden önce önemli olan şeylere odaklanmamız gerekir,*" demiş.

Eisenhower Matrisi de bu felsefenin kolay uygulanması için tasarlanmış bir araç.

Matris, işleri dört kategoriye ayırıyor:

1. *Acil – Önemli: Hemen yap!*
   Bu kategori, bir kişinin hemen yapması gereken işleri içerir. Hastalanan çocuğunuzu okuldan almak hem acil hem de önemlidir.
2. *Acil – Önemsiz: Devret!*
   Anlık gelen telefonlar ya da e-postalar buna örnek olabilir. Belki bir başkasından bu işlerle ilgilenmesi için destek istenebilir.
3. *Önemli – Acil Değil: Planla!*
   Kişinin hemen yapması gerekli olmayan, ancak önemli olan işleri içerir. Uzun vadeli projeler, katılmak gereken eğitimler, düzenli olarak diş sağlığı kontrolü ya da check-up yaptırmak gibi. Diş hekimine düzenli aralıklarla

gitmezseniz dişeti hastalığı ya da başka sorunlar doğabilir, yine de acil bir iş değildir. Çok uzun süre ertelerseniz de dişiniz daha fazla bu zulme dayanamayıp çürüyebilir ve durum acil hale gelebilir. Bu tür işler için zaman planlaması yapmak gerekir.

4. *Önemsiz – Acil Değil: İptal et!*
   Sosyal medyada boş boş dolaşmak, sabah uyanır uyanmaz Twitter'e bakmak ne acil ne de önemli. Öyleyse neden her gün yaptığımız ilk şey bu? Bunlar azaltılabilir ya da tamamen kalkabilir. Hadi ama, gerçekten istersek olur!

Acil ve *önemli* işlerin ayrımını yapabilmek, acil ve önemli bir iştir! "Acil" görevler derhal dikkat çeker, ama dikkatimizi vermeyi hak etmeyebilir. "Önemli" görevleri yapmamak da kendimiz veya başkaları için ciddi sonuçlar doğurabilir. İşlerinizi önem ve aciliyete göre Eisenhower matrisine yerleştirmeye birkaç dakika ayırmak epey zaman kazandırır.

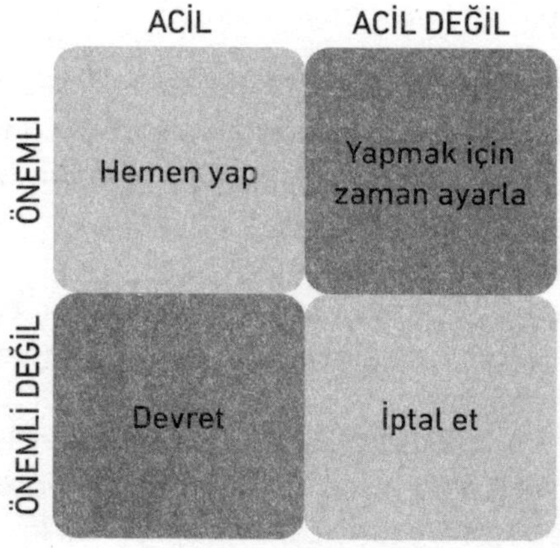

Eisenhower Matrisi

Öncelikli İşler Matrisi (Action Priority Matrix)[10]

Yazar Charles E. Hummel, *"İkilemimiz zamanımızın olmaması değil, önceliklerimizin olmaması,"* diyor. *"Yapmamız gereken şeyleri yapmadan bırakıp yapmamamız gereken işleri yapmış olmak."* Öncelikli İşler Matrisi de bu düşünceye dayalı. *Önem* ve *aciliyet* kriterleri etrafında kurgulanan Eisenhower matrisinin başka bir versiyonu gibi düşünebiliriz. Neyi önceliklendireceğimiz konusunda faydalı bir araç olabilir.

Matriste işleri kategorize etmek için iki kriter, *çaba* ve *etki*:

1. İşi tamamlamak için ne kadar ÇABA gerekiyor?
2. İşi tamamladığınızda yaratacağı ETKİ ne kadar büyük?

---

10 https://www.thecoachingtoolscompany.com/action-priority-matrix-coaching -tool-achieve-more-emma-louise-elsey/.

Bu iki kriterin büyüklüğüne göre, dört farklı tip işten söz edilebilir:

1. *Büyük etkili, düşük çaba* gerektiren işler: Hızlı Kazanımlar
2. *Büyük etkili, büyük çaba* gerektiren işler: Büyük Projeler
3. *Düşük etkili, düşük çaba* gerektiren işler: Dolgu İşler
4. *Düşük etkili, büyük çaba* gerektiren işler: Zahmetli İşler

İşlerinizin çoğu hangi çeyrekte yer alıyor? Hangi işlerin net bir tamamlanma tarihi var? Hızlı kazanımlar için hangi adımları atmanız gerek? Büyük projeler için zamanı nasıl daha etkin kullanabilirsiniz? Dolgu işleri nasıl azaltabilirsiniz?

Öncelikle yapılması gereken işlerin bir listesini yapabilirsiniz. Bir kâğıda bir kare çizerek bu işleri karenin ilgili kısmına (isterseniz post-it olarak) yerleştirebilirsiniz. Görselleştirmeye dayalı bir planlama stresi azaltır ve işleri belli bir perspektife oturtmayı sağlar. Mesela etkisi düşük olan zahmetli işlere hiç girmemeyi seçebilirsiniz. Hızlı kazanımları hemen devreye sokup kabarık listeyi hafifletebilir, böylelikle kendinizi daha iyi hissedebilirsiniz.

Bazen de çok çaba gerektiren bir iş çabucak tamamlanabilir. Duygusal olarak yük oluşturan bir işi de yüksek çaba gerektiren iş olarak düşünmek mümkün. Yükü ağır olsa da kısa sürede tamamlayabileceğiniz bir iş nedir? Ne zamandır yapmayı ertelediğiniz bir telefon görüşmesi ya da doktordan alınması gereken bir randevu buna örnek olabilir. Bu adımı attığınızda kendinizi birden hafiflemiş hissedeceksiniz, tecrübeyle sabit!

Yazar Mark Twain, *"Sabah ilk iş canlı bir kurbağa yersen, günün geri kalanında başına daha kötü hiçbir şey gelmez,"* diyor. Günün ilk saatlerinde en zor işlere öncelik vermek günün geri kalanındaki işleri nispeten kolay kılabilir.

Şunu da eklemek lazım ki, tamamlanmamış işler zihnimizde gereksiz bir bagaj yükü oluşturuyor. Daha önce de bahsettiğim "Zeigarnik Etkisi" devreye giriyor. Kafamızda ya da elimizde bitirilmemiş işler varsa onları daha çok düşünüyor ve hatırlıyoruz. Bir iş bittiyse üzerinde düşünmeyi bırakıyoruz. Zihnimizde o sekme kapanıyor. Dolayısıyla zamanımızı almayacak işleri bir an önce tamamlamak zihnimizde daha önemli şeyler için yer açar.

Bazen Hızlı Kazanımlar'a ya da Dolgu İşler'e odaklanmak, Büyük Projeler'den kaçış yöntemi de olabiliyor. Büyük Projeler, bizim için tatmin edici, anlamlı sonuçlar doğuracak işler olarak düşünülebilir. Zamanımızın çoğunu Büyük Projeler üzerinde harcamak daha mantıklı olabilir.

Benim için sosyal medyada gönderi paylaşmak Dolgu İş'se, kitap yazmak Büyük Proje. Kitabı tamamlamak için kafamda bir son teslim tarihi oluyor. Çalışmamı buna göre planlıyorum. Kitap büyük lokma, bu nedenle küçük lokmalara bölerek çalışmam gerekiyor. Dostoyevski'nin yaklaşık 700 sayfalık *Suç ve Ceza* romanını da aynı yöntemle bitirebildim.

Çoğu insan bu adımı hesaba katmadığından ve doğrudan sonucu düşündüğünden, her şeyi gözünde büyütüp büyük bir işe başlamaktan kaçabiliyor. Bu nedenle de fili küçük parçalara ayırıp her seferinde bir parça üzerinde çalışmak, her şeyin baştan mükemmel olmasını beklememek, adım adım ilerleme fikriyle barışmak önemli.

Elbette farklı tarzlar olabilir. Bazı yazarlar düzenli çalışmak yerine kendilerini birkaç hafta bir yere kapatıp yazıyor. Benim bir kitabı yazmam, fikrin doğuş aşamasından bilgi toplayıp yazıya dökme aşamasına kadar yaklaşık iki-üç yıl sürüyor. Elbette bu süreçte Hızlı Kazanımlar ve Dolgu İşler de ferahlatıcı bir etkiye sahip oluyor. Kitap yazarken sosyal medyaya girip hoşuma giden içerikler paylaşmak iyi hissettiriyor. Arada e-postalara cevap vermek minik bir "iş yaptım" duygusu yaşatırken, düşük çaba istediği için de nefes aldırıyor.

Bazen de *zahmetli ama düşük etkili* işlerle karşı karşıya kalabiliriz. Benim için ütü yapmak bu kategoride! Dolayısıyla ne yapıyorum? Ütü yapmıyorum! Wittgenstein'ın "*Yaşamda karşılaştığınız bir sorunu çözmenin yolu, sorunu ortadan kaldıracak tarzda yaşamaktır*" sözünü "Ütü yapma Bahar" şeklinde yorumladım! Büyük insanlar büyük laflarının böyle küçük amaçlara hizmet ettiğini bilseler ne hissederlerdi acaba? Ütü "sorununu" benden çok daha becerikli olan bir yardımcıya devrediyorum, yani işi delege ediyorum. Bir şekilde ütülerle baş başa kalırsam da iç çamaşırı ya da çarşaf ütülemek gibi son derece gereksiz bulduğum işlere hiç girmiyorum.

Şöyle dâhiyane bir çözüm önerisi de sunayım: Şayet evliyseniz ya da biriyle aynı evi paylaşıyorsanız, eşiniz ütü yapmaktan sizin kadar uzak durmuyorsa, ütü karşılığında bulaşıkları yıkamayı teklif edebilirsiniz! Evli değilseniz, ancak evlenmek gibi bir planınız varsa ütü yapmayı seven bir adaya yönelebilirsiniz! Bekarsanız, yardımcınız yoksa ve benim gibi ütüden nefret ediyorsanız kırışmayan kumaşlara yönelebilirsiniz. Demokrasilerde çareler tükenmez!

Ütü konusunda yeterince kafa ütüledim. Ütü odasından çıkıp mutfaktaki turşu kavanozlarına doğru ilerleyelim.

Turşu kavanozu teorisi

Bir kavanozu *taş, çakıl, kum ve su* gibi malzemelerle doldurduğunuzu hayal edin. Kavanoz günlük hayatımızı, farklı boyutlardaki taşlar da görevlerimizi veya önceliklerimizi temsil ediyor. *Büyük taşlar* en büyük görevler, *çakıl taşları* daha küçük görevler, *kum* en küçük görevler ve *su* da özel hayatımız. İşleri *büyük görevlerden küçüklere doğru* tamamlamak öneriliyor.

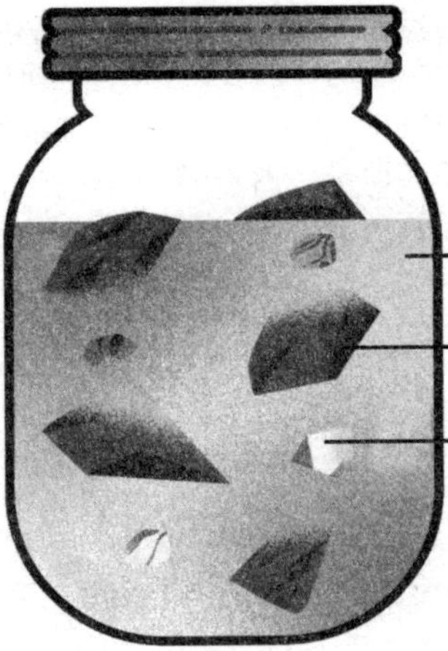

1. *Büyük taşlar* günün en önemli görevleri. Uzun vadeli hedeflere ulaşmada önemli rol oynuyorlar. Benim için kitabım üzerinde çalışmak, en az birkaç sayfa yazı yazabilmek, büyük taş. Kitap okumak da öyle. Ne kadar yoğun olursam olayım bir öncelik.
2. *Çakıl taşları*, ertelenebilecek veya başkalarına devredilebilecek görevler. Benim için ev işleri bu kategoride yer alıyor.
3. *Kum*, önemi daha az olan küçük görevler. Mesela sosyal medyada gezinmek ya da YouTube'da video izlemek benim için *kum gibi*.
4. *Su*, kişisel zamanımızı ve özel hayatımızı temsil ediyor. Aile ve arkadaşlarla vakit geçirmeyi ve keyif aldığımız şeyleri yapmayı içeriyor. Günü etkili bir şekilde planladığımızda, keyif aldığımız şeyler için boş zaman kalabiliyor. Ailemin hayatımdaki en önemli önceliğim olduğunu bir kez daha eklemeden geçmeyeyim.

Bu teoriyi uygulamaya koymak için ne yapabilirsiniz? Zihninizde büyük boş bir kavanoz canlandırın:

1. Kavanozu üç veya dört büyük taşla doldurun. Büyük taşlar, uzun vadeli hedeflerinize ulaşmanızı sağlayan en önemli görevleri temsil ediyor. Bunlar sizin için hangi görevler?
2. Şimdi kavanoza o gün için birkaç çakıl taşı ekleyebilirsiniz. Sadece bir avuç çakıl taşı en iyisi olacaktır. Hangi taşları ekleyeceksiniz?
3. Küçük bir avuç kum alın ve karıştırın. Kumların miktarı kayaları ve taşları aşıyor mu yoksa? Önceliklerinizi gözden geçirmeniz gerekiyor olabilir mi?
4. Kavanozda su için yer kaldı mı? Kalmadıysa acaba neyi farklı yapabilirsiniz?

Aşırı büyük taşlar kavanozu kırabilir. En baştan kavanozun içini su, kum ve çakıl taşıyla doldurursanız da kavanoza çok az taş sığar. Yüksek öncelikli üç-dört "büyük taş"ınızı tanımlayıp ardından çakıl taşlarınızı belirleyebilirsiniz. Kavanozunuza büyük taşları ve çakılları doldurduktan sonra kuma, yani boş zaman aktivitelerine geçebilirsiniz. Suyu lütfen ihmal etmeyin; aile ve arkadaşlar candır. Hatta bazı günler bütün kavanozu suyla doldurmak bile en iyi seçim olabilir.

Turşu kavanozuyla işimiz bittiyse, domateslere doğru ilerleyebiliriz.

Verimli domates: Pomodoro Tekniği

"*Pomodoro*" İtalyancada "domates" demek. Pomodoro Tekniği, İtalya'da Francesco Cirillo tarafından 1980'lerde geliştirilen bir zaman yönetimi tekniği. Cirillo, domates şeklinde zamanlayıcı kullandığı için teknik de bu ismi almış.

Pomodoro, işleri 25 dakikalık bloklar halinde ayırarak, her bloktan sonra kısa bir mola verme ve dört zaman bloğu sonunda uzun bir mola verme fikrine dayanır. Nasıl uygulayabilirsiniz?

1. Bir görev seçin. Saatinizi ya da telefonunuzdaki saati 25 dakikalık geri sayıma ayarlayın.
2. 25 dakika boyunca odaklı bir biçimde çalışın.
3. 25 dakika sonunda alarm çalınca 5-10 dakikalık bir mola verin. Önemli uyarı: Zaten zihinsel yoğunluğu olan bir iş yapıyorsanız mola sırasında yine zihni yoran bir işle uğraşmayın. Pencereyi açıp hava alın, uzaklara bakın, evin ya da ofisin içinde kısa bir yürüyüşe çıkın, kendinize bir çay ya da kahve koyun, su için ama lütfen telefonunuza gömülmeyin. Zihin o şekilde dinlenmez, yorulmaya devam eder.
4. Dört kez aynı süreci tamamladıktan sonra 15-30 dakikalık uzun bir mola verin.

80/20 Kuralı

Yapması zor ama sonuçları etkili işlerdense kolay ama etkisiz sonuçları olan işlere daha çok meylediyoruz, itiraf edelim. Beynimizi yoran ne varsa kaçma eğilimindeyiz. Yaratıcılık, odaklanma, derin düşünme zahmetli işler. Her gün yarım saatimi yabancı dil öğrenmeye ayırmaktansa bilgisayar oyunu oynamak, firendyoldan alışveriş yapmak, YouTube'da boş içerikler tüketmek daha zahmetsiz ve eğlenceli.

Bazen de farkında bile olmadan gereksiz işlere öncelik verebiliyoruz. Acil ama önemsiz işler sahte bir ilerleme duygusu yaratıp zamanımızın %80'ini işgal edebiliyor. Çalışıp çalışıp bir arpa boyu yol alamadığımızı hissediyoruz. İşte bunlar hep "Pareto İlkesi"nin önemini ortaya koyuyor!

Pareto ilkesi ya da diğer adıyla 80/20 kuralı, İtalyan ekonomist Vilfredo Pareto'nun geliştirdiği bir ilke. Pareto, İtalya'da arazinin %80'inin, nüfusun %20'lik bölümüne ait olduğunu gözlemlemiş. Gelir dağılımı adaletsizliği olan bir ülkede servetin %80'inin nüfusun %20'sinde olması gibi düşünebiliriz.

Pareto o anda bir aydınlanma yaşamış! Kuralın hayatın birçok farklı alanında da geçerli olduğunu görmüş. Satışların %80'i müşterilerin %20'sinden geliyor. Zamanınızın %80'inde gardırobunuzdaki kıyafetlerin %20'sini giyiyorsunuz. Elde ettiğiniz kârın %80'i ürün ya da hizmetlerinizin %20'sinden geliyor. Zamanımızın %80'i tanıdıklarımızın yalnızca %20'siyle geçiyor. Bir ilişkideki tüm hayal kırıklıklarının %80'i sorunların %20'sinden kaynaklanıyor. İşte bunlar hep Pareto!

Zaman yönetimi de bu alanlardan biri. İşlerimizin önemli olan %20'lık kısmına odaklanırsak, hedeflerimizin %80'ini çok daha az süre içinde gerçekleştirebiliriz. Pareto büyük resmi görmeyi sağlıyor ve ilerlemek için neye odaklanmak gerektiği konusunda alarm veriyor. Kendimize sorabileceğimiz sorular var:

1. İşlerimin hangi %20'lik dilimine odaklanırsam hedefime doğru ilerleme kaydedebilirim?
2. Zamanımın %20'sinden daha azını ayırdığım ama hedefime ilerlerken bana faydalı olacak hangi faaliyetler var?

Zamanımı çarçur eden on faaliyetten (*bilgisayar oyunu, sosyal medya, YouTube izlemek, e-posta cevaplamak, WhatsApp grupları, arkadaşlarla aşırı doz lak lak, alışveriş sitelerinde gereksiz vakit harcamak, dizi izlemek, gıybet, daha fazla gıybet*) özellikle ikisinde (*sosyal medya ve gıybet*) zamanımın %80'ini çar çur ettiğimi fark edersem, bunları hayatımdan çıkarmaya ya da dozunu azaltmaya başlamanın vakti olabilir.

Özetle, bir işin en önemli %20'lik kısmını çok iyi yaparsak, işin %80'ini halletmiş oluruz. Bu oran her zaman 80/20 keskinliğinde olmak zorunda da değil, "önemli azınlık (%20) ile önemsiz çoğunluk (%80) arasındaki ilişkiyi hatırlamak yeterli. *Sonucun büyük bölümü, etkenlerin sadece küçük bir bölümünden kaynaklanır.*

SMART hedefler

SMART[11] akronimindeki harfler İngilizcede, *spesifik, ölçülebilir, ulaşılabilir, anlamlı ve zaman sınırlı* anlamına gelir. "Smart" kelimesi, aynı zamanda *akıllı, zeki* demektir. SMART hedefler belirlemek, akıllıcadır.

Hedeflerimi oluştururken bazı sorularla işe başlayabilirim: Neyi başarmak istiyorum? Bu hedefe ulaşmanın hayatımda önemli bir etkisi olacak mı? Hangi eylemleri gerçekleştirmem gerekecek?

Yine kendim için düşünerek somutlaştırayım:

1. *Neyi başarmak istiyorum?* 21. yüzyıl becerileriyle ilgili bir kitap yazmak istiyorum.
2. *Bu hedefe ulaşmanın hayatımda önemli bir etkisi olacak mı?* Bu alanda yazılan çok az kitap var, o yüzden kitabı yazmamın önemli olduğunu düşünüyorum.
3. *Hangi eylemleri gerçekleştirmem gerekecek?* Bilimsel araştırmaları taramam, konuyla ilgili yabancı kaynaklar okumam, okuduklarım üzerinde düşünmem, ardından belli bir süre içinde yazmam gerekiyor.

Şimdi bunları SMART hedefler olarak yazmaya çalışayım:

1. SPESİFİK: İlk adım, hedefi spesifik hale getirmek.

   "2023 bitmeden 11. kitabımı yazacağım."
2. ÖLÇÜLEBİLİR: Ölçülebilir olmak, hedefe ilerlerken uygulayacağımız eylemleri dikkate alır.

   "Her gün en az üç saatimi yazmaya ayıracağım."
3. ULAŞILABİLİR: Hedefe ulaşmak için gereken kaynaklara ve zamana sahip miyim? Veri toplamak, başkalarından yardım istemek, yeni beceriler edinmek gerekebilir.

---

[11] S (Specific), M (Measurable), A (Achievable), R (Realistic), T (Time-limited): SMART.

"Sıfırdan başlamıyorum. Daha önceden yazdığım notlar, önceki araştırmalarımın üzerine ek araştırmalar yapacağım. Sosyal medyada daha az zaman geçirerek, daha çok teklife hayır diyerek, arkadaşlarımla buluşmalarımın sıklığını bu dönemde azaltarak hedefime ulaşabilirim."

4. ANLAMLI: Anlamlı bir hedef, sonucun başarısına katkı sağlar.

   "Yazdığım kitabın kendini inşa etme çabasındaki insanlara gerçek bir fayda sağlaması için çalışıyorum ve öyle olmasını umut ediyorum."

5. ZAMAN KISITI: Hedefim kısa vadeli mi, yoksa uzun vadeli mi? Belirlediğim teslim süresi ya da son tarih gerçekçi mi? Kitap yazma bağlamında, defalarca okumayı, editörlere gidip gelmesini, düzeltmeleri hesaba katmam gerekir. Şunu da eklemeliyim ki, bir son tarih belirlemek çok etkili bir zaman yönetimi tekniği. Öbür türlü insan kendini salabiliyor!

   "Kitabımı en geç 2023 Ekim ortasına kadar teslim etmiş olacağım."

   (Merak ediyorsanız, kitabı yayınevime 2 Ekim 2023'te teslim ettim.)

Kendinizi düşünün. Büyük ya da küçük bir hedefinizi bu adımlara göre *SMART hedef* olarak yazabilir misiniz?

Hazır teslim tarihi belirlemenin öneminden söz etmişken, çok işe yaradığını düşündüğüm Parkinson Yasası'yla devam edelim.

Parkinson Yasası

İngiliz tarihçi Cyril Northcote Parkinson'dan adını alan Parkinson Yasası, tarihçinin ünlü bir sözüne dayanır: "*İş, tamamlanması için ayrılan zamanı dolduracak şekilde genişler.*"

Diğer bir deyişle, belirli bir görevi bitirmek için ne kadar zaman ayırırsanız tam olarak o kadar zamana ihtiyacınız olacağı anlamına gelir. Kitabı iki yılda bitireceğim derseniz iki yılda, iki ayda bitireceğim derseniz iki ayda biter.

Yasayı ilk duyduğumda tam anlamıyla bir aydınlanma yaşamıştım! Bazen bazı işleri bitirmek için gereksiz derecede uzak tarihler belirleyebiliyoruz; sonra da bir verimsizlik döngüsü içinde kıvranıp duruyoruz. Her zaman olmasa da bu durumun farkında olmak bazen gerçekten işe yarayabiliyor.

Önemli olan, verilen son teslim tarihine takılıp kalmamak ya da gereğinden fazla ötelememek. İflah olmaz bir inek olarak, okulda dönem başında verilen final ödevlerini verildikten sonraki bir ay içinde her gün düzenli çalışarak tamamlardım. Final döneminde herkes can havliyle proje bitirmeye çalışırken, bir inek olarak çayırlarda keyifle otlardım! Şaka bir yana (şaka olan bir ayda bitirme değil, otlama kısmı), tamamlanmamış işlerin zihnimizde gereksiz yer kapladığını düşünecek olursak, "Daha erken bir tarihte bitirebilir miyim?" sorusunu sorabiliriz. Belki kitap yazmayı bitirmek için bir yıl değil de altı ay yeterlidir. Belki bir projeyi bir ayda değil bir haftada da tamamlayabiliriz. Böylelikle gereksiz ertelemelerin önüne geçmek mümkün olur.

Akışa girmek için bir yöntem: 20 dakika kuralı

Kişinin zamanı, mekânı, açlığı, susuzluğu unutup tamamen elindeki işe odaklandığı duruma *akış hali* demiştik. Peki istediğimiz zaman akışa girebilmek güzel olmaz mıydı? Belki "20 dakika kuralı" işe yarayabilir.

Yapılması gereken tek şey, alarmınızı 20 dakika sonra çalacak şekilde kurmak ve o süre içinde hangi işi yapacaksanız sadece ona odaklanmak. Uyguladığım ve çok faydasını gördüğüm bir yöntem. Sadece 20 dakika olarak da düşünmüyorum, diyelim ki bir toplantıya katılmama toplam 1 saat var. Saatimi 50 dakikaya kurup o süre içinde ne yapıyorsam ona odaklanıyorum.

Kitap okumak için de aynı yöntemi izliyorum. Diyelim ki işe yetişmem gerek, ancak yarım saatlik bir zamanım var. Yirmi dakika sonraya alarmı kurup telefonu kenara koyuyorum. O süre içinde (becerebilirsem) odaklı bir biçimde kitap okuyorum. Böylelikle acaba işe geç kalır mıyım korkusuyla sürekli saati kontrol etmeden kitaba odaklanabiliyorum.

Odaklanmak istediğimiz herhangi bir iş için aynısını yapabiliriz. Yirmi dakika için alarm kurup alarm çalana kadar göreve odaklanabiliriz. Alarm çaldığında da bir karar verebiliriz; tamam mı, devam mı? Devam kararı aldıysak önce kısa bir mola verip sonra 20 dakikalık bir sonraki blok için alarmı kurabiliriz. Böyle bir uygulama yavaş yavaş odaklanma kapasitemizi de arttırır. Yavaş yavaş ivme kazanırız.

Yirmi dakika kuralı size uygun değilse, 15 dakika,10 dakika, 5 dakika, 1 dakika kuralını deneyebilirsiniz! Bir süre sonra alarmsız da bunu yapabilmeye, süreyi arttırabilmeye başlarız.

Biyolojik saatiniz kaç?

Enerji seviyeniz günün hangi saatinde daha yüksek? "Biyolojik Prime Time" terimi ilk olarak Sam Carpenter tarafından *Work The System* kitabında kullanılmış. Temel fikir, kendinizi en iyi hissettiğiniz ve en fazla enerjiye sahip olduğunuz zaman diliminde en önemli görevleri planlamak ve yapmak.

Enerji seviyeleri, odaklanma ve genel üretkenlik açısından günün hangi saatinde en iyi durumda olduğunuzu tespit etmek, etkili bir zaman yönetimi yöntemi olabilir. Keşif süreci zaman alabilir, ilk birkaç günde bulamazsanız hemen pes etmeyin. Benim zihinsel enerji seviyemin en yüksek olduğu zamanlar günün kahvaltıdan sonraki saatleri. Geceleri o kadar verimli çalışamıyorum; denedim, olmuyor! Ancak gece kuşu arkadaşlarım var.

"Keşif" süreci boyunca günün farklı zamanlarındaki odaklanma, enerji ve üretkenliğinizi takip etmeye çalışabilirsiniz. Çok üşenmezseniz farklı günler ve saatler için sonuçları not edebilirsiniz. Bir ay kadar sonra sonuçlarınızı analiz edip günün tam olarak hangi saatinde enerji seviyenizin en yüksek olduğunu belirleyebilirsiniz. Belirledikten sonra bu zaman diliminde en önemli görevleriniz üzerinde çalışmaya başlayabilirsiniz. Düşük öncelikli işleri, gün içinde enerji seviyenizin daha düşük olduğu zamanlara bırakabilirsiniz.

AYRILMADAN ÖNCE...

Cahil Hoca adlı eserinde Ranciere, sürgünde bir devrimci olan Jacotot'un hikâyesini anlatır. Jacotot, Belçika'da Fransız edebiyatı hocası olarak iş bulur. Okulda Flamanca konuşulmaktadır, ama hoca Flamancanın F'sini bilmez. Aksi gibi Flamanlar da Fransızcanın F'sinden habersizdir, ancak Jacotot onlara öyle ya da böyle öğretmenlik yapmak zorundadır.

Hoca, Fénelon'un *Telemak* adlı eserinin hem Flamanca hem Fransızca olan bir baskısını bulur. Öğrencilerine kitabı "çözmeleri" için verir. Jacotot'un "öğrencileri" kendi kendilerine Fransızca öğrenir. Jacotot onlara sadece rehberlik eder. Şaşkındır, çünkü insanın kendi bilmediğini de öğretebileceğine bizzat tanıklık etmiştir.

Kendi kendine öğrenmenin her zamankinden daha gerekli olduğu bir çağda, *Cahil Hoca* metaforunu anlamak çok önemli. Bu zamanda ihtiyaç duyduğumuz öğrenme biçimi, okullarda genel olarak karşılaştığımız ortamdan farklı olarak, *bireysel inisiyatif, merak, çeşitlilik, çok yönlülük, cebelleşme ve derinleşme* gerektiriyor.

Kitaplar da kendi kendine öğrenme kitinin çok değerli araçları, dolayısıyla kitabın yazarı olarak, kendimi bir bakıma Cahil Hoca'yla özdeşleştiriyorum. Yazdıklarım, elimden çıkıp gözlerinizle buluştuğu andan itibaren, iç dünyanız, deneyimleriniz, duygularınız, düşüncelerinizle başka bir dile dönüşüyor. Neye dönüştüğünü çoğu zaman bilmiyorum, ancak güzel bir yönde ilerlemeye hizmet etmesini umuyorum.

Kitabın sonuna gelebilmeniz, odaklanıp bir işi tamamlayabilmenin giderek güçleştiği bir çağda bir başarı. Gitmeden önce, sizden mümkünse bir ricada bulunacağım. Okuduğum bir kitabın sonuna geldiğim zaman, ondan hemen ayrılmak yerine, oturup bir süre "ilişkimiz hakkında" düşünürüm. Ondan ne öğrendim? Neler aklımda kaldı? Hangi yönleri kafama yatmadı? Öğrendiklerimin ne kadarını, ne şekilde, ne zaman uygulamaya koyabilirim? Sizi de ayrılmadan önce aynı soruları sormaya davet ediyorum. Okumanın ötesinde, okuduklarımız üzerinde durup düşünmenin, hatta mümkünse kısacık da olsa bir özet çıkarmanın, okuduklarımızı içselleştirmeye yardım ettiğine inanıyorum.

İkincisi, anlamsız TikTok videolarıyla vakit öldürenlerin, sosyal medyada okuduklarıyla uzman olduklarına inananların (tahminen) çoğunlukta olduğu bir dünyada, bir şeyler öğrenme çabasıyla kitap okumaya ve öğrenmeye devam edenleri ruh arkadaşlarım olarak kalbimde ayrı bir yere koyuyorum. Okumanın, öğrenmenin peşinde olan kimse, bugünün (ve görünen o ki her dönemin) eğlence odaklı, basiti seven dünyasında, muhtemelen kendini ruhsal sürgünde hisseder. Zamanının büyük kısmını okumaya ve öğrenmeye vakfeden biri olarak, ne zaman kitap okuyan, bir şeyler öğrenmek için çabalayan birini görsem, "yalnız değilim" duygusuyla nefes alıyorum.

Yalnız olmama duygusunun ötesinde, kitap okumanın, nadirliğinden ötürü büyük avantaj sağladığına inanıyorum. Çinli yazar Yu Hua'nın *Yaşamak* kitabında, "Okumak" başlıklı bölüm çok ilgimi çekmişti. Çin'de Kültür Devrimi sona erince, o zamana kadar "zehirli ot" olarak damgalanan yasaklı kitaplar,